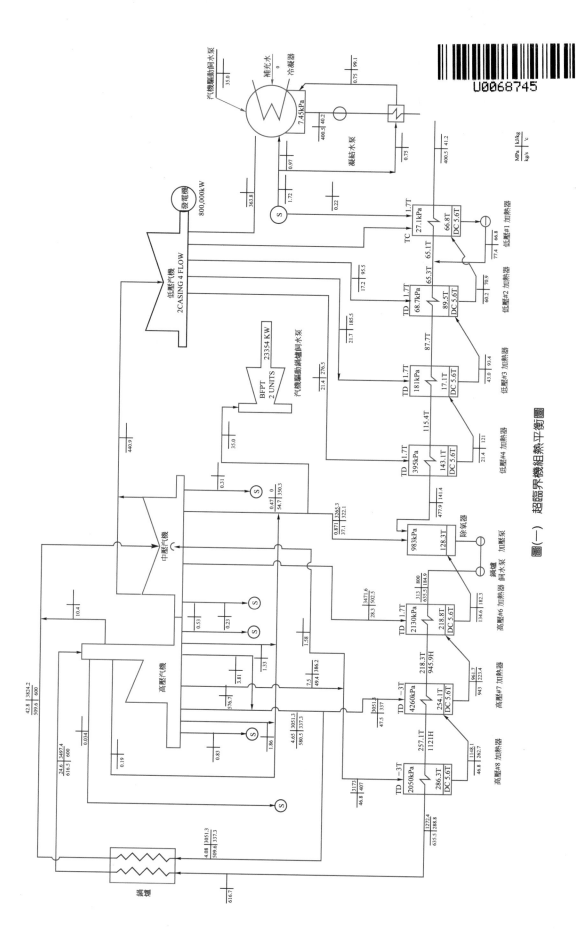

圖(一) 超臨界機組熱平衡圖

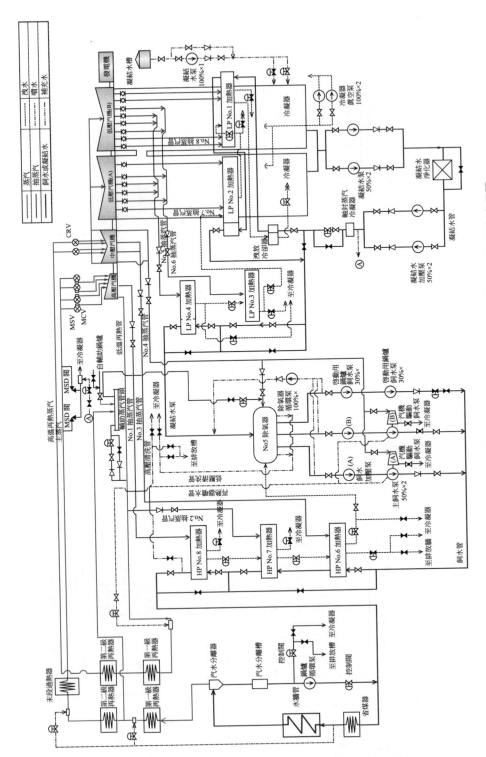

圖(二) 典型 800MW 超級臨界機組蒸汽和水流程圖

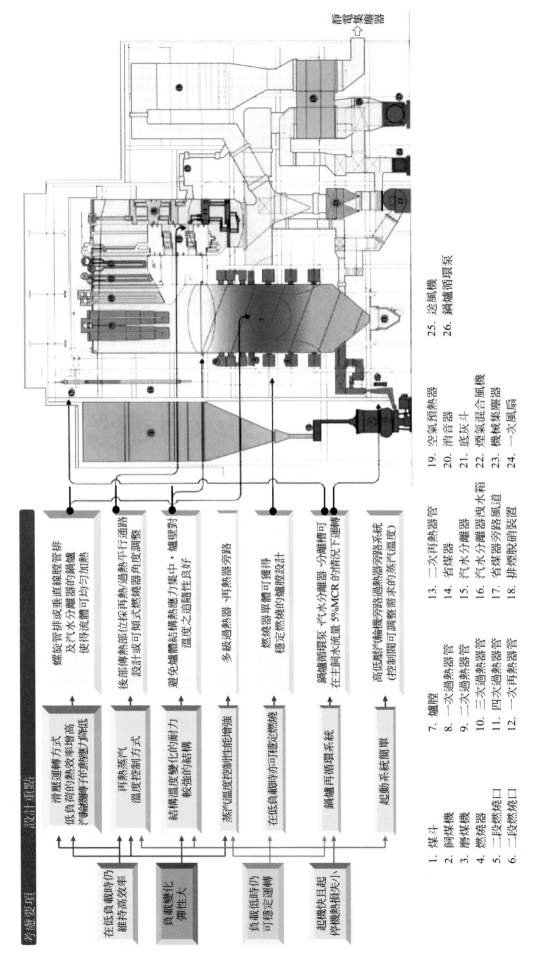

圖(三) 鍋爐設計架構圖

考慮要項 設計重點

在低負載時仍維持高效率

負載變化彈性大

負載低時仍可穩定運轉

起機快且起停機時熱損失小

滑壓運轉方式
低負荷的熱效率增高汽輪機轉子與進汽溫度降低

再熱蒸汽溫度控制方式

結構溫度變化的耐力較強的結構

蒸汽溫度控制性能增強

在低負載時亦可穩定燃燒

鍋爐再循環系統

起動系統簡單

螺旋管排或垂直線膛管排及汽水分離體的鍋爐使得流體可均勻加熱

後部傳熱部位採熱過熱不行通路設計或可傾式燃燒器角度調整

避免爐膛結構應力集中，爐壁對溫度之追隨性良好

多級過熱器、再熱器旁路

燃燒器單體可獲得穩定燃燒的爐膛設計

鍋爐循環泵、汽水分離器、分離槽可在主闕水流量 5%MCR 的情況下運轉

高低壓汽輪機旁路過熱器旁路系統（控制閥間可調整需求的蒸汽溫度）

1. 煤斗
2. 飼煤機
3. 磨煤機
4. 燃燒器
5. 二段燃燒口
6. 二段燃燒口

7. 爐膛
8. 一次過熱器管
9. 二次過熱器管
10. 三次過熱器管
11. 四次過熱器管
12. 一次再熱器管

13. 二次再熱器管
14. 省煤器
15. 汽水分離器
16. 汽水分離器淺水箱
17. 省煤器旁路風道
18. 排煙脫硝裝置

19. 空氣預熱器
20. 消音器
21. 底灰斗
22. 煙氣混合風機
23. 機械集塵器
24. 一次風扇

25. 送風機
26. 鍋爐循環泵

能源應用與動力廠

蘇燈城　編著

全華圖書股份有限公司

國家圖書館出版品預行編目資料

能源應用與原動力廠 / 蘇燈城編著. -- 四版. --
新北市：全華圖書股份有限公司, 2022.08
面； 公分
ISBN 978-626-328-280-3(平裝)

1.CST: 發電廠 2.CST: 電機工程

448.13   111011807

能源應用與原動力廠

作者／蘇燈城

發行人／陳本源

執行編輯／吳政翰

出版者／全華圖書股份有限公司

郵政帳號／0100836-1 號

印刷者／宏懋打字印刷股份有限公司

圖書編號／0581903

四版一刷／2022 年 08 月

定價／新台幣 525 元

ISBN／978-626-328-280-3(平裝)

全華圖書／www.chwa.com.tw

全華網路書店 Open Tech／www.opentech.com.tw

若您對本書有任何問題，歡迎來信指導 book@chwa.com.tw

臺北總公司(北區營業處)
地址：23671 新北市土城區忠義路 21 號
電話：(02) 2262-5666
傳真：(02) 6637-3695、6637-3696

南區營業處
地址：80769 高雄市三民區應安街 12 號
電話：(07) 381-1377
傳真：(07) 862-5562

中區營業處
地址：40256 臺中市南區樹義一巷 26 號
電話：(04) 2261-8485
傳真：(04) 3600-9806(高中職)
　　　(04) 3601-8600(大專)

■■■ 作者序

過去 40～50 年來，台灣陸續締造經濟發展奇蹟，穩定且充分的能源供應，扮演著重要的角色。近年來能源科技應用面臨主要的問題包括環境污染、能源短缺、經濟衰退，此三種問題事實上係息息相關。為提昇經濟成長率，需仰賴足夠的能源動力，而過度使用能源將導致環境污染及能源短缺，因此必需謀求其它解決之道，如加強管制污染以防止環境繼續惡化，尋找綠色再生能源並提昇能源使用效率及推廣節約能源以解決能源不足問題，降低物價及稅率以提昇景氣成長。然而管制污染會導致能源短缺，限制能源使用會導致經濟衰退，事實上環環相扣。由於經濟大幅成長而歸咎於大量使用能源，然而密集使用能源而導致環境污染，因此 2005 年 2 月 16 日正式生效的「京都議定書」，要求締約國於 2008 年至 2012 年期間將六類溫室氣體的排放量(CO_2、CH_4、N_2O、HFCs、PFCs 與 SF_6)回歸到 1990 年排放水準，平均再削減 5.2%。而我國減碳目標CO_2排放減量於 2016 年至 2020 年間回到 2008 年排放量，2025 年回到 2000 年排放量，2050 年回到 2000 年排放量的 50%。

在發生能源危機(Energy Crises)以前，世界各國之使用能源情形相當浪費，台灣地區為一海島國家，自產能源相當有限，97.8%能源仰賴進口且取得困難，能源供應之來源也相形地格外重要。有鑑於此，瞭解能源使用效益顯得更為重要，如能源性質、能源科技、各種能源與再生能源之發展、能源轉換、能源節約及能源管理等，均需要深入地瞭解其細節。

提供穩定電力才能維持台灣永續發展，改善能源利用的效率，降低溫室氣體的排放，才能讓台灣成為綠色矽島邁入現代化的國家。政府推動的產業高值化計畫包括傳統產業、兩兆雙星產業(半導體、影像顯示、數位內容、生物科技)、四大新服務業(研發、資訊應用、流通、照顧)以及綠色產業(再生能源)等，都需要仰賴穩定、充裕及高品質的電力供應。因此，能源科技與發電工程為促進經濟發展的源頭。

國內能源科技相關課程目前散佈於機械、電機、冷凍空調、環工、化工等系所，未能有專門之課程教材提供給學生及剛踏入動力工程行業之人士參考，為配合國內能源科技應用及電廠設計與運轉人才之培育，共同推動國家建設，特編著「能源應用與原動力廠」一書，以較完整及有系統之課程，以期培養能源應用與電廠系統設計之科技人才。二十一世紀為節能減碳、綠色能源應用、再生能源研發、能源科技之時代，此部份對全人類之影響程度遠超3C產業，祈新能源科技能帶給大家永續發展。

　　本章最後附有習題演練，為較重要之題目，讀者可深入練習，值得大家參考研讀。本書趕在能源價格飆漲，同時也受到全球關注溫室氣體對環境影響的今天出版，更具有特殊意義。最後因本書內容涵蓋較廣，錯誤疏漏之處在所難免，尚祈各位讀者先進不吝指正！

蘇燈城　於台灣科技大學機械系

編輯部序

「系統編輯」是我們的編輯方針，我們所提供給您的，絕不只是一本書，而是關於這門學問的所有知識，它們由淺入深，循序漸進。

本書內容偏重實務設計，避免艱深理論。以熱力學為基礎並兼顧能源利用、發電效率、環境保護及經濟效益之電廠設計。更採用經濟部能源局及台電公司之工程專業用詞，強調原動力廠與能源利用之關係性。適合大學、科大之電機、機械、冷凍空調、環工、化工等科系「能源應用」、「能源應用工程」課程之學生研讀及實際從事能源與電廠工程規劃、設計與運轉之工程人員參考與應用。

若您在這方面有任何問題，歡迎來函連繫，我們將竭誠為您服務。

目錄

1

緒論

　　充足的能源與電力供應是經濟發展的動力，不論是一般的傳統產業或是新興的高科技產業無不以電力為動力，五十多年來電廠一直提供台灣經濟發展所需的充足電力。唯有繼續提供質優價廉，穩定可靠的電力，國家的競爭力才能永續提升。

▶ 1.1　能源與電力帶動經濟成長

　　有電就有光明和繁榮！近年來台灣的工商業發達，現代化建築林立，美侖美奐的大樓配合創意燈光造型，入夜後輝煌的燈火，璀璨的光彩，將市容及鄉野點綴得更亮麗耀眼，充分顯現出台灣繁榮的景象與活潑的生命力，能源也帶給大家生活的動力。

　　台灣地區電力系統將持續增長，淨尖峰負載在考慮需求面管理後，預測將由106年之3760.9萬瓩，提高至116年之4788萬瓩，十年間之年平均成長率為2.7%，每年平均需增加約102.7萬瓩的設備，方能滿足未來經濟發展所需之電力，冀望電業的穩定發展，帶給台灣地區民眾更豐富、更絢麗、更舒適的生活品質。同時能源科技與發電工程應該走在雙星產業及資訊科技的前端，才能提供台灣地區可靠與高品質的電力能源。

　　台灣106年總用電量為2172億度，其中逾8成來自化石能源(燃油4.7%、燃氣34.6%、燃煤 46.6%)，核能占 8.3%，再生能源約 4.6%)，因降雨量減少，水力發電量從105年65.6億度降低到106年的54.3億度。但105年至106年，風力發電量從14.6億度上升到17.1億度，太陽光電發電量自11.3億度上升至16.9億度。再生能源總發電量則自127.5億度微幅降至124.7億度。110年台灣總用電量2830億度，漲幅4.3%是近10年來最高。110年用電量與經濟成長雙雙破紀錄，用電漲幅4.3%遠超過年均用電成長率2.5%。

▶ 1.2　開放民間興建電廠

　　近年來國內用電迅速成長，電源開發日益艱難，政府為順應世界潮流，開放民間興建電廠以加速電源開發。能源局為配合政府政策於民國84年6月及12月分二階段開放民間興建電廠，獲選之獨立發電廠有11家，容量共1030萬瓩；民國88年政府再開放獨立發電業，計有星能、森霸、長昌及國光獲准籌設，加上汽電共生發電的蓬勃發展，使台灣發電市場進入「自由競爭」時期。其中台塑麥寮、長生海湖電廠於 88 年陸續商業運轉；91 年新桃、和平、烏山頭水力電廠商轉；92 年有國光、嘉惠電廠加入商業運轉；93 年又有森霸、星能電廠加入商業運轉；至民國 93 年底，台灣總裝置容量達3489.4萬瓩(含民營麥寮、海湖、新桃、和平、烏山頭水力、國光、嘉惠、森霸、星能等電廠722.6萬瓩)，為民國82年之1.8倍，最近核准之星元電廠(49萬瓩)預定民國98年4月商轉，至民國105年台灣地區之供電能力可達5509.6萬瓩。

▶ 1.3　石油危機使台灣能源走向多元化

　　民國 63 年及 69 年，歷經兩次石油危機之衝擊，為因應石油危機後之能源情勢，政府能源政策改採發電來源多元化政策。一方面推展核能發電，至 74 年先後完成六部核能發電機組，約為當時系統裝置容量的三分之一。另一方面繼續引進大容量高效率的火力機組，並將若干燃油機組改為燃煤，大幅減少對燃油之需求。電力系統因核能電廠的加入而進入「能源多元化」時期。

▶ 1.4　世界能源蘊藏量評估

　　發電的主要能源有煤炭、原油及天然氣，至 2002 年底目前世界能源之蘊藏量詳列如下：

能源別	蘊藏量	可採年數	至 2020 年需求年成長率	備註
煤炭	984453×10^6公噸	204 年	2.2%	包括無煙煤、煙煤、次煙煤與褐煤
原油	1047.7×10^9桶	40.6 年	3.5%	包括原油、頁岩油、石油砂、天然汽油
天然氣	155.8×10^{12} m^3	60.7 年	4.2%	
核能	317 萬公噸		1%	鈾礦

　　一般能源的熱值如下：原油－39,470 kJ/ℓ，液化瓦斯－35,390 kJ/ℓ，煤－25,000 kJ/kg，液化天然氣－54,530 kJ/kg，城市瓦斯－44,070 kJ/m^3。

▶ 1.5　發電種類

　　台灣沒有自產能源，絕大部份須仰賴進口，在考量安全、可靠、乾淨的空氣品質之情況，上游的能源管理顯得相當重要，能源政策不能因執政者而變化，原則上核能、燃煤、燃氣、再生能源配比各佔25%，較符合台灣的環境，但是在 2025 非核家園後，25%的核能發電需仰賴再生能源及燃氣設備機組來供應不足之電力。

　　「電」是國家經濟發展的原動力，主要動力來源為原動機帶動發電機之定子及轉子線圈以產生電力。依原動機之驅動方式及其動力來源可概分為下列幾種：

1. 火力發電(Fossil Power)：火力發電就是利用燃石化燃料產生熱能推動渦輪機帶動發電機，目前火力發電有：⑴燃煤汽力機組，⑵複循環機組，⑶氣渦輪機組，⑷柴油機組等。

2. 核能發電(Nuclear Power)：利用核子反應爐，將水加熱產生蒸汽，推動汽輪機帶動發電機。

3. 水力發電(Hydraulic Power)：利用水往低處流之衝力，推動水輪機帶動發電機。另有「抽蓄發電」，利用上下池水流，尖峰時放水做水力發電，離峰或深夜時，發電機反轉當馬達，將水打回上池，如此循環使用水力達成發電之任務。

4. 風力發電(Wind Power)：藉風力轉動原動機，帶動發電機，是一種最簡單又直接的能量轉換。

5. 地熱發電(Geothermal Power)：利用汽井之地熱熱源來加熱產生蒸汽，經分離器將水份分離後推動汽輪機帶動發電機。

6. 太陽能發電：小型發電利用太陽光電能系統(Solar Photovoltaics Energy System)。亦有利用大型集熱器捕捉太陽光，產生蒸汽來推動汽輪機。

7. 潮汐發電：藉由月球引力所激起的潮汐波盪產生力量，來完成發電。

8. 海洋溫差發電(Ocean Thermal Energy)：利用海水熱能，即海洋表層與深層之溫度差，轉換成動力推動原動機。

9. 海浪發電(Ocean Wave Power)：利用海浪產生之波力，上下運轉產生壓力，以壓縮空氣方式，推動空氣渦輪機發電。

10. 燃料電池發電(Fuel Cell)：利用電化學反應，將化學能直接變換成電能的一種能量轉換方式。

　　本書著重燃煤汽力機組以介紹目前台電公司規劃興建之 80 萬瓩燃煤超臨界機組爲主；複循環機組及氣渦輪機組則以台灣目前台電公司及民營獨立電廠興建之機組爲主。

2

燃煤火力電廠

　　電力工程為工業之母，火力發電在推動台灣地區經濟發展的過程中扮演極為重要的角色。台電公司為考量能源多元化政策，其中火力發電採用之燃料為煤炭、重油及天然氣，其中以燃煤的汽力發電機組為主，以燃天然氣的複循環機組為輔。為因應尖峰負載的供電需求，另外又有燃天然氣或輕柴油之氣渦輪單循環機組。茲說明各種火力發電方式及流程如下：

▶ 2.1　汽力機組

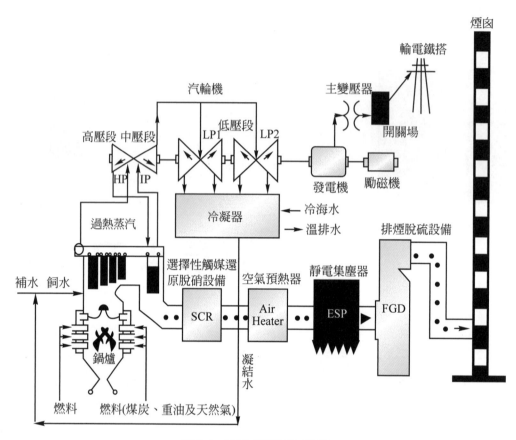

圖2.1　汽力機組發電流程

■ 2.1.1　汽力機組的熱力循環

汽力機組的熱力循環(Thermal Cycle)包括：(1)卡諾循環，(2)郎肯循環，(3)再熱循環，(4)再生循環，(5)再熱與再生合併循環，茲說明如下：

1. 卡諾循環(Carnot Cycle)

$$\text{卡諾循環效率，} \eta_{\text{carnot}} = \frac{T_H - T_L}{T_H} = 1 - \frac{T_L}{T_H}$$

卡諾循環不適於作為設計蒸汽動力循環之理由：

(1)　d點不易控制。

(2)　d-a及b-c不易等熵變化。

(3)　T_H受到臨界溫度之限制。

(4)　d-a'為高壓，a'-b'非等壓，卻要保持等溫，須有流量控制閥不易操作。

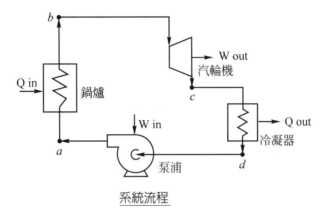

系統流程

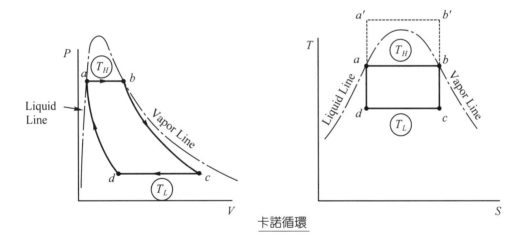

卡諾循環

2.　郎肯循環(Rankine Cycle)

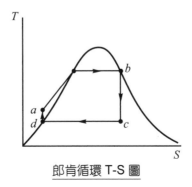

郎肯循環 T-S 圖

主要特性：

$$\text{先加壓}(d \to a) \xrightarrow{Q_{\text{in}}} \text{膨脹} \xrightarrow{Q_{\text{out}}}$$

$$\uparrow W_{\text{in}} \qquad\qquad \downarrow W_{\text{out}}$$

泵浦加壓僅限制於液相，以避免高的壓縮功

$$W_{\text{in}} = -\int pdv \fallingdotseq 0 \quad (\text{液體 } dv \fallingdotseq 0，\text{氣體} dv \text{較大})$$

郎肯循環採用飼水的理由：

(1) 來源豐富，且經濟。

(2) 比熱大，設備就小。

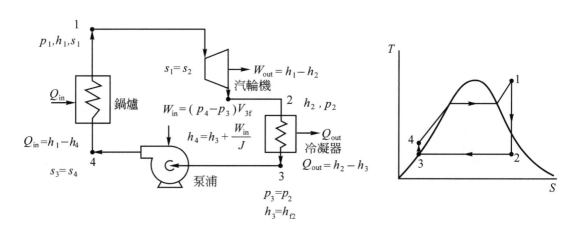

$$\text{鍋爐} \qquad Q_{\text{in}} = Q_{4-1} = h_1 - h_4 \ (P_1 = P_4)$$

$$\text{汽輪機} \quad W_{\text{out}} = W_T = h_1 - h_2 \ (S_1 = S_2)$$

$$\text{冷凝器} \quad Q_{\text{out}} = Q_{2-3} = h_2 - h_3 \ (P_3 = P_2，h_3 = h_{f2})$$

$$\text{泵浦} \qquad W_{\text{in}} = W_P = h_4 - h_3 \ (S_4 = S_3)$$

$$\eta_{\text{th}} = \frac{W_{\text{cycle}}}{Q_{4-1}} = \frac{W_T - W_P}{Q_{4-1}} = \frac{(h_1 - h_2) - (h_4 - h_3)}{h_1 - h_4}$$

(3) 高臨界溫度(374.2℃)

① 可以使用蒸汽：液態(兩相)的動力循環及低的泵浦壓縮功。

② 次臨界熱傳遞在等溫狀況下經由蒸發或冷凝來移除潛熱。

*用水當工作介質之缺點：

(1) 冷凝壓力小於 1 atm，空氣易鑽進去，而降低熱傳及機械效率。

(2) 水為很好的溶液,特別是在高溫下易生腐蝕在鍋爐加熱溶解許多雜質,冷卻則易沉澱。

(3) 臨界壓力很高(22.12 MPa),T_H也跟著高。

3. 再熱循環(Reheat Cycle)

(1) 提高T_H但過份再熱則膨脹為過熱蒸汽,會使T_L提高,又使效率η又降低。

(2) T_H的提高受到材料的高溫,腐蝕及容許應力之限制。

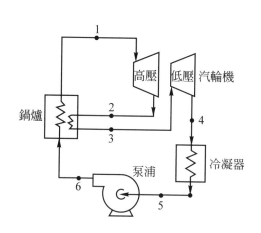

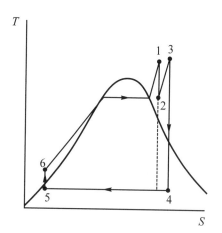

$$\eta_{\text{th}} = \frac{W_{\text{H.P}} + W_{\text{L.P}} - W_{\text{inpump}}}{Q_{6-1} + Q_{2-3}}$$

4. 再生循環(Regeneration Cycle)

由汽輪機的不同段抽取一部份蒸汽來加熱進入鍋爐的飼水。

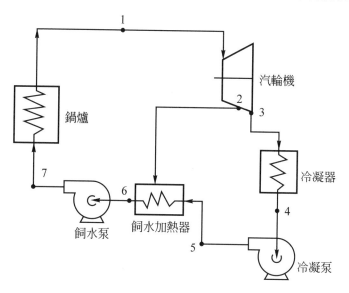

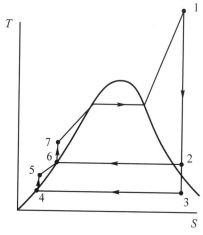

飼水加熱器能量平衡

$$\dot{m}_2 h_2 + (\dot{m}_1 - \dot{m}_2)h_5 = \dot{m}_1 h_6$$

$$\eta = \frac{W_{1-3} - W_{4-5} - W_{6-7}}{Q_{7-1}}$$

5. 再熱與再生合併循環(Reheat and Regeneration Combined Cycle)

    優點：①利用提高T_H溫度來改善循環效率。

    ②由於汽輪機的最後段容積流率較低(汽機不必大)。

    ③飼水具有除氧效果。

    ④由物理現象燃燒消耗和經濟性中找出最佳運轉方式。

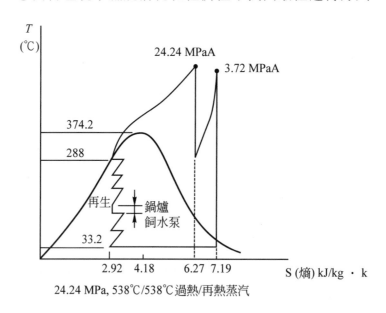

24.24 MPa, 538℃/538℃過熱/再熱蒸汽

■ 2.1.2 提高郎肯循環(Rankine Cycle)效率

　　汽力電廠熱效率雖僅小小的提高，但燃料需求卻大大的節省，因此汽力電廠的效率改善相當重要。提高動力循環的基本方法，即提高蒸汽溫度或降低冷凝器溫度，茲說明如下：(詳圖2.2)

1. 減低冷凝器壓力(降低T_L)

    降低冷凝壓力所對應的飽和溫度相對地降低，溫度由T_1降至T'_1，相對地增加汽輪機的出力如 I 所示。

2. 提高蒸汽過熱溫度(提昇T_H)

    將蒸汽溫度由T_3昇至T'_3其焓值加大，則汽輪機膨脹做功所增加出力如 II 所示。

3. 提高鍋爐壓力(亦相對地提高T_H)

　　提高蒸汽在鍋爐內的壓力，自然升高蒸汽沸騰的溫度(由T_3昇至T''_3)，也因此相對地增加汽輪機的出力量如III所示。

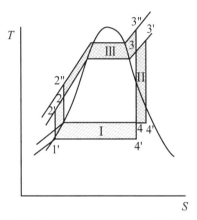

圖 2.2　提昇郎肯循環效率的方法

　　目前鍋爐的運轉壓力由 2.7 MPa 提高至 30 MPa，目前新型的汽力電廠 1000 MW 在超臨界壓力(22.12 MPa)下運轉，燃煤汽力電廠具有超高 40% 的淨熱效率。

▶ 2.2　熱力學回顧

　　能夠有效利用能源需仰賴熱力學質能利用之理論基礎，茲分述熱力學之基本定律如下：

1. 熱力學第一定律——能量不滅(或守恆)定律(亦稱能量平衡)

$$E_{in} - E_{out} = \Delta E_{system} \quad (E：總能)$$
$$Q - W = \Delta U + \Delta KE + \Delta PE$$
$$Q - W_{其他} - W_{邊界} = U_2 - U_1$$
$$Q - W_{其他} = (U_2 + P_2 V_2) - (U_1 + P_1 V_1) = H_2 - H_1$$
$$\dot{Q} - \dot{W} = \dot{m}\left[h_2 - h_1 + \frac{\vec{V}_2^2 - \vec{V}_1^2}{2} + g(z_2 - z_1) \right]$$

2. 熱力學第二定律——能量有"量"與"質"之問題(熵增理論)

$$\oint \frac{\delta Q}{T} \leq 0$$
$$\int_1^2 \frac{\delta Q}{T} + \int_2^1 \left(\frac{\delta Q}{T} \right)_{內部可逆} \leq 0$$

$$\int_1^2 \frac{\delta Q}{T} + S_1 - S_2 \le 0 \Rightarrow S_2 - S_1 \ge \int_1^2 \frac{\delta Q}{T}$$

$$dS \ge \frac{\delta Q}{T} \ge 0$$

可逆絕熱過程必定是等熵($S_2 = S_1$)，熵為分子間排列的混亂度，物質在固相時熵最低，液相居中，氣相時最高。

$$\delta Q - \delta W = du$$

$$TdS = du + pdv$$

$$dS = \frac{C_v dT}{T} + \frac{R}{v} dv$$

$$\triangle S = C_v \ln \frac{T_2}{T_1} + R \ln \frac{v_2}{v_1}$$

液體或固體，$dv \doteq 0$

$$\triangle S = C_v \ln \frac{T_2}{T_1} \quad (C_v = C_\rho = C)$$

理想氣體

$$\triangle S = \int_1^2 C_v \frac{dT}{T} + R \ln \frac{v_2}{v_1} = C_v \ln \frac{T_2}{T_1} + R \ln \frac{v_2}{v_1}$$

$$h = u + Pv \Rightarrow dh = du + Pdv + vdP$$

$$du + Pdv = dh - vdP$$

$$C_v dT + Pdv = C_p dT - vdP$$

$$dS = \frac{C_p dT}{T} - \frac{R}{P} dp$$

$$dS = \int_1^2 C_p \frac{dT}{T} - R \ln \frac{P_2}{P_1} = C_p \ln \frac{T_2}{T_1} - R \ln \frac{P_2}{P_1}$$

依據：$Pv^k = C$……絕熱過程

$$\frac{P_1 v_1}{T_1} = \frac{P_2 v_2}{T_2} ……波查定律$$

$$\therefore \frac{T_2}{T_1} = \left(\frac{P_2}{P_1}\right)^{\frac{K-1}{K}} = \left(\frac{v_1}{v_2}\right)^{K-1}$$

3. 熵增(Entropy Generation)理論

　　熵為分子間排列的混亂度，熵的變化為評估可用能的大小，經過一個能量轉換過程，當熵增加時則可用能便減少，此稱為不可逆過程也是造成能源危機的主因。物質本身在固態時熵最小，氣態時熵最大。在固態時物質內

的分子連續在振盪，但瞬間均很穩定，但是在氣態時分子間相互不規律地碰撞且改變方向，在微觀之觀點很難準確地預測分子狀況，其熵值較高。在閉合系統不可逆過程 $\Delta S \geq \dfrac{\delta Q}{T}$，$\Delta S_{\text{isolated}} \geq 0$，除非在可逆過程 $\Delta S = 0$，在宇宙間過程的變化熵仍持續地在增加，此為熵增理論。

$$\delta Q - \delta W = dU$$

$$Tds = du + Pdv$$

$$du = TdS - Pdv \Rightarrow du + d(Pv) = dh = TdS - Pdv + Pdv + vdP$$

$$\quad = TdS + vdP$$

$$TdS = du + Pdv = dh - vdP$$

$$dS = C_v \frac{dT}{T} + R \frac{dv}{v} = C_p \frac{dT}{T} - R \frac{dP}{P} \tag{2.1}$$

對於固體或液體，$dv \cong 0$，$C_p = C_v = C$，$\Delta S = C \ln \dfrac{T_2}{T_1}$

對於理想氣體，$\Delta S = \int_1^2 C_v(T) \dfrac{dT}{T} + R \ln \dfrac{v_2}{v_1} = \int_1^2 C_p(T) \dfrac{dT}{T} - R \ln \dfrac{P_2}{P_1}$

考慮為定比熱，$\Delta S = C_v \ln \dfrac{T_2}{T_1} + R \ln \dfrac{v_2}{v_1} = C_p \ln \dfrac{T_2}{T_1} - R \ln \dfrac{P_2}{P_1} \tag{2.2}$

4.　可用能——㶲的觀念

　　熱力學第一定律探討能量的「量」，第二定律探討能量的「質」，而可用能——㶲在探討環境中於指定狀態的系統中可得到的最大有用功。能源重點在評估其可用能(有用的功)。

　　系統在不可逆壓縮或膨脹過程中會造成熵的增加，而熵增生便會減損㶲，㶲減損(Exergy Destoryed)與增生熵成正比。減損的㶲即沒有用的能(Unavailable Energy，B_u)，亦稱為熵(Anergy)。

$$B_u = T_0 S_{gen} \geq 0$$

當固定質量或流體從狀態 1 過程進行到狀態 2，則㶲(Exergy)改變為

$$\Delta \varepsilon = \varepsilon_2 - \varepsilon_1 = (h_2 - h_1) - T_0(S_2 - S_1) + \frac{V_2^2 - V_1^2}{2} + g(Z_2 - Z_1)$$

$$\quad = \Delta h - T_0 \Delta S \quad (\Delta KE = \Delta PE = 0)$$

　　總之，熱力學第二定律乃強調功比能有用，功幾乎可完全轉換為能，但能無法完全轉換為功。

5. 「功」與「能」的不同

　(1) 依熱力學第二定律：功可以完全轉換為能(約 100%)，但能無法完全轉換為功，取決於能源位階之高低。

　(2) 為何能量會有位階：kJ/s(能)≠kW(電力)，人也是有位階，視他/她的條件如聰明才智、機運、天生、後天環境，等差異性，無法用等號(=)來表示可能是(<、≒、>或是⋯)

　(3) 能源管理考量能源多元化(因臺灣能源超過99%仰賴進口)

　(4) 再生能源之潛能有多少呢？(風電、太陽光電⋯等)亦為本書探討重點。

6. 1 度電(kWh)的能量

$$1\,kWh 能量=1\ kJ/s \times 3600s=3600\ kJ$$

它剛好是一個男人提 50 kg 的重量，以 2 m/s 速度走路 1 小時所做的功($W=F \cdot S = 50\ kg \times 9.8\ N/kg \times 2\ m/s \times 1\ hr ≒ 1\ kWh = 3600\ kJ$)，或是 90 kg 之重量自 4000 m(玉山頂)掉下來產生的位能($PE = m \cdot g \cdot h = 90\ kg \times 9.8\ N/kg \times 4000\ m ≒ 3600\ kJ$)。如果 1 度電為新台幣 3 元，那一個男人提 50kg 的重物，以 2 m/s 速度一天連續工作 8 小時，相當於每天僅賺取新台幣 24 元之電能費率，由此可知電能為相當高之高階能源，在臺灣超過99%能源仰賴進口，因此發展再生能源電力與興建電廠是何等困難且重要。這也是熱力學第二定律：強調功可以完全轉換為能(約100%)，但能無法完全轉換為功(其轉換效率相當低，可能<60%、30%、甚至10%或更低)，這是為什麼電力歸屬於高階能源之理由，它可以由台灣南部輸送到北部。

▶ 2.3　火力機組之特徵

■ 2.3.1　超臨界鍋爐

　　當水於壓力221.2 bar(374.2℃)下被加熱時，於飽和狀況時將不再有液汽兩相共存的情況，而直接轉化乾度為100%之飽和蒸汽，在熱力學上此壓力被稱為臨界壓力。超過此一運轉參數之鍋爐，即稱為超臨界(Supercritical)鍋爐；因此其構造不同於一般在臨界壓力以下運轉之鍋爐。

　　相較於傳統次臨界(Subcritical)壓力鍋爐，超臨界壓力鍋爐有以下之特徵：

‧無汽鼓構造，並以貫流(Once-Through)之飼水水路設計

‧水牆管高質量流率

・垂直水牆管與螺旋水牆管

・滑壓運轉

貫流運轉

在超臨界壓力的運轉狀況下，飼水完全轉換為蒸汽的過程中，所有的物理性質 (如密度、黏度、比熱、壓縮性、溫度等)均連續而急速的上昇，是故原本裝有汽水分離功能的汽鼓便不需要，從而以超臨界壓力運轉之鍋爐均以貫流方式運轉操作。

貫流式鍋爐擁有以下的優點：

1.　蒸汽壓力不受限制：

可在次臨界鍋爐及超臨界鍋爐使用。

2.　鍋爐體積小且輕，節省建造費用：

無汽水鼓，水牆管管徑小、厚度薄，亦無降水管、可節省材料及建造人工費用。

3.　鍋爐可急速啟動及停機

因為沒有很厚的汽水鼓，升溫、升壓不受其限制。

4.　可作變壓力運轉。

5.　在急速的變動下，無循環障礙。

6.　搶修時間較快：因冷爐時間較短，可早先進入爐內工作。

7.　併聯到滿載的時間較短。

但貫流式鍋爐在運轉時必需注意以下的事項：

1.　水質要求嚴格

因超臨界鍋爐採行小口徑水牆管、高質量流率設計，加上構造上未設置汽鼓來分離汽水及不純物，及作為水質調整，在飼水系統設計需要達到無鹽分，並且需要設置高性能的除氧設備。至於對系統的補水水質要求較傳統的鍋爐更高，一般超臨界與次臨界貫流鍋爐水質要求差異，如表 2.1 所示。

2.　消耗動力大

鍋爐運轉壓力高，加上需要高質量流率，流體於鍋爐內爐管的壓力損失大，飼水泵的揚程會隨蒸汽壓力提高而增加，故飼水泵消耗動力亦增大。

3.　鍋爐儀器精確度控制較嚴格

水及燃料控制不佳時，過熱器入口之蒸汽溫度變化幅度大，出口溫度亦隨著變化，造成負載難以控制，故儀器精確要求較嚴格。

4. 停機熱損快

因無汽水鼓，鍋爐儲水部分很小，所以停機冷卻較快，封爐較難，如晚上停機，早上啓動時，鍋爐幾乎已在冷爐狀態，熱損失快。

5. 停機啓動熱損失大

爐管並列配置需要考慮流動安定性，鍋爐容許最低負荷限制爲全負荷的 30～40%，停機及啓動時熱損失很快。如要在最低負載運轉，必須設置旁路系統。

表2.1　次臨界與超臨界鍋爐水質比較表

	汽鼓式(次臨界)	貫流式(超臨界)	
		鹼性水處理	複合水處理
飼水水質	－	鹼性水處理	複合水處理
導電度(25℃)，µs/cm	≦0.3	≦0.2	
總懸浮固粒，ppb	最大50	最大0.2	最大0.2
pH 值(25℃)	8.8～9.2	最小9.0	8.0～8.5
氧，ppb	5	最大100	30～150
矽，ppb	最大10或20	最大10或20	
鐵，ppb	最大10	最大20	
銅，ppb	最大10	最大3	
鈉，ppb	最大5	最大10	

■ 2.3.2　複循環機組

複循環機組之主要設備：氣渦輪機、廢熱鍋爐及汽輪機，其主要流程，如圖2.3所示。

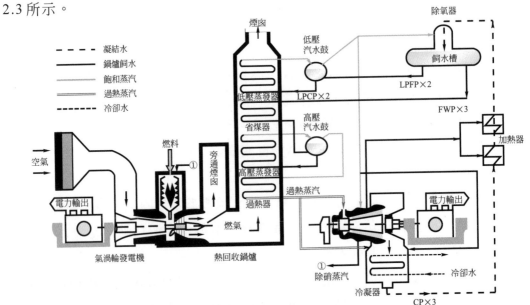

圖 2.3　複循環系統流程

■ 2.3.3　柴油機組

　　台電公司離島如澎湖、金門、馬祖、綠島等所裝設之發電機組均爲柴油發電機，如圖 2.4 所示。

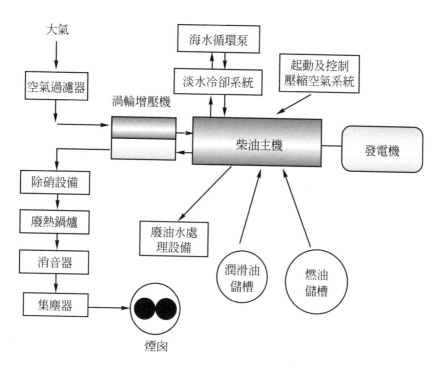

圖 2.4　柴油機組系統流程

內燃機(Internal Combustion Engine)

$$\text{背功比} = \frac{\text{壓縮功}}{\text{總出力}} = \frac{W_{\text{inc}}}{W_T} = \frac{W_T - W_{\text{cycle}}}{W_T} = 1 - \frac{W_{\text{cycle}}}{W_T}$$

$$m_3 = m_2 + m_f = m_2 \left(1 + \frac{m_f}{m_2} \right)$$

$$\frac{m_2}{m_f} = \frac{\Delta H_R / m_f + h_3 - h_0 - (h_f - h_0)_{\text{fuel}}}{h_2 - h_3}$$

$$\eta = \frac{W_{\text{cycle}}}{q_{2-3}} = \frac{h_{t3} - h_{t4} - (h_{t2} - h_{t1})}{h_{t3} - h_{t2}} = 1 - \frac{h_{t4} - h_{t1}}{h_{t3} - h_{t2}}$$

1. 鄂圖循環(Otto Cycle)

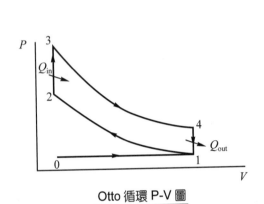

Otto 循環 P-V 圖　　　　　Otto 循環 T-S 圖

理想 Otto：$\eta_{th} = \dfrac{(W_{\text{net}})_{\text{out}}}{Q_{\text{in}}} = \dfrac{Q_{\text{in}} - Q_{\text{out}}}{Q_{\text{in}}} = 1 - \dfrac{Q_{\text{out}}}{Q_{\text{in}}}$

標準冷空氣：$\eta_{th} = 1 - \dfrac{C_v(T_4 - T_1)}{C_v(T_3 - T_2)}$

$\because$ 過程 1～2，3～4 均為可逆絕熱，$\therefore \Delta S = 0$

$$\therefore T_1 = T_2 \left(\frac{V_2}{V_1}\right)^{K-1}$$

$$T_4 = T_3 \left(\frac{V_3}{V_4}\right)^{K-1} = T_3 \left(\frac{V_2}{V_1}\right)^{K-1} \quad (\because V_3 = V_2 , V_4 = V_1)$$

$$\therefore \eta_{th} = 1 - \frac{T_4 - T_1}{T_3 - T_2} = 1 - \frac{(T_3 - T_2)\left(\dfrac{V_2}{V_1}\right)^{K-1}}{T_3 - T_1} \quad (\text{無摩擦})$$

$$= 1 - \left(\frac{V_2}{V_1}\right)^{K-1} \quad (\text{壓縮比 } r = \frac{V_1}{V_2})$$

$$= 1 - \frac{1}{\gamma^{K-1}}$$

2. 狄塞爾循環(Diesel Cycle)

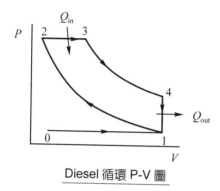

Diesel 循環 P-V 圖

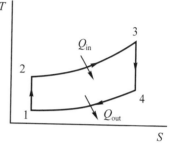

Diesel 循環 T-S 圖

冷空氣無摩擦，$\eta = 1 - \dfrac{Q_{out}}{Q_{in}} = 1 - \dfrac{C_v(T_4 - T_1)}{C_p(T_3 - T_2)}$

其中

$$Q_{in} = \Delta U_{2-3} + \int_2^3 PdV = U_3 - U_2 + P(V_3 - V_2)$$
$$= H_3 - H_2 = C_P(T_3 - T_2)$$

$1 \rightarrow 2$，$\Delta S = 0$　　$\dfrac{T_1}{T_2} = \left(\dfrac{V_2}{V_1}\right)^{K-1} = \left(\dfrac{1}{\gamma}\right)^{K-1}$　（壓縮比 $\gamma = \dfrac{V_1}{V_2}$）

　　　　　$T_2 = T_1 \gamma^{K-1}$

$2 \rightarrow 3$，$P = C$　　$\dfrac{T_3}{T_2} = \dfrac{V_3}{V_2} = \gamma_c$　（切斷比 $\gg 1$）

　　　　　$T_3 = T_2 \gamma_c = T_1 \gamma^{K-1} \gamma_c$

$3 \rightarrow 4$，$\Delta S = 0$　　$\dfrac{T_4}{T_3} = \left(\dfrac{V_3}{V_4}\right)^{K-1} = \left(\dfrac{V_3}{V_2} \times \dfrac{V_2}{V_1}\right)^{K-1} = \left(\dfrac{\gamma_c}{\gamma}\right)^{K-1}$

　　　　　$\therefore T_4 = T_3 \left(\dfrac{\gamma_c}{\gamma}\right)^{K-1} = T_1 \left(\dfrac{\gamma_c}{\gamma}\right)^{K-1} \gamma^{K-1} \gamma_c = T_1 \gamma_c^K$

$\eta_{th} = 1 - \dfrac{1}{K} \times \dfrac{T_1(\gamma_c^K - 1)}{T_1 \gamma^{K-1}(\gamma_c - 1)} = 1 - \dfrac{(\gamma_c^K - 1)}{\gamma^{K-1} K(\gamma_c - 1)}$

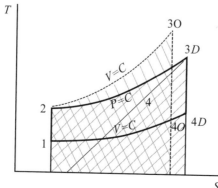

Otto & Diesel 循環 T-S 圖

比較鄂圖和狄塞爾循環

1. 相同的 Q_{in}

2. Q_{out}

$$W_{\text{net out}} = Q_{in} - Q_{out}$$

$$\therefore W_{\text{net Otto}} > W_{\text{net Diesel}}$$

但是，① $\gamma(D) \gg \gamma(O)$

② Diesel 可燃用重油

3. 雙燃料引擎(Dual Fuel Engine)

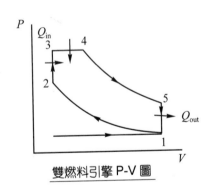

雙燃料引擎 P-V 圖　　　　　　　　雙燃料引擎 T-S 圖

$$T_2 = T_1 \left(\frac{V_1}{V_2}\right)^{K-1} = T_1 \gamma^{K-1}$$

$$T_3 = T_2 \left(\frac{P_3}{P_2}\right) = T_1 \gamma^{K-1} \gamma_p \quad (\gamma_p : 壓力比，\gamma : 壓縮比)$$

$$T_4 = T_3 \left(\frac{V_4}{V_3}\right) = T_3 \gamma_c = T_1^{K-1} \gamma_p \gamma_c \quad (\gamma_c : 切斷比)$$

$$T_5 = T_4 \left(\frac{V_4}{V_5}\right)^{K-1} = T_4 \left(\frac{V_4/V_3}{V_1/V_3}\right)^{K-1} = T_1 \gamma^{K-1} \gamma_p \gamma_c \gamma_c^{K-1} \gamma^{-(K-1)}$$

$$= T_1 \gamma_p \gamma_c^K$$

$$Q_{in} = \dot{m}C_v(T_3 - T_2) + \dot{m}C_p(T_4 - T_3)$$

$$\begin{aligned}
W_{net} &= W_{3-4} + W_{4-5} - W_{1-2} \\
&= P_4 V_4 - P_3 V_3 + U_4 - U_5 - (U_2 - U_1) \\
&= H_4 - H_3 + U_3 - U_2 - U_5 + U_1 \\
&= C_p(T_4 - T_3) + C_v(T_3 - T_2) - C_v(T_5 - T_1)
\end{aligned}$$

$$\begin{aligned}
\eta &= \frac{W_{net}}{Q_{in}} = \frac{C_v(T_3 - T_2) + C_p(T_4 - T_3) - C_v(T_5 - T_1)}{C_v(T_3 - T_2) + C_p(T_4 - T_3)} \\
&= 1 - \frac{T_5 - T_1}{T_3 - T_2 + K(T_4 - T_3)} \\
&= 1 - \frac{T_1(\gamma_p \gamma_c^K - 1)}{T_1 \gamma^{K-1}[(\gamma_p - 1) + K \cdot \gamma_p(\gamma_c - 1)]} \\
&= 1 - \frac{\gamma_p \gamma_c^K - 1}{\gamma^{K-1}[(\gamma_p - 1) + K \cdot \gamma_p(\gamma_c - 1)]}
\end{aligned}$$

本章主要介紹目前汽力機組中熱效率最高之燃煤超臨界壓力機組之系統及機械設備。

▶ 2.4　主要系統及機械設備

台電公司目前規劃之超臨界機組容量基準為 80 萬瓩，以 80 萬瓩之燃煤超臨界壓力機組，其熱循環採一次再熱式郎肯循環(Rankine Cycle with Single Reheat)；由超臨界壓力鍋爐產生蒸汽推動汽輪發電機發電；蒸汽進入汽輪機作功後，一部分蒸汽由汽輪機中段抽出，提供加熱飼水系統(Feedwater System)所需之適當壓力／溫度蒸汽，其餘部份則排入冷凝器(Condenser)經海水冷卻為凝結水(Condensate)，再送回系統內繼續循環；凝結水經由凝結水泵通過低壓飼水加熱器(Low Pressure Feedwater Heaters)，以蒸汽加熱後，送至除氧器(Deaerator)進行除氧處理，以降低飼水中之含氧量，減少對管路系統及鍋爐本體之氧化腐蝕；再由鍋爐飼水泵送經高壓飼水加熱器(High Pressure Feedwater Heaters)後進入鍋爐之省煤器(Economizer)，主要目的為將飼水系統溫度提高至鍋爐省煤器入口所需之溫度，以節省燃料消耗，提高機組之整體熱效率。

電廠熱耗率及熱效率的關係：

熱耗率(Heat Rate，HR)定義為

$$熱耗率 = \frac{Q_f \times 3600}{W_e} \text{ (kJ/kWh)} \tag{2.3}$$

其中 Q_f：燃燒時之燃料消耗能量(kJ/s)

W_e：電廠之總發電量(kW)

電廠熱耗率為燃料消耗能量(燃料流率×燃料熱值@LHV)除以電廠總發電量，亦即產生1度電(1 kWh)所需要的燃料能量(kJ)，熱耗率的單位為kJ/kWh。實際熱耗率為效率的倒數，亦即熱耗率愈低效率愈高。

$$\eta(\%) = \frac{3600(\text{kJ/kWh})}{HR(\text{kJ/kWh})} \tag{2.4}$$

η：電廠總效率(Efficiency)

電廠熱耗率如果為3600 kJ/kWh，其熱效率為100%。

由於主要機械設備規格及系統設計，將決定機組之效率高低、材質選用、運轉特性、初期投資成本及保養維護費用等，而機組之主要機械設備及系統包括超臨界壓力鍋爐、汽輪發電機、蒸汽系統、冷凝器及冷凝水系統、飼水系統及相關輔助設備與系統等。超臨界壓力火力發電機組之主要機械設備及系統說明如下：

■ 2.4.1 鍋爐及附屬設備

鍋爐為超臨界火力發電機組中最關鍵之設備；目前超臨界壓力鍋爐均為貫流(Once-Through)鍋爐，以燃煤為主要燃料，並設計有輕油點火以提供機組於起機時用；空氣／燃氣側採平衡通風(Balanced Draft)設計，使爐膛於微負壓的環境下進行燃燒反應。鍋爐具有滑壓(Sliding Pressure)及週期(Cycling)運轉能力。此鍋爐具有啟動快、負載變化靈敏、操作靈活、運轉更具彈性等優點，且於部分負載時仍能維持高的效率，除了適合基載運轉外，亦適合週期運轉。

鍋爐附屬設備包括：

· 鍋爐壓力管件：包括省煤器、水牆管、汽水分離器、過熱器及再熱器等。

· 低氮氧化物燃燒器(Low NO$_x$ Burner)、風箱(Wind Box)及火上空氣口(Overfire Air Port)。

· 空氣及煙氣系統：包括送風機、引風機、冷熱風管、風管擋板及膨脹接頭等。

· 燃煤供應系統：包括飼煤機(Coal Feeder)、動力分離式(Dynamic Classifier)之粉煤機(Coal Mill)及粉煤輸送管等。

‧吹灰系統。

‧空氣預熱系統：三倉式(Tri-Sector Type)空氣預熱器。

‧鍋爐區鋼構、管件吊架及支撐構件。

‧爐體、風管及煙道保溫。

‧儀錶及控制設備。

■ 2.4.2　汽輪發電機

　　汽輪機係藉由鍋爐產生之蒸汽推動後，直接驅動發電機產生電力之設備。一般台電公司規劃 80 萬瓩之汽輪機轉速為 3600 rpm，採串聯式、複流、一次再熱式設計，背壓為 7.45 kPaA(40.2℃)，蒸汽設計條件為 24.1 MPaG/600℃/600℃，汽輪機在設計點之熱耗率約為 7643 kJ/kWh，其熱平衡如**彩色圖(一)**所示。熱循環之方式屬於一次再熱式郎肯循環(Rankine Cycle)，蒸汽由鍋爐產生後，進入汽輪機內膨脹作功，最後排入冷凝器，以海水冷卻產生凝結水，再藉由凝結水泵經低壓汽輪機抽汽加熱之四級低壓熱交換器進入除氧器，接著再利用鍋爐飼水泵將自除氧器抽出之鍋爐飼水，經高、中壓汽輪機抽汽加熱之三級高壓加熱器後進入省煤器，在鍋爐中進行蒸汽產生之過程，完成水與蒸汽系統之循環。

　　80 萬瓩之汽輪機而言，一般可分為三缸式(高、中壓段為同一缸，其餘兩缸為低壓段)、四缸式(高壓及中壓段分屬不同缸，其餘兩缸為低壓段)及五缸式(高壓及中壓段分屬不同缸，其餘三缸為低壓段)之設計。由於五缸式之設計將會有三個低壓缸產生，冷凝器之設計亦須配合成為佔地面積較大且製造成本較高之三殼式冷凝器；且汽輪機之效率亦略低於四缸式之設計。而三缸式之設計雖與台中電廠運轉中之 550 MW 汽輪機相同，但目前市場上 80 萬瓩容量之機組，採用三缸式之設計較少，其運轉、維護保養、可靠度及經濟效益之優劣仍有待評估。80 萬瓩汽輪機之型式通常採用四缸式之設計，其低壓段汽輪機末級葉片長度將較台中電廠現有 550 MW 等級汽輪機之末級葉片長度略為增長，所選用之材質亦須提升至鈦合金或其他合金鋼之材料，以提高末級葉片之強度。

　　發電機為全密閉氫冷式，包含一組水冷式定子，一套靜態勵磁系統，和一套電壓自動調整器，為三相二極同步發電機，頻率 60 Hz，電壓為 16～24 kV，額定容

量 80 萬瓩，功率因數 0.85，轉速 3600 rpm，短路比 0.64。

例 蒸汽在二段式汽輪機內絕熱膨脹做功，蒸汽在第一段汽輪機膨脹做功後經再熱後再至第二段汽輪機做功，在 5 MW 出力的汽輪機，試計算可逆功之出力及烟損失率。

解 假設：1. 系統為穩流過程，2. 動能及位能變化忽略不計，3. 汽輪機為絕熱過程，熱損失忽略不計，4. 環境溫度 25℃。

依蒸汽性質表可得

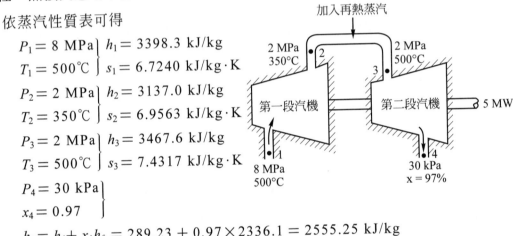

$$P_1 = 8 \text{ MPa} \left. \right| \ h_1 = 3398.3 \text{ kJ/kg}$$
$$T_1 = 500℃ \left. \right| \ s_1 = 6.7240 \text{ kJ/kg} \cdot \text{K}$$

$$P_2 = 2 \text{ MPa} \left. \right| \ h_2 = 3137.0 \text{ kJ/kg}$$
$$T_2 = 350℃ \left. \right| \ s_2 = 6.9563 \text{ kJ/kg} \cdot \text{K}$$

$$P_3 = 2 \text{ MPa} \left. \right| \ h_3 = 3467.6 \text{ kJ/kg}$$
$$T_3 = 500℃ \left. \right| \ s_3 = 7.4317 \text{ kJ/kg} \cdot \text{K}$$

$$P_4 = 30 \text{ kPa} \left. \right|$$
$$x_4 = 0.97 \left. \right|$$

$$h_4 = h_f + x_4 h_{fg} = 289.23 + 0.97 \times 2336.1 = 2555.25 \text{ kJ/kg}$$
$$s_4 = s_f + x_4 s_{fg} = 0.9439 + 0.97 \times 6.8247 = 7.5639 \text{ kJ/kg} \cdot \text{K}$$

不考慮再熱量，汽輪機穩態流之熱平衡為

$$\dot{W}_{s,\text{out}} = \dot{m}[(h_1 - h_2) + (h_3 - h_4)]$$
$$\dot{m}_s = \frac{5000 \text{ kJ/s}}{(3398.3 - 3137.0 + 3467.6 - 2555.25) \text{ kJ/kg}} = 4.26 \text{ kg/s}$$

可逆出力(最大功)係熵平衡且汽輪機之烟損失亦為 0，

$$\dot{\varepsilon}_{\text{in}} - \dot{\varepsilon}_{\text{out}} = 0 \quad (\varepsilon_{\text{destoryed}} = 0 , \Delta\varepsilon = 0)$$
$$\dot{W}_{\text{rev,out}} = \dot{m}[(\varepsilon_1 - \varepsilon_2) + (\varepsilon_3 - \varepsilon_4)]$$
$$= \dot{m}[(h_1 - h_2) + T_0(s_2 - s_1) + (h_3 - h_4) + T_0(s_4 - s_3)]$$
$$= (4.26 \text{ kg/s})[(3398.3 - 3137.0) + (3467.6 - 2555.25)$$
$$+ (298\text{K})(6.9563 - 6.7240 + 7.5639 - 7.4317)\text{kJ/kg} \cdot \text{K}]$$
$$= 5463 \text{ kW}$$

$$\dot{\varepsilon}_{\text{destoryed}} = \dot{W}_{\text{rev,out}} - \dot{W}_{\text{out}} = 5463 - 5000 = 463 \text{ kW}$$

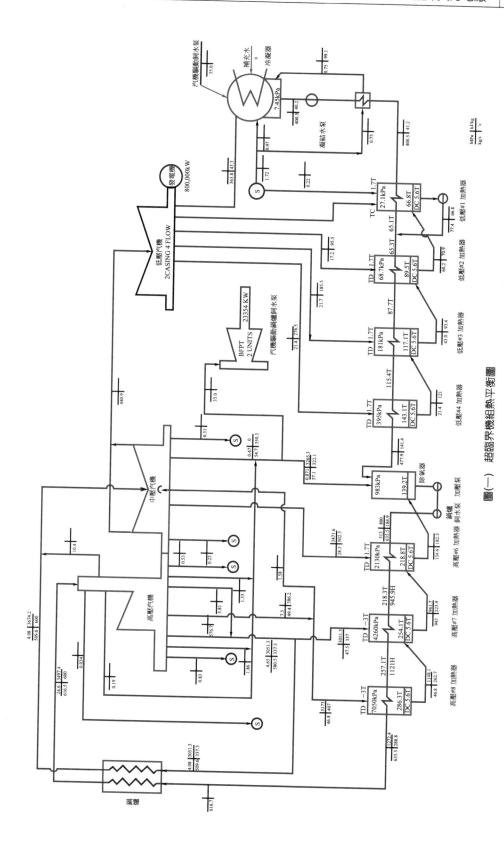

圖(一)　超臨界機組熱平衡圖

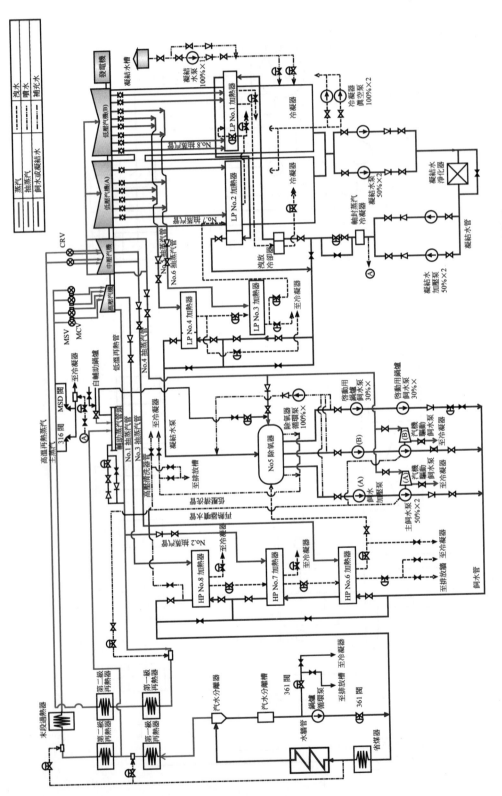

圖(二)　典型 800MW 級超臨界機組蒸汽和水流程圖

■ 2.4.3　蒸汽系統

　　超臨界壓力機組之蒸汽系統主要包括主蒸汽、再熱蒸汽、旁路及輔助蒸汽等四個子系統，主要之功能在於提供不同壓力等級之汽輪機動力來源、負載變化情況下系統及設備之保護、加熱用蒸汽，主蒸汽及再熱蒸汽系統流程圖詳**彩色圖(二)**所示。

　　各子系統均以80萬瓩的發電容量為設計基準，其詳細說明如下：

1. 主蒸汽系統

    由鍋爐過熱器出口集管引導高壓高溫蒸汽至汽輪機高壓段；此外，在汽輪機中壓段排汽量不足以供應汽輪機驅動之鍋爐飼水泵所需之蒸汽時，將主蒸汽減壓後，提供蒸汽給驅動鍋爐飼水泵之驅動汽輪機。

2. 再熱蒸汽系統

    分為低溫再熱(Cold Reheat)蒸汽系統及高溫再熱(Hot Reheat)蒸汽系統。在低溫再熱蒸汽系統中，高壓高溫之主蒸汽於汽輪機高壓段作功後，利用本系統將汽輪機之出口蒸汽引回鍋爐再熱器之入口集管；而高溫再熱蒸汽系統係利用鍋爐再熱器加熱後，將溫度提高至系統所設定溫度後，藉由本系統將鍋爐再熱器出口集管之高溫再熱蒸汽引導至汽輪機中壓段入口再次於汽輪機中作功。本系統設有減溫器，以鍋爐飼水泵中段抽出之鍋爐飼水進入系統噴水降溫，控制再熱器出口之蒸汽溫度。此外，低溫再熱蒸汽系統亦提供加熱用之蒸汽至第七級高壓飼水加熱器及汽輪機之汽封系統。

3. 旁路系統

    旁路系統(By-pass System)主要之功能在於保護設備及改善機組低負載或啟動時之負載提升速度。旁路系統依其系統設置之目的可分為鍋爐旁路系統及汽輪機旁路系統。

    以貫流式鍋爐旁路系統而言，其旁路系統之設計須配合鍋爐運轉特性需求，依不同的鍋爐製造廠家而有不同的設計。

    不同的鍋爐製造廠家採用不同型式的旁路系統，由鍋爐水牆管出來之汽水混合流體，經由汽水分離器(Separator)或閃化槽(Flash Tank)進行汽水分離後，將蒸汽導入過熱器，飼水則流回冷凝器或除氧器，或是部分經由爐水循環泵送回飼水系統。圖2.5為鍋爐旁路系統之示意圖。

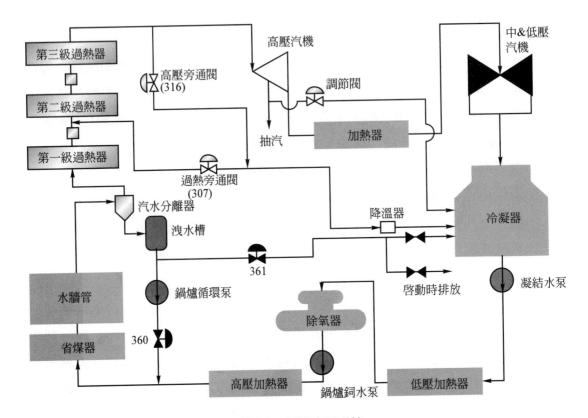

圖 2.5　鍋爐旁路系統

汽輪機旁路系統之主要作用則為改善機組起動和升載的特性,即若機組需擔負週期(Cycling)運轉之責任,由於起停次數頻繁,為提高機組升載之速度,則蒸汽系統必須設置汽輪機旁路系統。汽輪機旁路系統包括高壓汽輪機旁路系統與中壓汽輪機旁路系統,如圖 2.6 所示。高壓汽輪機旁路系統將鍋爐過熱器出口經過噴水降溫後之蒸汽,不經過高壓汽輪機而直接導入鍋爐再熱器進口之低溫再熱管路;中壓汽輪機旁路系統將鍋爐再熱器出口經過噴水降溫後之蒸汽,不經過中壓汽輪機而直接送入冷凝器。

部分歐洲及韓國之發電機組其汽輪機旁路系統除具有上述功能外,系統及相關設備之設計容量亦須考慮在汽輪機突然跳機之情況下,可利用此一旁路系統維持鍋爐的正常運轉;俟汽輪機回復正常運轉時,鍋爐可立即供應蒸汽,迅速恢復與系統併聯,避免汽輪機跳機後,鍋爐必須跟隨停機再重新起動,影響系統供電。但此設計方式將增加投資成本及運轉維護費用,包括管路系統、冷凝器之設計容量加大以及控制系統等。

規劃超臨界燃煤機組將朝向高效率、低污染及低發電成本，並以基載運轉為主。然超臨界壓力燃煤機組不但負載可降至 30%左右，且具有滑壓運轉能力，升載能力亦相對提高，若規劃有汽輪機旁路系統，可大幅縮短機組起機所需時間，適合進行週期(Cycling)運轉，此亦稱為自動發電控制系統(Automatic Generating Control，AGC)，即超臨界鍋爐保有適當的定壓運轉範圍，在出力由30%至90%～95%間採變壓運轉，出力90%或95%～100%間採定壓運轉，以維持機組在高效率下運轉。

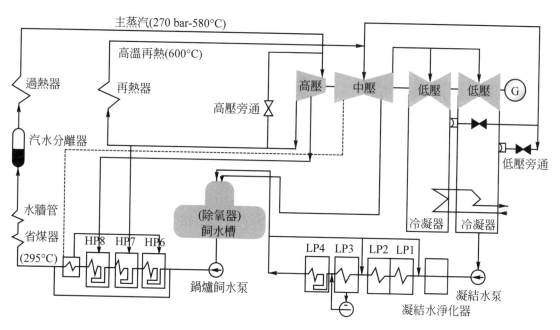

圖 2.6　汽輪機旁路系統

4. 輔助蒸汽系統

輔助蒸汽系統主要之來源為自汽輪機高壓段所排出之低溫再熱蒸汽，必要時亦可由主蒸汽減壓降溫後，用以提供機組之系統及設備與廠區公用設施所需之蒸汽，其中包括：

· 除氧器

· 驅動鍋爐飼水泵之汽輪機

· 空氣預熱器

· 油槽底部加熱器

- 選擇性觸媒轉換器——液氨加熱系統
- 粉煤機蒸汽滅火系統
- 汽輪機蒸汽汽封系統
- 吹灰器(若採用蒸汽吹灰)
- 化學清除設備

■ 2.4.4　冷凝器及凝結水系統

蒸汽於汽輪機內完成作功後排入冷凝器，藉由海水將其冷卻成為凝結水，並儲存於冷凝器之熱井(Hotwell)中，供凝結水泵(Condensate Pump)直接自熱井中抽取加壓送入凝結水系統，包括軸封蒸汽冷凝器(Gland Steam Condenser)、凝結水淨化系統(Condensate Polishing System)及四級低壓飼水加熱器等設備後，進入除氧器。凝結水系統流程圖請參閱**彩色圖(二)**。

1. 冷凝器

    冷凝器之設計須配合低壓汽輪機之數量及型式，可採兩殼式(Two Shell Type)，分別連接至個別之低壓汽輪機出口；採單一通路設計，並各自擁有獨立的水箱(Water Box)；熱井在一般正常水位情況下之有效容量，至少須有可容許機組連續運轉 3 分鐘之儲水量。80 萬瓩超臨界機組冷凝器之熱負載初步估算約為 0.89×10^6 kJ/s，機組若設置汽輪機旁路系統，尚須考慮此旁路系統開啟操作時的最大熱負載。冷凝器之設計容量及結構強度需能承受來自鍋爐、汽輪機旁通系統及汽輪機汽封系統等高溫蒸汽之熱負載及流量。冷凝器本體結構部份以鋼鈑焊接而成，並以適當之構件支撐，以減少進入冷凝器之空氣洩漏量及提供足夠之結構強度。冷凝器所使用之冷卻水係取用海水經耙污機及迴轉式攔污柵去除雜物後，經循環水渠道由海水循環水泵加壓後送至冷凝器；同時為維持冷凝器之運轉效率，在海水冷卻水側裝設管內清洗系統(On-Line Tube Cleaning System)，用以連續清潔冷卻水管，防止冷卻水管內部污垢及海中生物之附著，以維持熱交換之效率。

2. 凝結水泵及凝結水增壓泵

    超臨界壓力機組凝結水泵需求的揚程，比次臨界壓力機組高出甚多，若考慮單段單壓設計，則其下游設備設計壓力亦須相對提高，將大幅提高設備

費用，尤其是凝結水淨化系統及製程設備與管線配件，影響更大。凝結水泵出口壓力甚高將採分段分壓設計，規劃為凝結水泵及凝結水增壓泵(Condensate Booster Pump)，並評估兩者間之增壓配比後，將凝結水增壓泵設置在凝結水淨化系統下游，此種規劃可降低凝結水淨化系統的設計壓力與設備費用。

至於凝結水泵及凝結水增壓泵之配置方式，大部份次臨界壓力燃煤機組皆設計採用三台各具 50%額定水量馬達驅動之定速直立式多級離心式凝結水泵，正常運轉時兩台並聯運轉，另一台為備用。而凝結水增壓泵設置之數量及容量將規劃為三台各具 50%額定水量馬達驅動之定速離心泵，因其吸入側壓力已提高，可採用臥式離心泵，以利設備安裝及維修保養。

3. 凝結水水質淨化需求及清洗系統

超臨界壓力機組因採用貫流式鍋爐設計，沒有汽鼓來排除爐水中的不純物質，因此飼水水質需求及控制較為嚴格，為確實維持鍋爐飼水的水質，通常超臨界壓力機組都會設置全流量凝結水淨化系統(Condensate Polishing System)，以控制系統及管路內部氧化物及鍋爐補充水所含不純物造成的污染。然在機組初次運轉前或長時間停機如大修等，因飼水水質遠低於鍋爐水質之要求，必須用清洗系統(Clean-up System)配合凝結水淨化系統循環淨化水質，使水質達到鍋爐的要求。凝結水清洗系統以凝結水泵送凝結水經系統管路、凝結水淨化系統及低壓飼水加熱器，淨化經過上述系統及設備之水質，於進入除氧器前由回流管流回至冷凝器，形成循環。當循環水質太差時，則於流回至冷凝器前以旁路排放至水溝，直到水質適合再進行循環淨化。

4. 低壓飼水加熱器

低壓飼水加熱器亦屬於凝結水系統之一部分，一般設置四級低壓飼水加熱器，採單串列(Single-Train)式設計，依凝結水之流向，由低溫到高溫分別稱為一號、二號、三號及四號，其中一號及二號低壓飼水加熱器可分別置於冷凝器之兩個殼頸(Neck)部位，以降低低壓汽輪機抽汽及排氣之壓力損失。一號及二號低壓飼水加熱器因加熱用抽汽壓力及溫度較低，內部可採用直管式設計，三號及四號低壓飼水加熱器則採 U 型管構造。

■ 2.4.5　飼水系統

　　除氧器及儲槽(Deaerator & Storage Tank)接收來自低壓飼水加熱器進入除氧器之凝結水，於除氧器中與蒸汽混合加熱，以去除溶於水中之氧氣及部分不溶解於水中之氣體，以減少鍋爐因水中含有氧氣所產生之腐蝕現象，除氧器亦稱為五號加熱器。經由除氧器去除溶於水中氧氣之鍋爐飼水則存於除氧器下方之飼水儲槽，提供鍋爐運轉所需之用水，飼水儲槽在一般正常水位情況下之有效容量，至少須可允許鍋爐連續運轉 5 分鐘之儲水量。飼水系統藉由鍋爐飼水增壓泵(Boiler Feedwater Booster Pump)自飼水儲槽抽取鍋爐飼水並提高壓力後，再送至鍋爐飼水泵(Boiler Feedwater Pump)加壓送出，流經三只高壓飼水加熱器逐漸提高鍋爐飼水溫度後，進入鍋爐之省煤器。飼水系統流程圖請參閱**彩色圖(二)**。

1.　鍋爐飼水泵數量及容量選用

　　一般大型次臨界壓力燃煤機組鍋爐飼水泵都規劃 2 台汽輪機驅動鍋爐飼水泵(Boiler Feedwater Pump Turbine Driven，簡稱 BFPT)及 1 台馬達驅動鍋爐飼水泵(Boiler Feedwater Pump Motor Driven，簡稱 BFPM)，台灣發電廠鍋爐飼水泵之數量及容量詳如表 2.2 所示。

　　BFPM 除了具有並聯運轉的能力外，亦須滿足機組起機時鍋爐飼水之流量及壓力需求。機組起機時飼水之流量及壓力皆遠小於並聯運轉時之流量及壓力，且 BFPM 為定速運轉，故須以泵出口控制閥控制流量與壓力，該控制閥須能滿足小流量大壓差(起機時)及大流量小壓差(並聯運轉時)之運轉條件，實際運轉上常會有流量控制不穩與控制閥易故障等問題。台中九、十號機組，採用變速設計，經由變速控制，在機組起機時以低速運轉，在並聯運轉時則以額定的高速運轉，如此可簡化泵出口控制閥組設計及達到穩定的流量控制。

　　日本及韓國超臨界壓力電廠及設備，超臨界壓力機組大都規劃 2 台各 50%容量 BFPT 及 1 台 25%或 30%容量 BFPM，圖 2.7 為其典型之配置。以現有泵浦設計及製造技術而言，BFP 具有相當高的可靠性。BFPM 的流量控制有採用變速設計，亦有採用定速馬達而單純以鍋爐飼水泵出口控制閥直接控制流量者。

表 2.2　台灣大型次臨界壓力燃煤機組鍋爐飼水泵數量表

機組 ＼ 項目	興達一、二號機及台中一至四號機	興達三、四號機及台中五至八號機	台中九、十號機
BFPT 數量	2	2	2
容量	65% MCR	65% MCR	65% MCR
增壓泵	√	√	√
BFPM 數量	1	1	1
容量	35% MCR	27% MCR	30% MCR
增壓泵	√	√	√
可與 BFPT 並聯運轉	√	√	√
定速或變速運轉	定速馬達	定速馬達	變速馬達

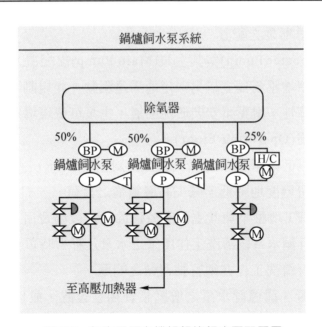

圖 2.7　超臨界壓力機組鍋爐飼水泵配置圖

　　歐洲之超臨界壓力機組多數以變速做為鍋爐飼水泵之驅動方式，容量選用以 3 台各 50% 或 2 台各 70% BMCR 容量之 BFPM 組合，亦有少數採用 1 台 100% 鍋爐最大容量 BMCR(Boiler Maximum Continuous Rate) 容量之 BFPT

及 2 台 35% BMCR 容量之 BFPM 的規劃方式。依歐洲廠家之規劃方式，馬達的容量都相當大，須配合之電力系統及啟動、控制裝置與設備亦較為複雜且昂貴；且其運轉方式與台電公司的發電飼水系統之運轉操作方式不同，將增加機組操作之困難度及風險，運轉維護之成本亦相對提高。

台灣現有次臨界壓力機組之鍋爐飼水泵容量設計，均考慮 BFPM 具有與 BFPT 並聯運轉之需求，主要設計目的為當 1 台 BFPT 故障時，機組仍可以接近滿載運轉。一般超臨界電廠將供基載電力使用，且機組效率較一般次臨界壓力燃煤機組為高，為確保機組之滿載發電量及充分有效利用機組設備，降低發電成本，鍋爐飼水泵數量及容量宜採 2 台 65% 容量之 BFPT 及 1 台變速之 BFPM，而此 BFPM 亦須規劃做為起機(Start-up)用，其容量則須配合機組飼水系統及運轉模式之需求，進行適當的規劃選用外，一般設計容量介於 25%～35% 之間。有關鍋爐飼水泵數量、設計容量及驅動方式，將考量機組可能之運轉模式，並參考國外超臨界機組鍋爐飼水泵之設計及運轉資料，擬訂最佳之設計。

2. 鍋爐飼水泵增壓泵之配置

在增壓泵(Booster Pump)與其主泵(Main Pump)之配置方面，有兩者同軸之設計，亦有將增壓泵獨立以另一定速馬達驅動，此規劃方式具有以下優點：

⑴ 配置較有彈性，增壓泵安裝於地面層，主泵可依現場空間佈置安裝於地面層或運轉層(Operating Floor)。

⑵ 增壓泵可以低轉速運轉，減少淨正吸水頭(NPSHR)之需求，除氧器及其儲槽之高度可適度地降低，減少高層鋼構之負荷。

⑶ 可省去 BFPT 增壓泵與其主泵間減速齒輪之設備費用及運轉維護費用。

⑷ 機組於進行飼水系統清洗工作所須之水量及壓力時單獨運轉之能力，避免主泵於進行清洗工作亦須啟動運轉之問題。

根據以上考量，鍋爐飼水泵之增壓泵宜獨立設置，並以獨立之定速馬達驅動，以降低飼水儲槽所須之高度，減少建築投資成本及增加廠房結構之穩定性及安全性。

3. 鍋爐飼水泵之進水管路設計

大型次臨界壓力燃煤機組鍋爐飼水增壓泵吸入側進水管路皆採用單一總管由除氧器儲槽連接後，往下穿過中間層(Mezzanine Floor)後，分支連接至

各自鍋爐飼水增壓泵吸入側進口，而採用此種設計之優點為可節省管路材料及施工費用，但缺點為：

⑴ 每部飼水泵的流量分配會彼此相互干擾，影響流量分配及穩定性。

⑵ 當其中一台飼水泵故障跳機時，會影響對其它飼水泵的運轉情形。

⑶ 超臨界壓力機組規劃為 80 萬瓩，其飼水量需求很大，上述兩項缺點當更嚴重。

依日本、韓國及歐洲超臨界壓力電廠之經驗，所有超臨界壓力電廠中鍋爐飼水增壓泵吸入側進水管路均為獨立之進水管路設計，以避免上述的問題。

4. 飼水清洗系統

貫流式鍋爐除須設置全流量凝結水淨化系統來控制進入鍋爐的飼水品質外，亦須於機組初次運轉前或長時間停機大修時，利用清洗系統配合凝結水淨化系統循環淨化水質，使水質達到鍋爐廠家的要求。一般貫流式鍋爐之起機清洗系統分為三階段：凝結水清洗系統、飼水清洗系統及鍋爐內部循環系統。

飼水清洗系統設置之目的為淨化經除氧器、高壓加熱器及飼水管路之水質。因清洗系統其壓力需求遠低於機組正常運轉之壓力需求，故以飼水增壓泵送經飼水管路及高壓加熱器，在進入省煤器前由一回流管流回至冷凝器成一循環。當循環水質太差時，則於流回至冷凝器前以旁路排放至廠區水溝，直到水質適合再進行循環淨化。而鍋爐內部循環系統，則以鍋爐本身循環系統進行爐水淨化。

由於凝結水及飼水清洗系統係利用凝結水泵及鍋爐飼水增壓泵，以提供所需循環水量及揚程，在設計階段，計算凝結水泵與鍋爐飼水泵及增壓泵時所需之設計條件時，亦須考慮清洗系統的需求。

5. 高壓飼水加熱器

高壓飼水加熱器共有三級，採單串列式設計，依鍋爐飼水流向由低溫至高溫分別稱為六號、七號及八號。飼水加熱器係利用自高、中壓汽輪機抽出具不同壓力等級蒸汽之汽化潛熱間接預熱鍋爐飼水，以提高鍋爐飼水溫度，增加熱循環效率。高壓飼水加熱器因加熱用抽汽壓力及溫度較高，內部均採用 U 型管構造。

■ 2.4.6 加熱器抽汽、洩水及排氣系統

高、低壓飼水加熱器之抽汽、洩水及排氣系統主要由下列四個子系統所構成。高壓及低壓飼水加熱器抽汽、洩水及排氣系統流程圖請參閱**彩色圖(二)**。

1. 抽汽系統

    本系統分別來自高、中及低壓汽輪機各個不同壓力段抽取蒸汽，以提供飼水加熱器、驅動鍋爐飼水泵之汽輪機及其它設備使用。低壓汽輪機有四個抽汽點，供應一至四號低壓飼水加熱器所需之蒸汽；而中壓汽輪機之中段抽汽及末端排汽，分別供應六號高壓飼水加熱器、除氧器(五號飼水加熱器)及驅動鍋爐飼水泵之汽輪機所需之蒸汽量；七號及八號高壓飼水加熱器之加熱蒸汽則分別來自高壓汽輪機末端排出之低溫再熱蒸汽系統及中段抽出蒸汽。

2. 洩水系統

    本系統主要之功能是將高、低壓飼水加熱器中已完成熱交換，經由蒸汽冷凝而成之洩水依其壓力之高低順序，依序洩放至下一級之飼水加熱器，再回收洩水中所含有之潛熱；或是在緊急情況，直接洩放至除氧器或冷凝器，以保護設備及管路系統。洩水系統之流程為自八號高壓飼水加熱器之洩水排放至較低壓之七號高壓飼水加熱器，經閃化成為過熱或飽和狀態蒸汽，並與高壓汽輪機末端之排出蒸汽混合後，加熱七號高壓飼水加熱器內之飼水；而七號高壓飼水加熱器之洩水排放至六號高壓飼水加熱器，閃化後並與中壓汽輪機中段抽出蒸汽混合，來加熱六號高壓飼水加熱器內之飼水；而六號高壓飼水加熱器之洩水則排放至除氧器；依此類推，四號低壓飼水加熱器的洩水依序洩放至三、二及一號低壓飼水加熱器，最後藉由加熱器洩水泵(Heater Drain Pump)送回凝結水系統。

    系統設計考慮在緊急之情況下，所有加熱器之洩水都能夠直接排至除氧器或冷凝器，以確保系統之正常運作。

3. 排氣系統

    高、低壓飼水加熱器在進行熱交換過程中，會產生部份不凝結氣體，這些因壓力及溫度變化無法溶於水中之氣體必須不斷地排出，避免氣體在水中聚集形成氣泡，附著在熱交換管表面，降低熱交換效率甚至對管件造成損

壞。六至八號高壓飼水加熱器所產生之不凝結氣體，經由排氣管線上之限流孔板(Restriction Orifice Plate)排入除氧器，而除氧器本身所產生及來自外部之氣體，經由除氧器上方所設置之數個限流孔板之排氣管連續排放至大氣中；而一至四號低壓飼水加熱器中的不凝結氣體，則由經由排氣管線上之限流孔板排入冷凝器中。

4. 壓力釋放

一至八號高、低壓飼水加熱器之殼側(Shell Side)及管側(Tube Side)均設有壓力釋放閥(Pressure Relief Valve)，每一壓力釋放閥均有個別獨立之管路通至大氣，以避免加熱器之殼側及管側的壓力高於正常運轉壓力及設計壓力，確保系統之正常運轉及確保設備之安全。

■ 2.4.7　海水循環系統

80 萬瓩機組所需之海水循環用量，基於保護生態及環境，考慮海水循環排水溫升在導流堤出水口 500 m 處不得高於進水溫度 4℃ 之條件下，以海水循環經冷凝器吸收蒸汽潛熱後，溫升不超過 7℃ 為設計基準，計算冷卻海水用量約為 40 m³/s (預留 15% 裕度)。

台電公司大型燃煤火力機組(550 MW)之海水循環泵皆採用 3×33.3% 設計容量及定速運轉，以海水做為冷卻水，當機組於冬天運轉或低載運轉時，因海水溫度較低或部份負載下冷卻水量需求降低，可運轉兩台甚或一台海水循環泵即可符合系統需求；且須以節流方式控制流量，以維持系統之穩定性，在此運轉情況下，海水循環泵已偏離其最佳效率運轉點，造成額外的電力損失。

依日本、韓國超臨界電廠及設備之資料顯示，近年來大部份超臨界壓力機組大都採用 2×50% 容量之設計，且葉輪採用可調式入口角度(Variable Pitch)設計，依系統流量及潮位高低之變化，配合調整葉輪之傾斜角度。規劃有以下的優點：

1. 每部機組僅配置兩台海水循環泵，泵進水口結構物(Intake Structure)空間較小。

2. 可調整之葉輪入口角度，每台泵在任何負載下皆可運轉在最佳效率點，節省額外的電力消耗。

3. 在冬天或低載運轉(尤其在週期(Cycling)運轉)時，不必經常性起停某一台或兩台泵，影響廠內電力需求之穩定性。

海水循環泵為高流量低揚程之流體設備,具有高可靠性,而上述之設計在各超臨界壓力電廠已有相當多的實際運轉經驗,可做為超臨界壓力機組海水循環泵數量與型式的參考。

電廠附近海水潮位及溫度之變化,以及海水循環泵可能之運轉模式,亦是決定海水循環泵數量與型式之因素。

■ 2.4.8 廠用水系統

廠用水系統係為一密閉之循環迴路,機組之廠用水系統應至少包含下列各項設備。

・兩部各具 100% 運轉之廠用水泵
・兩套各具 100% 運轉容量之熱交換器及共用之管內清洗系統
・緩衝水槽
・廠用水儲槽或水池

其中廠用水泵在正常運轉狀況下僅使用一部,另一部為備用。熱交換器之殼側廠用水經管側流動循環之海水冷卻後,提供給以下各項設備使用:

・汽輪機潤滑油冷卻器   ・吹灰空氣之壓縮機
・勵磁機冷卻器   ・廠用及儀用空氣之壓縮機
・EHC 液壓用油冷卻器   ・風機軸承用潤滑油冷卻器
・BFPT 之汽輪機潤滑油冷卻器   ・空氣預熱器潤滑油冷卻器
・BFPM 之潤滑油冷卻器   ・其它設備

■ 2.4.9 生水系統

一般電廠運轉所需之生水通常有自來水公司提供之自來水、取用地表水及抽取地下水等方式取得水源;在燃煤火力超臨界機組之生水系統主要係供應下列系統及設備之用水需求。

1. 發電機組用純水
   發電用純水包括水-汽循環系統之補充用水、廠用水系統之補充水量、除礦水廠再生系統用水及其它系統或設備用水。茲分述如下:

   (1)　水-汽循環系統之補充用水

就汽鼓式鍋爐，因機組運轉的飼水所含雜質須於汽鼓中連續排放(Continuous Blowdown)，故須連續補充水量；但在貫流式鍋爐，僅於機組起機時依水質程度進行適度排放外，正常運轉時並不須排放，只須補充因設備及管閥等在循環過程中洩漏及損失之水量。此外，若吹灰器係用以蒸汽為工作流體之設計，則其蒸汽用量亦須列入補充用水之水量計算內。

   (2)　廠用水系統之補充水量

提供設備冷卻用水，不論是超臨界或次臨界壓力機組，皆為循環迴路冷卻再使用，亦只須補充因設備及管閥等在循環過程中洩漏及損失之水量。

   (3)　除礦水廠再生系統用水

純水在製造過程中，進行再生製程所需之用水。

   (4)　其它系統或設備用水

電廠中其它設備或系統在運轉過程中需要使用純水者。

2.　排煙脫硫系統補充用水

若排煙脫硫系統採用濕式石灰石-石膏法，其生水使用量佔全廠總用水量相當高之比例。預估單一80萬瓩機組排煙脫硫之用水量約為100公噸／時。

3.　煤場用水

煤場用水主要供做堆煤抑塵噴水及降溫用。儲煤設施目前均規劃為室內煤倉設計，採筒狀煤倉、圓頂煤倉或棚式煤倉以減少對周遭環境的影響，且室內煤倉設計對於抑塵噴水之用水量較少。

4.　維護用清洗水

包括實驗室用水、設備沖洗用水及其它用水等。

5.　公共用水

包括飲用水、衛生用水、消防用水及廠區綠化用水等。

■ 2.4.10　壓縮空氣系統

壓縮空氣系統包括吹灰用壓縮空氣(Soot Blowing Air)、廠用壓縮空氣(Plant Air)及儀用壓縮空氣(Instrument Air)等三個子系統。

壓縮空氣系統可考慮以兩部或多部共用之方式規劃設計。以兩部機組共用之情況為例，各空氣壓縮機之配置通常利用兩相鄰機組汽輪機房中間之公共區域規劃為空壓機房，空壓機房內設有吹灰用空氣壓縮機、廠用及儀用空壓機，以及周邊之過

濾器、消音器、空氣儲存槽及儀用空氣乾燥機等配件，以穩定提供各系統及設備必要之壓縮空氣來源。

吹灰用空氣壓縮機可採用離心式壓縮機，所須之空氣壓力依吹灰器(Soot Blower)設備製造廠家之不同而略有差異，一般運轉壓力約為 2.4 MPaG(24 bar)左右；而廠用及儀用空氣壓縮機其出口壓力約為0.8 MPaG(8 bar)。若廠用及儀用空氣瞬間用量過大，導致系統壓力過低，可由吹灰用空氣壓縮機以減壓方式供應，補充廠用及儀用空氣之不足。

■ 2.4.11　煤灰處理系統

煤灰系統主要包含飛灰及底灰處理系統。飛灰處理系統主要為處理在靜電集塵器中所收集之飛灰，基本上在省煤器及空氣預熱器中所收集之煤灰亦可包括在飛灰系統中；目前台灣各發電廠由飛灰系統所收集之煤灰，大部份均提供混凝土廠家為混凝土製品之添加物。依據國家標準之規定，煤灰中所含之未燃碳不得超過5%，為了避免將未燃碳含量較高之煤灰混入飛灰系統中，目前燃煤火力發電廠均將省煤器及空氣預熱器中所收集之煤灰，與鍋爐爐膛下方所收集之煤灰，一併納入底灰系統處理；故底灰處理系統將包括爐膛灰、煤渣(Pyrites)、省煤器灰及空氣預熱器灰等。

飛灰處理系統依其煤灰輸送方式大致分為真空輸送式及壓力輸送式兩種。由於飛灰輸送方式之選用與煤灰輸送距離有直接且密切之關係，依初步廠區配置，飛灰系統之輸送距離將不超過350m，在此條件下可採用真空輸送方式飛灰處理系統。真空輸送方式具有設備單純、操作容易、維護保養簡單、系統設備及管路週邊之環境較為乾淨等優點。

而底灰處理系統依其煤灰收集及輸送方式，可分為下列三種：

1. 水力出灰式

   爐膛底部設有煤灰收集槽，煤灰藉由本身重量自爐膛上部掉入槽內，而槽內並有適量海水做為煤灰冷卻之用，再以水力抽出器(Hydraulic Eductor)將槽中之煤灰與海水抽出後，排放至適當之地點。此一方式因須使用水力抽出器之機械設備，動力消耗較大，且大部分設備均與海水接觸，腐蝕情況嚴重，維護保養之費用較高。

2. 濕式鏈條出灰

爐膛底部亦設有煤灰導槽(Chute)，將煤灰導入沉浸式刮板鏈條輸送機(Sub-mergence Chain Conveyor，SCC)，而此沉浸式刮板鏈條輸送機之上部設有水槽以冷卻煤灰，刮板鏈條機將沉入水中之煤灰帶出，再以皮帶輸送機送至底灰儲存槽。由於此一底灰處理系統需要大量生水以冷卻煤灰蒸發及煤灰本身所帶走之水量，以 550 MW 機組為例，補充水量約為 12.5 噸／時，若採用此系統，則生水供應系統必須考慮此系統之補充水量。

3. 乾式鏈條出灰

煤灰收集及輸送方式大致與上述濕式鏈條出灰系統相似，惟刮板鏈條輸送機之上部並無設置冷卻煤灰之水槽，煤灰及結塊之爐渣自上方爐膛落下後，直接以鏈條輸送機帶出，加以適當輾碎研磨使其顆粒變小後，再以空氣輸送系統(Pneumatic Conveying System)，送至底灰儲存槽。由於此一出灰方式並未使用冷卻水降溫及緩衝，鏈條輸送機在操作過程中，所輸送煤灰之溫度極高，且爐渣結塊掉落時之撞擊力相當大，故鏈條輸送機之設計須為重負荷型(Heavy Duty)，且零件之選用亦須考慮耐高溫、耐磨耗、高強度及熱變形等因素。此系統之煤灰冷卻方式係以導入適量的空氣進行冷卻，此部分與煤灰熱交換後之空氣溫度較高，可直接進入爐膛成為燃燒空氣之一部份，藉以回收煤灰中之熱能，而所增加之空氣量亦併入鍋爐燃燒空氣供應量之計算，不致造成燃燒過程中過剩的空氣量(Excess Air)增加。

■ 2.4.12　消防設備

超臨界電廠可分為主發電設備廠區、煤場區及其它設備區。主發電設備廠區及煤場區之建築物均屬特種建築物，部分建築物還存放有公共危險物品或可燃性高壓氣體，而其它設備區包括輔助設施及生活區，該區內之建築物係屬一般建築物，均需通過消防審查作業。

1. 消防設備規劃原則

(1) 消防設備的規劃必須能通過消防單位的審查及查驗：

‧符合消防相關法規的要求。

‧法規未明確規定部份盡可能與消防單位溝通。

‧消防設備必須經過消防單位認可或形式認證。

(2) 消防設備的規劃必須考慮國際上具有火災保險的措施：

· 適度的要求設備廠家提供國際認證之產品，如 UL、FM、LPC 或 VDS 等之產品。

· 兼顧 NFPA 的要求。

▶ 2.5 燃料

任何可被燃燒並釋放熱能的材料稱為燃料(Fuel)，而燃料被氧化且大量能量被釋放出的化學反應稱為燃燒。在燃燒過程中經常使用的氧化劑為空氣。乾空氣以莫耳數計算約為 21%氧與 79%氮，因此

$$1 \text{ kmol O}_2 + 3.76 \text{ kmol N}_2 \rightarrow 4.76 \text{ kmol 空氣}$$

燃燒過程中空氣的質量對燃料的質量之比稱為空-燃比(Air Fuel Ratio，AF)：

$$AF = \frac{\dot{m}_{空氣}}{\dot{m}_{燃料}}$$

若燃燒過程是完全的，燃料中所有的碳燃燒成CO_2，所有的氫燃燒成H_2O，而所有的硫(若有的話)燃燒成SO_2。完全燃燒需要的最少量空氣稱為理論空氣。理論空氣亦被視為化學上的正確空氣量或 100%理論空氣。燃料與理論空氣完全地燃燒的理想燃燒過程，稱為該燃料的理論燃燒。超過理論的空氣稱為過量空氣。過量空氣的量通常以理論空氣表示為百分比之理論空氣。

所有物質的標準參考狀態為 25℃與 1 大氣壓。

高熱值與低熱值之關係為 $HHV = LHV + (\dot{m}h_{fg})_{H_2O}$，其中 $\dot{m}$ 為每單位質量燃料生成物中H_2O的質量，而 h_{fg} 為水在 25℃的蒸發潛熱焓。

碳氫化合物燃料以所有的相存在，若干例子為煤、汽油及天然氣。煤的主要成份為碳，碳亦含有各種不同量的氧、氫、氮、硫、水份及灰份。大部份的液體碳氫化合物燃料為數種碳氫化合物的混合物。揮發性最大的碳氫化合物最先汽化，而形成汽油辛烷(C_8H_{18})，蒸餾中得到的揮發性較小之燃料為柴油燃料(十二烷，$C_{12}H_{26}$)。氣態碳氫化合物燃料為天然氣(甲烷，CH_4)，亦含有少量的乙烷、丙烷、氫、氮、CO_2、N_2、H_2S及水蒸汽。

以一座 1000MW 的電廠每年運轉所需的燃料，若燃用天然氣需 100 萬噸，重油需 140 萬公秉，燃煤需 220 萬噸，核能僅需 21 噸。

一、初級能源——煤炭

煤炭是一種黑色，像岩石的有機化石燃料，其蘊藏量豐富，以目前的產量而言，仍可使用 200 餘年，煤炭仍為人類所使用之主要能源。

燃煤用於發電，主要是利用燃煤燃燒後所產生的熱量將水加熱為蒸汽，然後利用該蒸汽推動汽輪機而驅動發電機產生電力。燃煤燃燒時需在短時間產生很大熱量，因此在進入鍋爐燃燒前，須先將煤炭磨成粉煤。煤炭燃燒後會產生硫氧化物、氮氧化物及粉塵等污染物，且因煤含碳量高，燃煤電廠效率較低，其二氧化碳排放量會高於燃氣電廠。

1. 煤的生成

   植物變成煤的過程稱成煤作用，首先在泥煤變化階段，由於植物被水淹沒而死亡，死亡後經氧化及細菌分解成植物殘骸，這些殘骸在缺氧的水中再被腐化分解成泥煤。泥煤因地殼變動，泥煤層被岩層不斷地覆蓋，使得泥煤被深埋於地下，受到溫度及壓力不斷增高，泥煤的易揮發化學元素如 O_2、H_2、N_2 等逐漸分解，而留下不易分解的碳，此種地質化學作用使泥煤因碳含量逐漸昇高而變成褐煤，再變成煙煤，最後煙煤再變成高含碳量的無煙煤，成煤過程至少需數百萬年。

2. 煤的組成

   依國際 ASTM 的煤分類方式分成無煙煤(Anthracitic Coal)、煙煤(Bituminous Coal)、亞煙煤(Subbituminous Coal)及褐煤(Brown Coal)等。

   基本上煤的分析方法有工業分析(Proximate Analysis)又稱基本分析、元素分析(Ultimate Analysis)。但不同的測定基準會產生不同的試驗結果，其中煤的常用基準有到達基(As Received Basis，AR)、氣乾基(Air Dried Basis，AD)及乾基(Dry Basis，DB)等。上述三種煤炭試驗基準的用途說明如下：

   (1) 到達基，AR——考慮總水份對煤質影響的通用基準，通常由乾基報告值乘以總水份含量而得之。

(2) 氣乾基，AD——實驗室常用之試驗基準，為使試驗環境對煤中水份的變化影響最小，故將煤之表面水份除去後再進行試驗。

(3) 乾基，DB——避免實驗室相對濕度差異，造成煤含水量差異，在氣乾基求出煤所得內含水份，再以計算方式扣除內含水份而得乾基基準下之測試值，乾基係用來比較煤質之優劣用。

① 工業分析(Proximate Analysis)

工業分析的項目包括水份、揮發物、固定碳、灰份及研磨係數等。茲說明如下：

❶ 水份(Moisture)

煤中所含水份分為表面水份(Surface Moisture)、固有水份(Inherent Moisture)及結晶水份三種。表面水份係附著於煤表面之水份，隨環境如下雨、灑水和陽光照射之影響而變化。固有水份係煤內部所含水份，不受外來環境影響。一般而言，無煙煤含水量約1%，煙煤約5～6%，褐煤及亞煙煤最高約10～15%。結晶水份為煤炭之結晶水，屬於揮發的一部份，不列入水份測定範圍。一般探討水份對燃燒影響都以總水份來計算，即表面水份及固有水份的總和。

❷ 揮發物(Volatile Matter)

煤加熱後較易析出之可燃性氣體，如碳氫化合物(如CH_4、C_2H_6)、可燃性氣體(如H_2)及不可燃氣體(如H_2O、CO_2)等。一般而言揮發物隨含碳量之增加而減少，煤中揮發物含量少者約1～2%，高者可達40%。

❸ 灰份(Ash)

煤完全燃燒後剩下之不可燃性殘渣，也是煤中無法燃燒的無機礦物質。煤炭含灰份低者可在5%以下，高者可達30%以上，一般煤之灰份大約在10～20%之間。灰份為不燃物，含量高不但熱值降低，在燃燒時會妨礙煤中可燃成份與空氣的接觸，同時產生結渣、積灰、流蝕等，均會影響燃燒效率，故對煤而言，灰份愈少愈好。煤灰融化溫度愈低，飛灰易因高溫成熔融狀而凝結在水牆管壁上。一般電廠要求灰融化溫度在1150℃以上。

❹　固定碳(Fixed Carbon)

係為除去表面水份且磨細後之煤樣，再減去固有水份、揮發物及灰份後所餘之固體可燃物，氣乾基下的固定碳計算如下。

固定碳(%) = 100% - [固有水份(%) + 揮發份(%) + 灰份(%) + 硫份(%)]

固定碳為煤炭熱量的主要來源，也是煤炭的主要成份，其值會隨著碳化程度的提高而增加，與揮發物的關係則恰好相反。

❺　哈氏研磨係數(Hardgrove Grindability Index，HGI)

係用來研判煤質的粉碎性能，以計算電廠磨煤機的所需容量及耗電率。目前均以 ASTM 標準之哈氏研磨係數(HGI)來表示。

②　元素分析(Ultimate Analysis)

元素分析的測定項目包括：碳、氫、氧、氮及硫等元素。元素分析可以計算煤炭的熱值，及測定煤中硫與氮含量，以了解燃燒後之污染排放情形。

❶　碳(Carbon)

煤炭的主要成份，大約佔 70～80%(無水無灰基下)。含碳量較高的煤炭熱值較高，其煤價亦高，含碳量最高者為無煙煤，次高者為煙煤，其次則為亞煙煤，最低者為褐煤。

❷　氫(Hydrogen)

為煤中揮發物及固有水份中氫含量的總和，在煤中的含量約佔5～6%。一般而言，煤中氫含量和碳含量成反比，亦即氫含量會隨碳含量的增加而減少。

在燃燒過程中，氫與碳作用會產生碳氫化合物，為有效熱值。根據實驗結果，煤中的氫會和煤中 1/8 的氧含量作用產生水，熱量將大為降低，剩餘的氫含量即為有效氫含量。

❸　氧(Oxygen)

氧含量在煤炭中約佔 10～20%，氧含量和氫含量一樣，會隨碳含量的增加而減少。煤中氧含量高者，會和煤中的氫結合成水而降低熱值。

❹　氮(Nitrogen)

煤中的氮含量約在0.5～1.5%之間，一般而言，無煙煤含氮量較少，煙煤含氮量較高。氮燃燒時會產生氮氧化物，是污染空氣的主要來

源之一。

❺　硫(Sulfer)

煤炭通常含硫份在 0.4～3%之間，比較特殊的煤炭其含硫量可高達 3%以上，亦有少數煤礦的硫份低於 0.1%以下，這種煤一般被稱為環保煤。

❻　熱值(Heating Value)

係為單位重量之煤樣完全燃燒所產生之總熱量，可由元素分析所得的各化學元素值計算而得，其中包括水份與氫氣燃燒所產生水蒸汽之蒸發潛熱在內者，一般稱之為高熱值(High Heating Value)或總熱值(Gross Heating Value)。以燃燒利用的角度而言，煤炭完全燃燒產生之熱不應包括水蒸汽之蒸發潛熱，一般稱此種熱值為低熱值(Low Heating Value)或淨熱值(Net Heating Value)。

二、煤質對鍋爐的影響

電廠鍋爐在設計時需對所燃用燃料之煤質列入考慮，再由鍋爐內各設備的需要而推估設計出機組各主要組件之尺寸，但火力發電廠自設計到建廠完成約需 4～5 年時間，再加上運轉壽命 30 年以上，在此 30 多年的期間，由於世界能源價格的變化，環保法規的修訂日趨嚴格，因此電廠運轉時對燃料煤之選擇經常在設計時無法準確預估，甚而偏離當初設計的基準。

通常電廠選用煤源考慮的因素有下列各項：

(1)　具經濟效益。

(2)　發電機組出力良好。

(3)　避免鍋爐結渣。

(4)　避免鍋爐積灰。

(5)　避免爐管沖蝕。

(6)　能維持運轉安全(避免煤粉自燃與爆燃)。

(7)　燃燒穩定性。

(8)　過熱器和再熱器蒸汽溫度之控制良好。

(9)　爐管金屬溫度之控制良好。

(10)　符合煙氣排放環保要求。

⑾　飛灰銷售好。

⑿　FGD 產生之石膏銷售好。

以表 2.3 為例，發電機組燃煤之設計基準與實際使用煤之現況。

表 2.3　某發電機組燃煤之設計基準與實際燃煤

煤別 項目與範圍	設計基準	實際燃煤
總熱值(kcal/kg)，AR	6500	5500
固定碳(%)，AD	50	47.5
揮發物(%)，AD	29.5	34.5
總水份(%)，AD	10	18.5
內含水份(%)，AD	3.5	11
灰份(%)，AD	13.5	7.7
硫份(%)，AD	1.0	0.6
硬度可磨性指數(HGI)	40 以上	53
灰融點溫度(℃)	1369	1364

註：AR：到達基，AD：氣乾基

1.　熱值

對相同出力的鍋爐，燃用熱值高的煤用量少，燃用熱值低的燃煤用量則高。由於低熱值煤使用量較多，直接影響到磨煤機之使用，此對磨煤機之運轉挑戰甚大，經研究調整磨煤機馬達電流、粉煤機壓差、冷熱風門控制等，而將飼煤機轉速提高，使磨煤機之效能提升，才解決了使用低熱值煤仍可維持機組滿載供煤粉的能力。

2.　揮發物

煤之揮發物高低直接影響煤粉自燃燒器出口噴出及燃燒時間的長短，揮發物高，易燃、火焰長、燃速快、易充份燃燒，對鍋爐較佳。揮發物低(<24%)，火焰短、燃速慢、燃燒時間變長，易造成鍋爐末端爐膛口溫度過高，鍋爐熱效率降低，使用同樣的煤量，卻達不到預期負載的出力，煙道金屬管溫度過高易損壞，增加發電成本。

3. 水份

總水份過高，磨煤機出煤效率會降低，通常表面水份每加1%，磨煤機容量下降1.7%。煤內含水份過高，煤粉之著火性不良，汽化熱增加，鍋爐效率會降低，煤粉內含水份每增加 1%，鍋爐效率將降低 0.108%，因煤中含水份高，其並無熱值含量，因此使用煤量要相對增加，才能維持相同的負載出力，更由於鍋爐內含大量水蒸汽，因此燃氣量相對增加，燃氣流速加快，爐膛燃氣溫度易降低，可抑制NO_x生成，但鍋爐尾端的再熱器溫度反會提高。

4. 燃料比(固定碳／揮發物)

燃料比高，表示煤中固定碳高而揮發物低，一般發電機組說明，

設計基準：燃料比 1.69

實際燃煤：燃料比 1.56

高燃料比之煤源：澳洲、南非、俄羅斯

中燃料比之煤源：印尼煙煤、大陸煤

低燃料比之煤源：印尼亞煙煤、褐煤

(1) 高燃料比之煤對鍋爐之影響

① 燃燒性不良

❶ 水牆管吸熱少，飽和水汽產生量少。

❷ 離開爐膛燃氣溫度高。

❸ EP 效率降低。

❹ 夏季影響排煙脫硫設備(FGD)運轉。

❺ 飛灰中未燃碳增加。

② NO_x 產生多，SCR 需注氨量增加。

③ 飛灰

❶ 量多、色澤好，灰商愛使用。

❷ 煙囪排煙，不透光率變差。

❸ 灰中SiO_2、Al_2O_3含量高，易對爐管產生沖蝕。

④ 熱值高、用煤量少，機組易滿載運轉。

(2) 不同燃料比之煤源調度原則

① 單獨燒高燃料比煤源並不宜。

② 低、中燃料比煤源最具使用彈性。

③ 混燒不同燃料比煤源是最佳選擇。

5. 灰份

煤灰對鍋爐運轉會阻礙熱傳導，妨礙煤中可燃性物質與氧接觸，煤中灰份每增加 1%，鍋爐效率將下降 0.034%。

(1) 如煤灰易在鍋爐內結渣或積灰，而造成燃氣通路堵塞，通風損失增加，鍋爐熱效率下降，如灰渣具腐蝕性，對鍋爐管還會造成腐蝕。結渣嚴重時，鍋爐需降載運轉，甚而強迫停機，如有大塊煤渣結渣，會造成爐心風壓突變，底灰斗喉部爐管破管。

(2) 爐管的沖蝕(Erosion)

煤灰中 SiO_2、Al_2O_3 過高，易造成爐管沖蝕，使管壁變薄、壽命減短，沖蝕性以 $SiO_2／Al_2O_3$ 之比值做界定，如 $SiO_2／Al_2O_3>2$ 須考慮降低燃氣流速。通常澳洲煤皆為高沖蝕性，印尼煤少部份為高沖蝕性，大部份比值低於 2，南非煤比值皆低於 2。

當爐心風壓控制於定值時，低熱值煤，燃氣流速快，但因灰份低，對沖蝕影響較小。澳洲煤，熱值高，雖然燃氣流速稍慢，但高灰份對爐管的沖蝕較為嚴重。沖蝕最嚴重的區域多發生在管排密集的省煤器區。

(3) 灰份高時，廠內用電量會增加，因鍋爐引風機與底灰、飛灰輸送設備耗電均增加之故。空氣預熱器熱交換與 SCR 之效率會降低，鍋爐通風阻力會增加，ESP 負荷增加，煙囪排放之不透光率會上升。

(4) 不同煤源灰份含量與色澤

① 澳洲、南非、俄羅斯煤，灰份在 11～15% 間，含 SiO_2 及 Al_2O_3 高，色澤佳。

② 印尼煙煤，灰份在 4～8% 間，SiO_2 及 Al_2O_3 含量較低，色澤呈暗灰色。

③ 大陸煤，灰份在 6～8% 間，顏色呈灰黃色。

④ 印尼亞煙煤、褐煤，灰份在 1～3% 間，飛灰產量甚少，灰中含 Fe_2O_3 高，呈暗黃色或暗灰色。

(5) 煤灰在鍋爐結渣與積灰問題

結渣係煤灰在爐牆及熱輻射區管排上，形成熔融，或半熔或再次固化的沉積物的現象。

積灰是煤灰在對流區管排上形成高溫黏著沉積物的現象。高溫黏著沉積物可區分為數種形式，包括鹼性物、鈣、磷和矽。這些沉積物似乎與煤灰成份燃燒過程中的氣化和隨後凝結在受熱面上的飛灰顆粒的現象有關。沉積物在爐牆及熱輻射區管排上的灰渣會有隔熱的作用，因而煙氣被爐牆等冷卻，促使灰渣往鍋爐的較低溫處堆積。若在鍋爐運轉時無法去除這些灰渣，結果在爐牆及管排上愈積愈多，不但會使爐尾的煙氣溫度過高，當爐膛熔渣沉積物的厚度達 8～15 cm 時，大塊的灰渣會因本身的重量而掉下來，打壞爐膛底部灰斗處之爐管。而沉積在對流區管排上的灰渣，也可能會阻塞煙氣的通路，因而增加通風損失，嚴重時將迫使鍋爐停機。

鍋爐結渣之影響因素，以灰融點影響最大，灰融點是灰的軟化溫度 (Softening Temperature)，某燃煤電廠設計值與實際用煤灰軟化點溫度比較表如表 2.4：

表 2.4   燃煤電廠設計值與實際用煤灰軟化點溫度比較表

項目＼煤源	設計值	澳洲、南非、俄羅斯、印尼部份煙煤	大陸煤、印尼部份煙煤	印尼環保煤	
				Adaro	Kideco & ABK
軟化溫度(℃)	1200～1538	1300～1500	<1200	1200～1250	≒1150
煤灰熔融性	中、高融性	中、高融性	低融性	中融性	低融性

表 2.5   灰熔融性的高低判斷係依據表 2.4

灰軟化溫度(℃)	灰熔融性
980～1200	低融性
1200～1425	中融性
1425～1620	高融性

電廠用煤之灰融點最好要在 1150℃ 以上，亦即屬中、高融性之煤，以免鍋爐結渣或積灰，造成許多問題和困擾，如表 2.5 所示。

對鍋爐結渣之防制對策，除選用適當煤源，亦可用燃燒控制、採用分段式燃燒、降低燃燒溫度、燃燒空氣量適當控制等，可克服結渣與積灰之問題。

6. 硫份

煤中所含硫份，在燃燒後形成 SO_2 或 SO_3，此統稱 SO_x，一般而言，煤中硫成份含量 1%，燃燒後產生 SO_x 濃度約為 650ppm(以 6%氧校正)。

煙氣中 SO_x 仍可符合環保法規之規定當然為考慮外購煤源之分散，同時機組必須應用 FGD，以降低排煙中 SO_x 之含量。FGD 需要石灰石粉、生水、輔助電力及設備裝置與維修費用，機組運轉成本就相對提高。

在燃煤中所含硫份愈高，除增加 FGD 之處理費，亦容易造成鍋爐末端低溫區之設備，如省煤器、空氣預熱器、煙道、靜電集塵器(ESP)等之低溫腐蝕問題。此外硫份含量愈高，煤灰也愈易結渣，脫硝系統(SCR)所注入之氨氣也易與 SO_x 結合而形成硫酸銨或硫酸氫銨而堵塞在空氣預熱器中。

7. 硬度易磨性指數(HGI)

煤之硬度易磨性指數愈低，表示煤愈難磨成粉狀，愈高則愈易磨成粉狀。

將磨煤效能提高，才不致影響煤粉之供應量，但其調整空間仍然有限，當 HGI<40 磨煤機的效能就很難符合鍋爐的需要了。

低的 HGI 煤會造成廠內用電增加，熱效率下降，鍋爐排煙溫度偏高，灰中未燃碳偏高，磨煤機易排渣，會增加悶燒機率，尤其以低 HGI 又含水份高之煤為甚。

在鍋爐運轉的因應對策，採取混燒(Co-Combustion)方式，在中、下層燃燒器燒低 HGI 煤，中、高層燃燒器燒高 HGI 煤，並酌量提高過剩空氣量，以降低灰中未燃碳之比例。

例　有一 80 萬瓩火力電廠，鍋爐燃煤成份如下：水份 9%、灰 14%、揮發物 32%、固定碳 44%、硫含量 0.6%、煤高熱值 25000 kJ/kg，煙囪排氣量為 80000 ACMM@140℃，假設該廠的總效率為 40%(@高熱值)，試計算燃燒後 SO_2 之排放濃度(以 ppm 計)。

註：　$SO_2 = 64$ g/g-mole，$S = 32$ g/g-mole

煙氣 = 29 g/g-mole，容積：22.4 S m³/kg-mole

利用 $P_1V_1/T_1 = P_2V_2/T_2$

$P_1 = P_2 = 1$ atm，SCM 為@15℃之標準體積。

解

$$Q_{in} = \frac{W_{out}}{\eta} = \frac{800 \times 10^3 \text{ kW}}{40\%} = 2.0 \times 10^6 \text{ kJ/s}$$

$$\dot{m}_f = \frac{2.0 \times 10^6 \text{ kJ/s}}{25000 \text{ kJ/kg}} = 80 \text{ kg/s}$$

硫(S)：$80 \text{ kg/s} \times 0.6\% = 0.48 \text{ kg/s}$

實際上僅 95% S 會反應成 SO_2

$$0.48 \text{ kg/s} \times 95\% \times \frac{64}{32}\left(\frac{SO_2}{S}\right) = 0.912 \text{ kg/s-}SO_2$$

$$\frac{0.912 \text{ kg/s } SO_2}{64 \text{ g/g-mole}} = 0.01425 \text{ kg-mole/s-}SO_2$$

$$煙氣量 = 80000 \times \frac{273 + 15}{273 + 140} = 55787 \text{ sm}^3/\text{min}$$

$$\frac{55787 \text{ sm}^3/\text{min}}{22.4 \text{ sm}^3/\text{kg-mole}} = 2490.5 \text{ kg-mole/min} = 41.5 \text{ kg-mole/s}$$

$$SO_2 濃度 = \frac{0.01425 \text{ kg-mole/s}}{41.5 \text{ kg-mole/s}} \times 10^6 = 343 \text{ ppm}$$

註：基準：Nm^3/h @0℃，1 atm，0%RH，1.293 kg/m³

標準：Sm^3/h @20℃，1 atm，1.2 kg/m³

STP：1 atm，0℃，22.4 L

NTP：1 atm，25℃，$22.4 \text{ L} \times \frac{273 + 25}{273} = 24.45 \text{ L}$

三、運煤系統(Coal Handling System)

　　燃煤經由出口國的內陸運輸(包括鐵路、公路或駁船)至出口港，將煤裝運至煤輪之煤倉，煤輪經長途海運運至卸煤港，煤炭由煤輪煤倉卸至卸煤碼頭之煤場，由卸煤碼頭再經由內陸運輸(包括鐵路、公路或駁船)將燃煤運至電廠煤場儲存或直接燃燒。

　　電廠煤場的構造可改分為卸煤設備、皮帶傳送設備、篩除與粉碎設備、堆煤與取煤設備等四個部份，燃煤首先以卸煤設備由煤輪、火車或卡車上卸至卸煤機上，再經由輸煤皮帶、轉運塔等傳送設備送至煤場(或直接送至電廠日用煤倉)，並以堆煤機將燃煤儲放於煤場儲存煤堆位置，當電廠須用煤時，再以取煤機至儲煤場取煤，再經由煤運設備送至電廠日用倉，途中並經篩除與粉碎設備將煤中雜質篩出，並將大煤塊碎成小煤塊。

在燃煤的儲運過程會面臨的問題一般有：自燃及煤塵污染等，茲簡述如下：

1.　自燃(Spontaneous Combustion)

　　煤於儲運過程會因煤炭氧化或吸附水份而產生熱量，若產生熱量的速率超過熱量被移除的速率時，則煤堆的溫度便會逐漸升高，當其溫度達到煤炭的燃點(約爲230℃)時，煤堆便會自動著火，這種現象被稱爲自燃。自燃後之煤炭煤質會變差，熱量亦會損失，並會帶來環境污染問題，故應避免。

　　煤堆發生自燃的確實原因仍無法完全掌握，但依經驗顯示，易造成自燃反應的因素有：煤反應度較高、煤水份含量過高、煤塊過細、煤堆附近含氧量過高、煤鐵礦成份較高……等，而避免煤堆或運輸途中發生自燃的方法有：

・不同大小顆粒、風化過的與新開採的煤炭、不同自燃傾向煤炭、乾燥與潮濕的煤炭皆應避免堆放在一起。

・煤炭儲存位置應力求排水性良好，且基底必須無任何可燃物存在；煤堆表面應經常保持濕潤，且周邊須有足夠空間以利機械移動來移除熱源。

・爲確保煤堆煤炭的品質及減低自燃的機率，應盡量將煤堆壓緊，減少煤炭與空氣接觸的機會。

・煤炭從堆積機械頂端掉落的高度應盡量降低，以避免掉落時煤塊碎成細粒，而增加與空氣接觸的機會。

・煤堆應以最小受風面來迎風，例如將煤堆成長矩形，並以狹窄面迎風，並運用鄰接的煤堆、建物、小山、樹等來增加額外的避風效果。

・煤堆內有熱煤出現時，應利用取煤機或其它機械將熱煤挖出，再用水噴或薄層堆放方式將之冷卻。

・必要時運用抗氧化劑噴灑或塗於煤堆表面以防止空氣滲入煤堆內，例如：於焦煤煤堆可使用瀝青乳化劑、煤焦油、塑膠或 PVC 紙覆蓋煤堆面，或利用氧化鈣、氯化鈣等吸濕劑限制煤表面水份的蒸發，或使用磷酸銨來阻塞反應面，以抑制煤炭的氧化。

2.　煤塵污染

　　燃煤於煤運過程，會有碎化成小煤粒的特性，此爲煤炭的易碎性，易碎性高的煤炭會造成運輸過程煤塵污染及運輸損失等問題，且易碎性高的煤炭反而不容易磨成細粉，會增加粉煤機的電力消耗量，另煤於煤堆中風化的

結果亦會造成煤炭崩解成煤塵，故亦應避免風化過於嚴重會造成煤炭易碎化或風化成煤塵的煤質因素有：煤品級較低、含氧量高、水份含量高、高反應度及高易碎性等。

防止煤塵污染的方法和防止煤堆自燃的方式很相近，其中較重要的有：

· 煤堆表面應經常保持濕潤並收集煤塵，以避免煤塵飛揚而污染環境。

· 應緊壓煤堆並減少煤堆的受風面積，以降低風化現象。

· 煤運過程應盡量避免碰撞，並避免煤炭自高處掉落，以減少煤炭碎化成煤塵的機會。

· 必要時需噴灑化學藥劑以減少煤堆與空氣接觸的機會。

四、結論

1.　鍋爐理想的煤質為：高熱值、無雜物混入、適中的水份、中低燃料比、高易磨性指數(HGI)值、高灰融點溫度、低硫份、低灰份、低Na_2O含量、低結渣積灰指數、低刮蝕性。

2.　大型鍋爐應廣泛嘗試使用不同煤質之煤炭，並研擬出最佳控制條件，以擴大煤源。

3.　煤源種類多，煤質差異大，對電廠運轉控制，將面臨相當嚴峻之挑戰，但電廠運轉人員應找出鍋爐最佳運轉條件，以提升電廠效益。

4.　從管理面而言，煤混合後燃燒，或不同煤由不同層燃燒器噴出混燒，為未來適應煤源多樣化，並算出比例混燒，以符合鍋爐機組維護、鍋爐熱效率提升、飛灰品質控制、及煙氣排放符合環保規定。

5.　燃煤與發電鍋爐關係上，受鍋爐本身設計條件、煤源特性及電廠運轉人員技術等因素，找出不同煤質搭配之各項運轉控制條件，而達到既可擴大煤源、降低購煤成本，又可滿載運轉，不致浪費能源，還可兼顧環保排放要求。

3

超臨界機組鍋爐、汽輪機及
輔助設備之特性

　　超臨界機組的主要發電設備包括鍋爐、汽輪機、空氣品質控制設備、整廠監控設備及電廠輔助設備等，主發電設備的性能直接攸關電廠運轉的可靠度。

　　火力發電機組之輔助設備，包括燃煤供應及儲存設施、燃油系統、生水池、生水系統、飲用水系統、通風空調、消防系統、水處理系統、廢水回收及處理系統、煤灰處理、排煙脫硫及脫硝與集塵處理設備、海水循環泵室及設備、海水循環系統、灌溉系統、渠道及進出水口結構及開關場等。

表 3.1 典型 80 萬瓩超臨界機組設計參數

主要設備	項目	設計條件
鍋爐	機型	再熱式超臨界壓力滑壓運轉水牆管鍋爐(屋內式)
	設計蒸發量(MCR)	2300 t/h
	過熱器蒸汽壓力／溫度	25.0 MPa/571℃
	再熱器蒸汽壓力／溫度	3.74 MPa/596℃
汽輪機	機型	串列四流排汽式再熱冷凝型(TC4F)
	額定裝機容量	80 萬瓩
	主蒸汽壓力／溫度	24.1 MPa/600℃
	再熱蒸汽壓力／溫度	3.63 MPa/600℃
	轉速(一次／二次)	3600 rpm
發電機	機型	橫置旋轉磁場三相交流同步發電機
	額定容量	900 MVA(暫定)
	電壓	16～24 kV
	功率因數	85% lagging，90% leading(暫定)
主變壓器	機型	室外用三相導油風冷式(或 3 台單相)
	額定容量	900000 kVA(暫定)
	電壓(一次／二次)	12～24 kV/345 kV
脫硝裝置	型式	選擇性觸媒轉換器
乾式靜電集塵裝置	型式	低溫靜電集塵器
排煙脫硫裝置	型式	濕式石灰石石膏法或海水法
煙囪	型式	單根煙管組成鋼筋混凝土結構，高度 250 m (內襯筒：鋼質)
煤運系統	煤場	棚式儲倉：210000 噸，84 m×460 m×33 m×1 (每部機)
冷卻水	採進水灣表面進水潛式排放	冷卻水量約 34 m^3/s(每部機)，4×25% 或 3×34%
燃料用量		煤使用量約 170～210 萬噸／年
煤灰產生量		約 20.3 萬噸
電廠用水		生水用量平均約 3000 m^3／日

▶ 3.1　超臨界鍋爐之技術特徵

在壓力達 22.12 MPa 之飽和狀況的水被加熱時，將不再有液汽兩相共存的情況，而直接轉化為100%乾度之飽和蒸汽，在熱力學上此壓力被稱為臨界壓力。超過此壓力運轉之鍋爐，即被稱為超臨界鍋爐；其構造不同於一般於臨界壓力以下(次臨界壓力)運轉之鍋爐，此型鍋爐具有效率佳、啟動快速及運轉彈性大等優點，主要構件包括：

· 鍋爐壓力組件：包括省煤器、水牆管、汽水分離器、過熱器及再熱器等。

· 低氮氧化物燃燒器(Low NO$_x$ Burner)、風箱(Wind Box)及火上空氣口(Overfire Air Port)。

· 空氣及煙氣系統：包括送風機、引風機、冷熱風管、風管擋板及膨脹接頭等。

· 燃煤供應系統：包括飼煤機(Coal Feeder)、動力分離器(Dynamic Classifier)之粉煤機(Coal Mill)及粉煤輸送管等。

· 高壓空氣吹灰系統。

· 空氣預熱系統：三倉式(Tri-Sectors Type)、空氣預熱器(Air Preheaters)及蒸汽-空氣加熱器(Steam Coil Air Heater)。

· 鍋爐區鋼構、管件吊架及支撐構件。

· 爐體、風管及煙道保溫。

· 儀表及控制設備。

鍋爐的設計架構詳**彩色圖(三)**。

相較於傳統次臨界壓力鍋爐，超臨界壓力鍋爐具有以下之技術特徵：

1.　無汽鼓構造，爐水-汽通路以貫流(Once-Through)設計及滑壓運轉

2.　水牆管高質量流率

3.　垂直水牆管與螺旋水牆管

4.　採用滑壓運轉

5.　鍋爐管材質的選用

6.　壓力件吊架支撐設計

7.　鍋爐壓力件佈局之設計之改進以提高效率及可用率

超臨界機組及次臨界機組之比較詳表3.2及3.3。

表 3.2　超臨界機組及次臨界機組之比較

	次臨界機組	超臨界機組
蒸汽壓力	＜ 22.1 MPa(蒸汽的臨界壓力)	＞ 22.1 MPa
淨熱耗率	基準	較小
熱效率	～36%	目前普遍為 38～43%，未來可達 50%
再熱次數	一次	一次或兩次
循環系統	汽鼓式或貫流式	貫流式
水牆管尺寸	基準	較小
旁路系統	汽鼓式無需汽水分離器及閃化槽	起動及低載需汽水分離器及閃化槽
爐膛壓力	平衡或微負壓	相同
燃料	燃煤／重油／天燃氣	相同(但消耗量較相同大小之次臨界機組少)
對環境影響	基準	較小
爐水排放	有(汽鼓式)	無

表 3.3　超臨界與次臨界壓力熱循環之比較

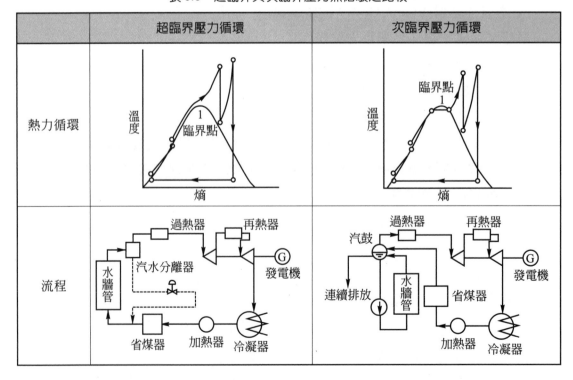

	超臨界壓力循環	次臨界壓力循環
熱力循環		
流程		

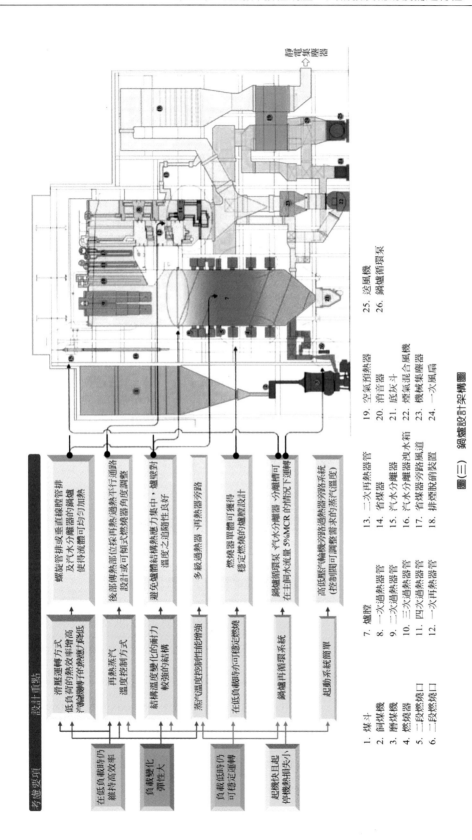

考慮要項

- 在低負載時仍維持高效率
- 負載變化彈性大
- 負載低時仍可穩定運轉
- 起機快且起停機熱損失小

設計重點

- 滑壓運轉方式　低負荷的熱效率增高汽機鍋爐於低熱值煤種可均勻加熱
- 再熱蒸汽溫度控制方式
- 結構溫度變化的耐力較強的結構
- 蒸汽溫度控制性能增強
- 在低負載中可穩定燃燒
- 鍋爐再循環系統
- 起動系統簡單

- 螺旋管排或垂直線膛管排及汽水分離器的鍋爐使得流體可均勻加熱
- 後部傳熱部位採再熱式過熱平行通路設計十或可傾式燃燒器角度調整
- 避免爐體結構熱應力集中，爐壁對溫度之追隨性良好
- 多級過熱器、再熱器旁路
- 燃燒器單體可獲得穩定燃燒的爐膛設計
- 鍋爐循環泵 汽水分離器、分離槽可在主胴水量5%MCR的情況下運轉
- 高（低）壓汽輪機旁路過熱器旁路系統（控制閥可調整需求的蒸汽溫度）

1. 煤斗
2. 飼煤機
3. 磨煤機
4. 燃燒器
5. 二段燃燒口
6. 三段燃燒口
7. 爐膛
8. 一次過熱器管
9. 二次過熱器管
10. 三次過熱器管
11. 四次過熱器管
12. 一次再熱器管
13. 二次再熱器管
14. 省煤管
15. 汽水分離器
16. 汽水分離器洩水箱
17. 省煤器旁路風道
18. 排煙脫硝裝置
19. 空氣預熱器
20. 消音器
21. 底灰斗
22. 煙氣混合風機
23. 機械集塵器
24. 一次風箱
25. 送風機
26. 鍋爐循環泵

圖(三)　鍋爐設計架構圖

以下就超臨界壓力鍋爐各項技術特徵加以說明。

■ 3.1.1 貫流運轉

在超臨界壓力的運轉狀況下，於飼水完全轉換為蒸汽的過程中，所有的物理性質(如密度、黏度、比熱、壓縮性、溫度等)均連續而急速的上升，故原本具有分離汽水功能的汽鼓便不需要，因而超臨界壓力運轉之鍋爐均以貫流方式運轉。

貫流循環鍋爐用於發電最具代表性者為 Benson 鍋爐以及 Sulzer 鍋爐。

最原始 Benson 爐的構型，其水牆管採用上升段的加熱管以及外部沉降的下降管(圖 3.1)，並於中段管集進行分配混合以減少熱偏差。不過此種設計方式具有流路不均勻之傾向而造成熱力之不均勻性，於是進一步設計沿著爐壁具有一定傾斜角的螺旋管排型式，也就是目前的 Benson 爐的形態。

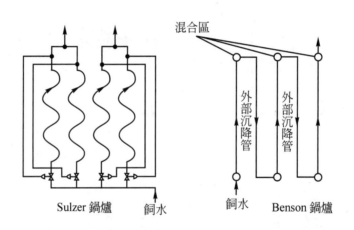

圖 3.1　Benson 及 Sulzer 鍋爐水牆管示意圖

另一種型式為 Sulzer 鍋爐，其基本設計是在開始蒸發前就在許多互相平行的水牆管中進行分配，將蒸汽蒸發控制在準飽和的狀態，隨即在分離器內進行汽水分離，這樣便能將水份分離出來，以維持蒸汽之品質。原始的 Sulzer 鍋爐的蒸發點是固定的，不過許多歐洲原設計 Benson 爐的廠家在將其產品併入 Sulzer 鍋爐設計的優點後，發展成蒸發點是變動的，且分離器內有可能過熱的型式。發展至今 Benson 型及 Sulzer 型鍋爐名稱仍被繼續延用，但事實上兩者在構造上已近乎相同。

貫流式鍋爐擁有以下的運轉特性：

1. 蒸汽壓力不受限制

   可在次臨界鍋爐及超臨界鍋爐使用。

2. 鍋爐體積較相同容量的汽鼓鍋爐小且輕,節省建造費用。

3. 鍋爐可急速起動及停機

   因沒有厚的汽水鼓及厚重管材,爐管內熱慣性小,升溫及升壓不受到限制。

4. 可做滑壓運轉。

5. 適合急速負載變化的運轉方式。

6. 停機後冷爐時間較短,可提早進入爐內維修。

7. 升載速度快,並聯到滿載所需時間較短。

不過在運轉貫流式鍋爐時必須注意以下的事項:

一、水質要求嚴格

因超臨界鍋爐採行小口徑水牆管、高質量流率設計,加上構造上未設置汽鼓用以分離汽水及不純物質,以控制水質,因此在飼水系統設計上需要達到無鹽份,並且需要設置高性能的除氧設備。

一般超臨界與次臨界貫流鍋爐水質要求差異如表 3.4 所示。

表 3.4　超臨界與次臨界鍋爐水質差異

飼水水質	汽鼓式(次臨界)	貫流式(超臨界)	
		鹼性處理	複合水處理
導電度(25℃),μs/cm	≦0.3	≦0.2	
固體懸浮物	最大 50	－	
pH 值(25℃)	8.8～9.2	最小 9.0	8.0～8.5
氧,ppb	10	<10	
矽,ppb	≦20	≦20	
鐵,ppb	≦10	≦10	
銅,ppb	≦5	≦2	
硬度	微量	～0	

二、消耗動力大

鍋爐運轉壓力高，加上需要高質量流率，流體於鍋爐內爐管的壓力損失大，飼水泵的揚程會隨蒸汽壓力提高而增加，故泵浦消耗動力亦增大。

三、鍋爐儀器精確度要求較嚴格

燃燒控制不佳時，過熱器入口之蒸汽溫度變化幅度較大，造成負載難以控制，故儀器之精確度要求較嚴格。

四、停機熱損快

因無汽鼓，鍋爐儲水部分很少，所以停機後冷卻較快，封爐較難。如晚上停機，早上起動時，鍋爐幾乎已在冷爐狀態。

五、停機及起動熱損失大

爐管配置需要考慮流動安定性，鍋爐容許最低負荷限制在全負荷的30%～40%，停機及起動時熱損失很大；因此如要在最低負載運轉，必須設置旁路系統。

■ 3.1.2　水牆管高質量流率

貫流鍋爐的受熱面是由許多並聯的爐管所構成，以受熱情況來說，由於燃燒不良導致爐膛的熱偏差，不僅使得蒸發管內流量不均勻的情況惡化，並且造成停滯、倒流或熱傳惡化等問題。而流量分配不均又肇因於壓力件佈局及結構形式、工作流體壓力等因素。這兩者交互作用的結果造成水動力的不穩定，即形成鍋爐水動力的多值性(即一個壓力降對應到數個質量流率)，且質量流率越低、多值性情況越嚴重，所呈現的物理現象是管路質量流率不足及脈動。由於各水牆管的受熱及流量分配不均勻，溫度的分佈也不可能完全相同；某些管子熱水流量降低並受到汽膜阻隔，在管壁上形成膜態沸騰，熱傳能力變差，使得管路溫度急速上升，造成管子被燒毀，使鍋爐無法正常運轉。

為防止上述情況的發生，提高水動力系統穩定度最好的方式是提高管內的質量流率，不僅可增加穩定度，而且有效抑止管內汽泡的發生，減少管內局部阻力，降低可能發生的脈動現象。

在提高質量流率的同時，若於水牆管入口處對飼水予以節流，可使熱水段的流動阻力增加，對整個水牆管內穩定性有所幫助。在早期 Sulzer 鍋爐均於水牆管入

口處裝設節流閥，並由水牆管出口處的壓力傳送器傳回鍋爐控制器決定節流量，目前大部份的廠家均改以流孔板(Orifice)來取代(圖 3.2)。

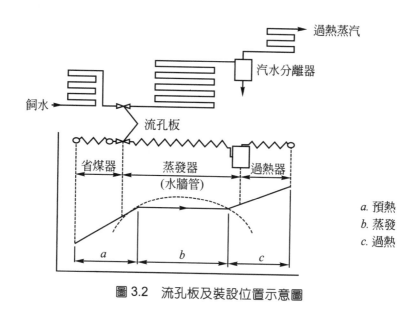

圖 3.2　流孔板及裝設位置示意圖

▪ 3.1.3　垂直水牆管與螺旋水牆管

　　傳統的發電用汽鼓鍋爐其爐膛水牆管大多採用垂直管佈局，但鍋爐採貫流運轉時，水牆管內產生的壓力多值性流動，對於採用傳統垂直管式水管牆的構型，將產生流動穩定性的問題，因受熱不平均產生額外的熱應力或劇烈的交變熱應力，造成管壁金屬疲勞、強度降低，導致破管，致使機組須停機檢修。為能有效地執行貫流滑壓運轉，在 1960 年代，歐洲廠家開發出以小角度環繞上升的螺旋式(Spiral Type Furnace)設計，特別是盤旋上升(Helical)的型式，可均勻的吸收熱量，並大幅降低前述現象的發生。圖 3.3 由於螺旋管排各根管子長度大致相同，水力偏差較小，同時均有相同機會通過熱負荷較高的爐膛中間部位及熱負荷較低的爐膛角落處，因此熱力偏差較小。

　　超臨界壓力螺旋管排常用的傾斜角度為 15°～25°，隨著設計容量的增大，所使用的傾斜角度亦隨之增加。常用的管子外徑為 28.6 至 38.1 mm，鰭片寬度約 10～13 mm，早期係運用於 Benson 爐或歐洲廠家製作的 Sulzer 爐上，但目前該設計已廣為各超臨界鍋爐廠家所採用。由於維持高質量流率及考慮均勻受熱的小口徑水牆管路，鍋爐飼水泵的動力將增大。

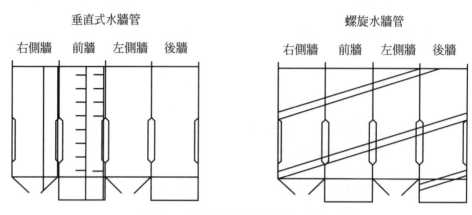

圖 3.3　垂直與螺旋式水牆管示意圖

　　一般典型的螺旋式水牆管超臨界貫流鍋爐的佈局，飼水自省煤器出口進入爐膛前，先進入爐底環狀集管(Ring Header)，再經由內含流孔板之 nipple tube 流入螺旋管排式水牆管，然後在吊板過熱器附近通過分配管集或是三路分叉管(Trifircation)轉換至上部垂直管排水牆管(圖 3.4)，上部水牆管出來的流體進入汽水分離器。於低負載時汽水分離器分離下來的水經過省煤器進行再循環，蒸汽則進入爐頂過熱器，高負載時汽水分離器(圖 3.5)通過的是微過熱的蒸汽。

　　螺旋式水管牆因構造較為複雜，不論是在預製及吊裝焊接，其難度及花費均較垂直管式為高，其造價較全垂直水牆管的造價高約 1～3%。

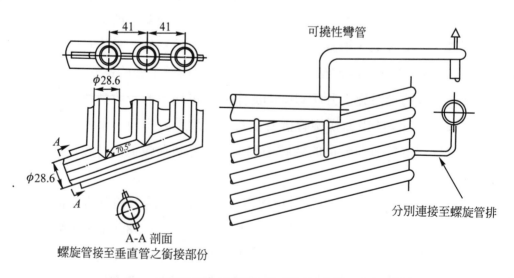

圖 3.4　三路分叉管(左圖)與分配集管(右圖)設計示意圖

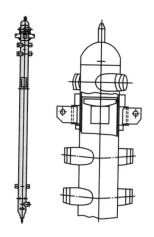

圖 3.5　汽水分離器外觀示意圖

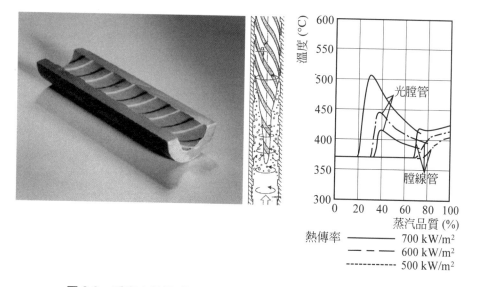

圖 3.6　垂直水牆管增設膛線(左)及對熱傳效果改善(右)示意圖

　　螺旋式水牆管飼水泵所需之動力較垂直式水牆管大，許多鍋爐廠家不斷的嘗試將超臨界貫流鍋爐的設計重新走回垂直水牆管的構型；但傳統垂直水牆管構型(光滑管)存在著水動力不穩定及受熱不均勻的問題。針對垂直管式的缺點則以小口徑爐管提高質量流率、設置中段混合管集及水牆管入口管集的出口加設流孔板等方式來加以改善，而其中最重要的改良設計是在爐管內增設膛線(Rifle)，利用增強管流場的紊流強度增加對流熱傳效果，使其水力特性能夠與螺旋式相當(圖 3.6)。近年來此一設計方式已被廣泛採用，其鍋爐飼水泵的動力較螺旋式水牆管約減少 12.5%

具吸引力；不過由於流孔板可能存在結垢堵塞的問題，造成飼水流量不均勻而造成水動力不穩定的問題，某些廠家仍堅持使用螺旋式水牆管的設計。另外，採用切線火焰燃燒系統的超臨界貫流鍋爐，因螺旋式水牆管設計於該區域無論在製造及安裝都頗為困難，故較偏好採用垂直式水牆管的佈局。

有關螺旋式與垂直式水牆管的綜合比較如表 3.5 所示：

表 3.5　螺旋式與垂直式水牆管綜合比較表

管牆型式	垂直管牆	螺旋管牆
鍋爐構造		
優缺點比較	・簡單，易於製造及吊裝 ・施工時間短 ・施工銲口少，製裝公差易維持 ・鍋爐背撐構造簡單 ・易於維修保養 ・採用膛線管，製造較費時 ・適合單邊、對置或切線燃燒器	・較複雜，製造吊裝較困難 ・施工時間長 ・施工銲口多，製裝公差不易維持 ・鍋爐背撐構造複雜 ・維修保養複雜 ・採用光膛管，製造較容易 ・選用單邊、對置燃燒器較佳
水力及熱力特性	・水汽側壓降小 ・利用節流孔板節每根管流量，使受熱均勻	・水汽側壓降大 ・每根螺旋管均圍繞爐體佈置，受熱均勻
灰渣去除能力	較佳	較差
泵動力消耗	來自膛線管及入口流孔板	來自螺旋管及入口流孔板

■ 3.1.4　滑壓運轉

超臨界機組可以採用定壓及滑壓運轉等兩種方式，雖然在實際運轉上可以同時混合這兩種方式(圖 3.7)，但本質上仍有若干的不同。

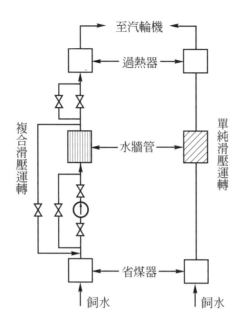

圖 3.7　複合滑壓(左)與單純滑壓(右)運轉流程示意圖

　　在早期日本與美國超臨界機組均肩負著基載發電的任務，幾乎長時間以接近滿載容量輸出，以採汽機控制閥做節流控制來調整機組出力。但在歐洲地區，電力的供應是比較離散、區域性的，對慣常汽力機組而言負載的變化比較大，且同時必須肩負整個電網調峰的任務，故快速升降載的性能成為需求重點。一般定壓運轉的機組在起機及低負載時其整體機組效率較低，同時藉由汽機控制閥做節流將使第一級的溫差變化大，使得熱應力造成壓力件及汽機高壓段零件的金屬疲勞及脆裂。

　　德國率先採用了滑壓運轉方式來改善此一缺點，採用滑壓運轉的機組，其汽機節流閥保持在90～100%開度的狀態，機組的負荷完全由改變鍋爐燃燒率、飼水流量及蒸汽壓力來控制，使蒸汽壓力的變化與負載同步，不僅改善機組於部份負載時的效率，同時也改善機組的升載速率；此滑壓運轉的設計便逐漸為超臨界機組所採用。

　　機組採用滑壓運轉的優點如下：

1.　改善全廠之廠熱耗率(Plant Heat Rate)。

2.　在低負載及起動期間，於較低的蒸汽壓力時所引起之熱應力較低。

3.　過熱蒸汽在汽機第一級的溫差較小，使得高壓蒸汽溫度可於相當大的負載範圍內保持定值(圖3.8)。

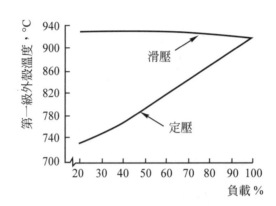

圖 3.8　汽機第一級外殼溫度與負載關係曲線圖

4. 控制再熱蒸汽溫度範圍較大：汽機高壓段出口溫度於低負載時會提高，因此再熱蒸汽溫度可以於相當大的負載範圍內保持定值(圖 3.9)。

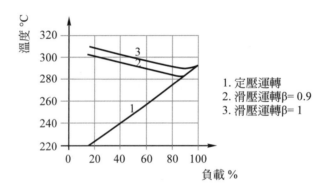

圖 3.9　高壓汽機出口溫度與負載關係曲線圖

5. 部份及低負載時運轉壓力降低，有助於機組壽命之延長。
6. 鍋爐及汽機各輔機用電量可減少。

　　不過在實際的運轉情況下，超臨界機組鮮少以純滑壓運轉，而改以複合定壓及滑壓方式運轉。由於在滑壓運轉模式下，汽機進汽閥開度保持不變，於接近全載或全載的狀況下運轉，若要隨負載變化調整機組出力，則必須要改變汽機入口壓力，也就是要改變鍋爐出口蒸汽的壓力，但鍋爐的反應能力較慢。若採用複合滑壓及定壓運轉方式，即於 30%～90%負載時採滑壓運轉，90%以上負載時採定壓運轉(圖 3.10)。當機組於接近全載狀況要調整出力時，汽機進汽閥門開度隨之改變，進汽量變化並反應至汽機出力，而不需要鍋爐做升減壓的動作。

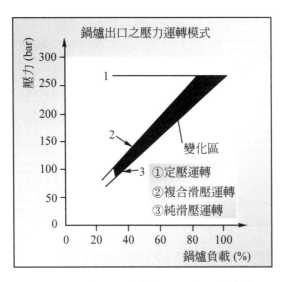

圖 3.10　純滑壓與複合滑壓之運轉比較

■ 3.1.5　鍋爐爐管材質之選用

由於鍋爐壓力超過臨界值，除再熱器外的壓力件厚度均明顯超過次臨界鍋爐，水牆管則必須採用低合金鋼，高熱負荷區則需注意抗氧化性的問題。現階段常用的超臨界鍋爐採用之材質及溫度選用範圍如表 3.6 及 3.7 所示。

表 3.6　常用超臨界鍋爐管之材質、成份及抗氧化極限溫度

材質編號	成份	抗氧化極限溫度°C
T22/P22	2.25 Cr—10 Mo	593/585
T23	2.25 Cr—16 W—V	593
T91/P91	9.0 Cr—1.0 Mo—V	635/621
T92/P92	9.0 Cr—2.0 Mo	649/321
T122/P122	12.0 Cr—2.0 Mo	649/321
T12	1.0 Cr—0.5 Mo	552
T1A	Carbon Moly	482
TP304H	18.0 Cr—8.0 Ni	760
TP347H(細晶粒)	18.0 Cr—10.0 Ni	760

表 3.7　高溫耐熱材質選用範圍

蒸汽溫度 (°C)	538	566	593	621	649
主蒸汽管	2 1/4 Cr-Mo	9 Cr		12 Cr	18 Cr
過熱蒸汽管	18 Cr			20-25 Cr	
高溫再熱管	2 1/4 Cr-Mo		9 Cr	12 Cr	18 Cr
再熱管	9 Cr		18 Cr	20-25 Cr	

▨：肥粒鐵　　　□：沃斯田鐵

此外，若超臨界鍋爐二值運轉模式(Daily Start and Shutdown，DSS)時，因極高的升載速率勢將造成鍋爐巨大的膨脹量及熱應力，對於鍋爐上水牆管的管嘴、壓力件支撐及附件、汽水分離器支撐、數量及焊接方式等都會有所影響，一般設計上修改的區域及方式詳如圖 3.11 所示。

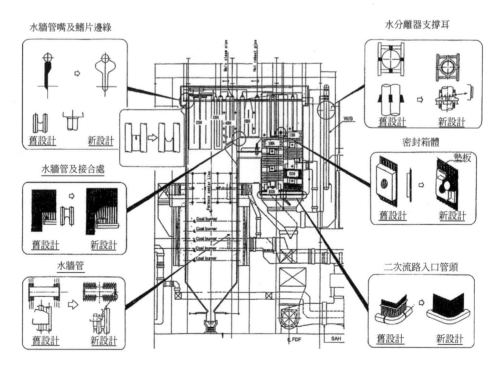

圖 3.11　採用二值運轉模式鍋爐消除高應力之對策

■ 3.1.6　爐體構型之探討

　　超臨界蒸汽鍋爐除依水牆管構型做區分外，若以煙氣的通路設計觀點來做分類則有單通路式(One Pass)以及雙通路式(Two Pass)兩種構型(圖3.12)。

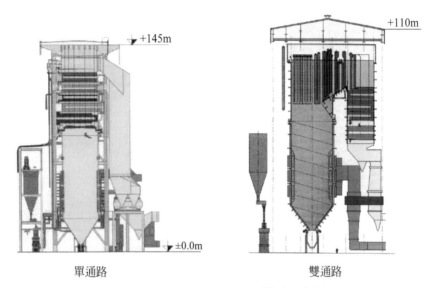

圖 3.12　單通路與雙通路構型示意圖

一、單通路式

　　單通路式也稱為塔式(Tower Type)，即將省煤器及空氣預熱器放在鍋爐的頂部，這種設計是希望能延長劣質煤於爐內燃燒時的暫留時間(Residence Time)，降低灰燼對爐膛的磨損以及降低對水牆管外殼的熱應力。

　　單通路式設計的特點為將所有對流受熱面全部集中佈置在單一煙道內，且過熱器與再熱器採水平佈置。單通路式佔地面積小，對廠區用地狹小的環境十分具吸引力，且壓力件的配置方式易於洩水，可減輕停爐後因蒸汽凝結造成管路內壁腐蝕，並且能夠避免於起機過程中造成水塞。單通路式鍋爐的煙氣向上流動的過程中，大顆粒的飛灰受重力下墜，煙氣中含顆粒數量可降低。不過單通路式體型高大，較適用於地震頻率低或弱震地區；台灣地區屬強震帶，且終年強風吹襲，且台灣的電廠大部份座落於抽砂填海造地地質條件較差的地區，不適宜採用此形式。

二、雙通路式

　　雙通路式(即前後爐)適用於中及低含灰量的燃煤。與單通路式相較下，雙通路式的對流受熱面多佈置在後部通路；且鍋爐因構型的改變使得支撐用之吊架、鋼構

及背撐的構造得以簡化，並降低單位面積重量，鍋爐基礎設計較簡單，但佔地面積略增。雙通路式因較爲曲折的煙氣流路，使得煙氣流速可以得到較爲合理的數值，因而降低了內壁磨損；但一些部位，如鼻部及喉部轉角區域，因灰濃度過高，造成積灰及結渣的情況較爲嚴重。此外，過熱器與再熱器採垂直配置，部份凝結水不易排出，爲本構型較顯著的缺點。

表 3.8　單通路與雙通路鍋爐比較

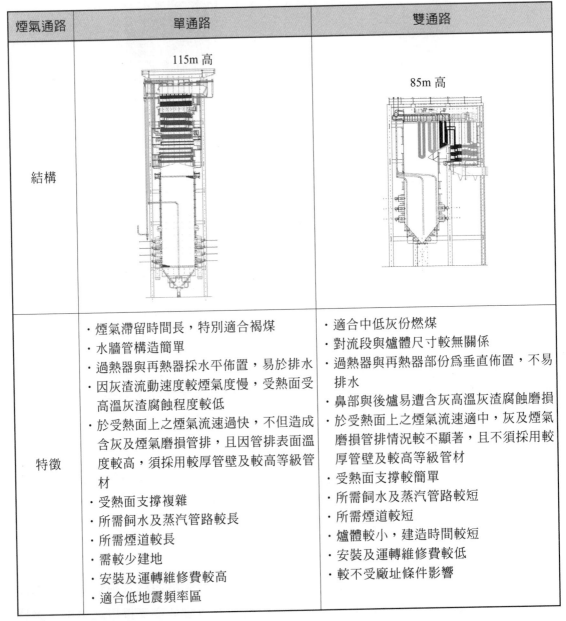

煙氣通路	單通路	雙通路
結構	115m 高	85m 高
特徵	・煙氣滯留時間長，特別適合褐煤 ・水牆管構造簡單 ・過熱器與再熱器採水平佈置，易於排水 ・因灰渣流動速度較煙氣度慢，受熱面受高溫灰渣腐蝕程度較低 ・於受熱面上之煙氣流速過快，不但造成含灰及煙氣磨損管排，且因管排表面溫度較高，須採用較厚管壁及較高等級管材 ・受熱面支撐複雜 ・所需飼水及蒸汽管路較長 ・所需煙道較長 ・需較少建地 ・安裝及運轉維修費較高 ・適合低地震頻率區	・適合中低灰份燃煤 ・對流段與爐體尺寸較無關係 ・過熱器與再熱器部份爲垂直佈置，不易排水 ・鼻部與後爐易遭含灰高溫灰渣腐蝕磨損 ・於受熱面上之煙氣流速適中，灰及煙氣磨損管排情況較不顯著，且不須採用較厚管壁及較高等級管材 ・受熱面支撐較簡單 ・所需飼水及蒸汽管路較短 ・所需煙道較短 ・爐體較小，建造時間較短 ・安裝及運轉維修費較低 ・較不受廠址條件影響

雙通路式設計廣爲美國、英國及日本鍋爐廠家採用，如Babcock & Wilcox(B&W)、Foster Wheeler(FWEC)、Combustion Engineering(CE，目前併入Alstom集團)、Babcock-日立(BHK)、石川島撥磨重工(IHI)、三菱重工(MHI)以及三井-Babcock(MBEL)等公司，亦與台電目前運轉中的所有燃煤鍋爐相同。

有關單通路與雙通路鍋爐的比較如表3.8。

■ 3.1.7　貫流鍋爐的啓動系統

爲確保貫流鍋爐啓動過程能提供充份且平均的流體給水牆管以避免爐管燒毀，必須於蒸汽進入汽機前在爐體內建立定量的飼水循環，稱爲啓動系統(Start-up System)。

啓動系統容量的考量是基於：

1. 提供爐膛所需吸熱量之最小飼水流量。
2. 壓力降則必須高於引起水牆管內產生流量不均勻的情況。

假設貫流鍋爐最小所需流量爲 35%，其中產生 20%的乾蒸汽提供汽機與其它設備暖機以及汽機衝轉用，15%的飽和水則藉由汽水分離器加以分離，並由其下方之洩水儲槽(Drain Tank)經洩水系統回到飼水側藉以回收熱源。不過依熱回收能力、運轉模式而有不同的設計。

以基載運轉的機組來說，升載速率及長時間低負載運轉並非主要考慮的要項，故啓動系統的設計主要以熱回收率來做考量。通常是將分離出之飽和水排回除氧器(Deaerator)或是冷凝器內(圖 3.13 左圖)。這種方式構造簡單，一般所需的最小流量在 28～35%間。若進一步提高熱回收率，可於排水在進除氧器前再設置一組熱交換器再對飼水進一步加熱，但造價較高(圖 3.13 右圖)，另外系統所需之啓動閥因在非常大壓差的狀況，不但閥體設計特殊，且開啓需採用構造複雜的油壓驅動單元，目前國際市場上僅少數廠家產製。

對長時間低載運轉的機組，降低啓動最小流量界限是主要考量因素，採以設置低負載循環泵(Low Load Circulation Pump)來達到此一目的(圖 3.14 中圖)。啓動系統容量因此可減少，流體熱能的損失也可降低，其熱回收率較前種方式佳，但比加裝一組熱交換器的效果則略差。

至於究竟是何種方式最佳，一般須考慮運轉模式、使用的燃料及經濟面來做考量。有關各種鍋爐啓動系統的綜合比較詳如表3.9所示。

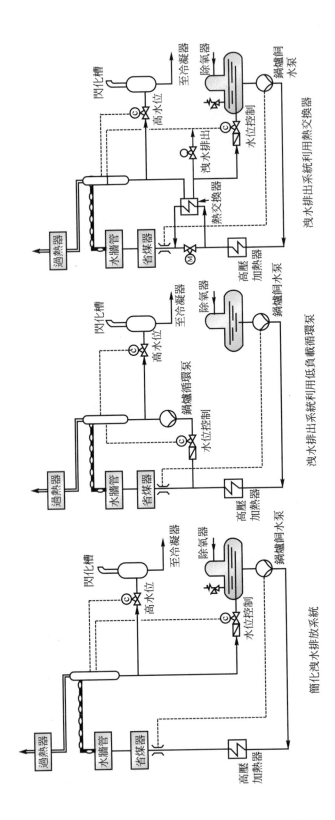

圖 3.13 啟動系統

表 3.9　各種鍋爐啓動系統綜合比較

啓動系統	適用場合	最小負載	熱回收率	設備成本	缺點
	基載運轉	28～35%	基準	基準	需備啓動閥機構複雜(採油壓控制)
	可適用長期低載	最低 15%	高	高	再循環泵有故障之疑慮
	基載運轉	28～35%	最高	最高	需配備啓動閥機構複雜(採油壓控制)

■3.1.8　主要超臨界鍋爐製造廠家

　　目前世界產製超臨界鍋爐的廠家，有美國、德國、義大利、英國、日本及俄羅斯等(瑞士的 Sulzer 公司目前已將鍋爐製造廠售給 Alstom，而不再產製)。由於俄國的拉姆丁式超臨界貫流鍋爐因構造特殊，實績有限而不列入外，其餘各廠家之產品設計特色請參考表 3.10 所示。

　　將來超臨界鍋爐之技術發展方向：

1.　降低啓動最小流量。
2.　垂直式膛線管開發成熟度。
3.　最佳主蒸汽／再熱蒸汽條件。
4.　燃燒診斷及鍋爐控制最佳化。
5.　鰭式省煤器的改善。
6.　熱回收系統。

▶ 3.2　超臨界汽輪機及相關系統

　　超臨界汽輪機的配置與次臨界汽輪機的配置並無太大的差異；均採高壓缸-中壓(或高／中併缸)-低壓缸的方式。不過因高壓缸進汽壓力的提高，將影響到高壓缸的設計。中壓缸部份，因過熱蒸汽溫度提高，但再熱壓力增加有限，只要稍做調整原有次臨界型的中壓汽輪機模組即可。至於低壓汽輪機部份，因蒸汽條件並無太大變化，基本上可沿用原有次臨界型的設計。

一、汽輪機高壓缸體設計

　　由於運轉壓力超過次臨界型汽輪機甚多，缸壁厚度必須增加；如此一來缸壁溫度場與應力場不均勻性將增加，造成缸體容易變形。若機組起停頻繁，交變熱應力將影響缸體強度，亦造成機組可靠度下降。一般超臨界汽輪機均採取多層汽缸結構，以降低內外壓差，藉此減少缸體壁厚度。目前各廠家常見高壓缸設計如表 3.11 所示。

　　目前廠家(如三菱及奇異)已推出大容量高／中壓併缸的設計(如圖 3.15)，這種配置可減少汽機房及基礎用地，而且也降低運轉時之維修成本。但是目前大部份廠家，機組容量超過 80 萬瓩時有不穩定性的問題，所以仍恢復爲傳統高壓缸與中壓缸分開的設計(圖 3.16)。

表 3.10　主要超臨界鍋爐製造廠家比較表

廠商 ＼ 項目	Alstom Power(歐洲)			Babcock-Borsig Power(德國)	
併購著名廠家之技術	Sulzer(瑞士)	EVT(德國)	ABB-CE(美國)	Deutche Babcock AG (德國)	L&C Steinmuller (德國)
貫流鍋爐型式	Sulzer	Sulzer	Sulzer	Benson	Benson
貫流鍋爐技術來源	Sulzer 獨創之發明	爐體：Sulzer 燃燒器：CE	Sulzer	Benson (Siemens 持有專利)	Benson (Siemens 持有專利)
鍋爐技術特徵					
鍋爐升載速率	12%／分>50% MCR，最小啟動負載可降至 10～15%	5～8%／分，具有 10%／分的能力	3%／分<25% MCR，10%／分 25～100%	10%／分	5～6%／分<50%、8%／分在 50～90%負載，及 6%／分至 MCR
最小流量	—	—	30%	—	—
鍋爐設計					
設計基準	TRD	TRD	ASME	TRD	TRD/ASME
爐膛構型	單通	單通	雙通	單通式(泥煤及高灰煤)雙通式(硬煤)	單通
水牆管構型	螺旋管式，自燃燒器以上轉換為垂直管，大多使用二分叉或三分叉設計，也可使用過渡分配集管，傾角 7°～22°包圍區域可從 270°～360°	—	螺旋／垂直水牆管產品均可提供，但以垂直管式為主流產品	半螺旋管式(兩對面螺旋，另兩面平行)	螺旋管式，自燃燒器以上轉換為垂直管，使用過渡分配集管
過熱器與再熱器	水平式	—	懸垂式	懸垂／水平式	水平式
汽水分離器	每爐至少兩個，最多四個	—	依操作模式決定		含於系統內
入風／煙氣側		· 平衡通風(煤) · 加壓(油或天然氣)	平衡通風	· 平衡通風(煤) · 加壓(油或天然氣)	
汽溫控制					
過熱器	灑水器	灑水器	灑水器	灑水器	灑水器
再熱器	灑數器，擺動式燃燒器調整火球位置改變再熱器吸收量，或煙氣再循環(燃油機組)	灑數器，擺動式燃燒器調整火球位置改變再熱器吸收量	擺動式燃燒器調整火球位置改變再熱器吸收量，另設灑水器做備用(如需要)	灑水器	灑水器
燃燒系統	切線火焰燃燒系統	切線火焰燃燒系統	切線火焰燃燒系統	對置式燃燒系統(硬煤、油或天然氣)／切線火焰燃燒系統(軟質煤)	對置式燃燒系統(硬煤、油或天然氣)／切線火焰燃燒系統(軟質煤)
燃料系統	· 未產製 · 可提供容積式／重量式飼煤器	· Raymnd 碗式磨煤機 · 破碎式輪磨機供高水份使用 · 球式及管式磨煤機 · 可提供容積式／重量式飼煤器	· 一般提供 Raymond 碗球式及管式磨煤機供褐煤及泥煤使用式磨煤機 · 破碎式輪磨機供高水份使用	· B&W MPS 滾子磨煤機 · 球式磨煤機 · 破碎式輪磨機 · DB 滾子磨煤機加動力分級器	外購(來自 DB、EVT 等)
NOₓ控制	階段式燃燒	· 階段式燃燒 · 可提供 SCR · 煙氣再循環	· 階段式燃燒 · PM 式燃燒器＋MACT 燃燒技術 · LNFCS 燃燒系統(增設輔助二次風) · 可提供 SCR · 煙氣再循環	· 低NOₓ燃燒器 · MACT 燃燒技術 · 可提供 SCR · 煙氣再循環	· 階段混合式燃燒器 · MACT 燃燒技術 · 直接氨注入 · 可提供 SCR
爐渣／灰控制	· 降低燃氣流速(10 m/s) · 增設緩衝板	· 蒸汽吹灰／可採用水(濕式)吹灰 · 可提供濕式底灰收集裝置	· 降低燃氣流速 · 蒸汽吹灰	· 可採用水(濕式)吹灰 · 可提供濕式底灰收集裝置 · 降低燃氣流速 · 增設緩衝板	可採用水(濕式)吹灰

表 3.10　主要超臨界鍋爐製造廠家比較表(續)

Ansaldo Energia (義大利)	三井-Babcock (英國)	三菱重工 (日本)	Babcock 日立 (BHK)(日本)	石川島撥磨重工 (IHI)(日本)	Babcock & Wilcox (B&W)(美國)	Foster Wheeler Energy Co. (FWEC)(美國)
Ansaldo-Breda (義大利)	Babcock (英國)	–	–	–	–	–
Benson	Benson	Sulzer	Benson	Benson	Benson	Benson
B&W(美國)	–	CE(美國)／ Sulzer(瑞士)	B&W(美國)	Foster Wheeler(美國) ／Steinmuller(德國)	–	–
3%／分	3～5%／分	2%／分在30～50% 負載，4%／分 在>50%負載	5～8%／分在 50～100%負載	1～2%／分<50%負 載，3%／分超過 50%負載	2～5%／分	3%／分，10%／分 在達到設定壓力時
–	–	–	–	15%(油)；30%(煤)	15～25%煤，15%油	25%(有閃化槽)； 15%(有汽水分離器)
–	ASME	ASME/JIS	ASME/JIS	ASME/JIS	ASME	ASME
雙通	雙通	雙通	雙通式(後爐切割爲 兩個平行部份)	雙通式(後爐切割爲 兩個平行部份)(已另 有單通式實績)	雙通式(後爐切割爲 兩個平行或串連部 份)	雙通式(後爐切割爲 兩個平行部份)
垂直管／UP 爐設計 (B&W 授權生產)	螺旋管式，傾角 15°，未來將供應垂 直管式	螺旋／垂直水牆管 品均可提供，但以垂 直管式爲主流產品； 螺旋管式，自燃燒器 以上轉換爲垂直管， 大多使用三分叉設計	垂直管／UP 爐設計 (B&W 授權生產)	螺旋管式，自燃燒器 以上轉換爲垂直管， 使用過渡分配集管	垂直管／UP 爐	螺旋管式，自燃燒器 以上轉換爲垂直管， 使用過渡分配集管
懸垂式	懸垂／水平式	懸垂式	懸垂／水平式	懸垂／水平式	–	懸垂／水平式
–	–	依操作模式決定	–	–	–	整合式(與啓動系統)
–	平衡通風	平衡通風	–	平衡通風	–	平衡通風／加壓通風
灑水器	灑水器	灑水器	灑水器	灑水器	灑水器	灑水器
灑水器／煙氣再循環	省煤器出口煙氣擋板 控制或灑水器	灑水器，省煤器出口 煙氣擋板控制，煙氣 再循環(燃油機組)等	省煤器出口煙氣擋板 控制，煙氣再循環	灑水器，省煤器出口 煙氣擋板控制，另設 灑水器做備用(如需 要)	灑水器，省煤器出口 煙氣擋板控制，另設 灑水器做備用(如需 要)	灑水器，省煤器出口 煙氣擋板控制，另設 灑水器做備用(如需 要)，煙氣再循環
對置式燃燒系統(配 備B&W雙調式燃燒 器)	對置式燃燒系統	切線火焰燃燒系統	對置式燃燒系統(配 備B&W PG 雙調式 燃燒器)	對置交錯式燃燒系統	對置交錯式燃燒系統 (配備B&W先進型雙 調式燃燒器)	對置交錯式燃燒系統 ／w PC Burner, High Turn-down Ratio (10：1)
B&W MPS 滾子磨煤機		·提供碗式磨煤機 ·球式及管式磨煤機 (EVT) ·破碎式輪磨機 (EVT)	·B&W MPS 滾子磨 煤機 ·可提供容積式飼煤 器	·FW-IHI MPS 系列 磨煤機 ·容積式飼煤器	B&W MPS 滾子磨煤 機	·B&W MPS 系列磨 煤機 ·球式磨煤機
–	·MK Ⅲ低NO,燃燒 器 ·階段式燃燒	·階段式燃燒 ·A-PM 式燃燒器 ＋MACT燃燒技術 ·可提供 SCR ·煙氣再循環	·階段式燃燒 ·可提供 SCR ·煙氣再循環	·WR燃燒器／w IN- PAC ·階段式燃燒	·B&W 先進型雙調 式燃燒器	·低NO,燃燒器 ·階段式燃燒 ·可提供 SCR
·增加爐膛尺寸 ·煙氣側溫度調整 ·增設緩衝板	蒸汽吹灰	·降低燃氣流速 (10 m/s～20 m/s) ·可提供濕式底灰收 集裝置	–	蒸汽吹灰	–	可採用水(濕式)吹灰

表 3.11　廠家常見高壓缸設計

構型	水平中分面法蘭結合	兩半圓筒式，無水平中分面，法蘭套嵌式	整體圓筒式，無水平中分面，軸向配置
廠家	奇異、三菱、東芝、(前)西屋	Alstom	Siemens
特點	維修容易	可降低高壓缸熱變形及熱應力(如圖 3.14)	可降低高壓缸熱變形及熱應力

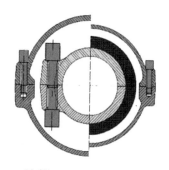

法蘭　　　收縮環
設計　　　設計

圖 3.14　水平中分面法蘭結合與兩半圓筒式無水平中分面法蘭套嵌式之示意圖

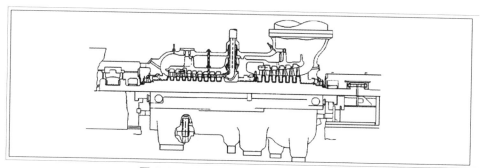

圖 3.15　高壓與中壓併缸設計示意圖

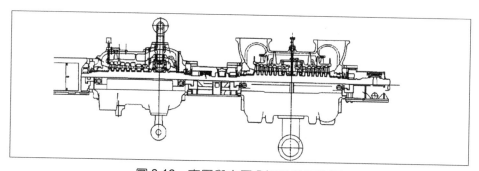

圖 3.16　高壓與中壓分缸設計示意圖

二、高壓缸通道部份

　　由於超臨界汽輪機之主蒸汽流量較相同出力的次臨界汽輪機約少 2%，且次臨界汽輪機運轉壓力較低，使得其體積流率遠大於超臨界型，故超臨界汽輪機葉片尺寸較次臨界型短而窄。但因超臨界汽輪機高壓缸焓差大，級數也較多。上述兩項因素綜合結果使得超臨界與次臨界型汽輪機之高壓缸外部尺寸無太大差異。

　　超臨界汽輪機進汽壓力高，級間壓差大，為減少洩漏，對於汽封結構需特別考量。此外，因進汽密度高，尤其在低負荷時第一級葉片的負荷特別大，對此葉片與葉根的設計亦需特別考量，廠家的典型設計如表 3.12 所示：

表 3.12　常見葉片固定方式設計

Alstom	(前)西屋	三菱	奇異&東芝
葉片直接焊在轉子上	三葉片構成整體葉根，整體圍帶	弧型葉根，圍帶與葉片一體成型	圍帶鉚接葉片

　　汽輪機主蒸汽管嘴結構及材質選用如圖 3.17 所示，而典型超臨界機組材質選用如表 3.13 及圖 3.18 所示。

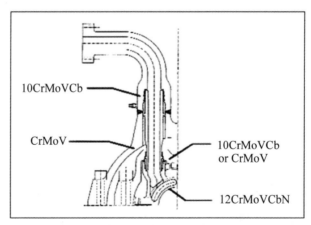

圖 3.17　典型超臨界汽輪機主蒸汽管嘴結構及材質選用(示意圖)

表 3.13　超臨界汽輪機材質選用

材質	部品名稱
12 Cr-Mo-V-Cb-N	轉子、葉片、噴嘴室、靜葉環、內缸(高壓)
10 Cr-Mo-V	內缸(高壓／低壓)
Cr-Mo-V	外缸(高壓／低壓)
Ni-Cr-Mo-V	低壓轉子

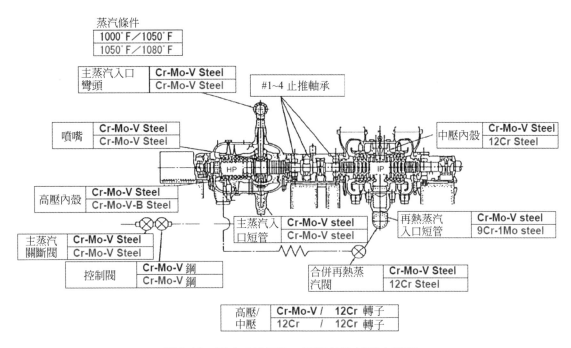

圖 3.18　溫度 566/582℃級汽輪機材質之選用

　　在軸頸設計方面，因 12Cr 合金鋼含 Cr 比例偏高造成運轉特性差；因為低合金金屬與轉子材料之線膨脹係數差異造成熱疲勞，軸頸表面可能遭磨損而導致軸承故障，故目前的設計均在軸頸和推力盤上加焊低合金鋼來解決此一問題。

　　汽輪機各部位在不同溫度下材料的選用如表 3.14 所示。

表 3.14　汽輪機在不同溫度下材料的選用

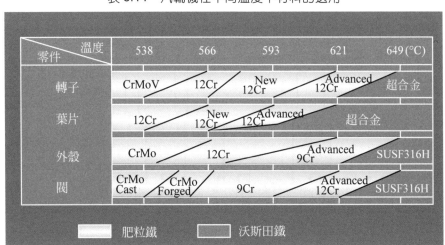

三、高溫組件的冷卻

　　汽輪機中壓缸部份承受高溫的第一級和第二級部件一般需要進行冷卻,目前常見的做法是將蒸汽從高壓缸後幾級抽出,從中跨汽封處再引入中壓缸(如圖3.19)。

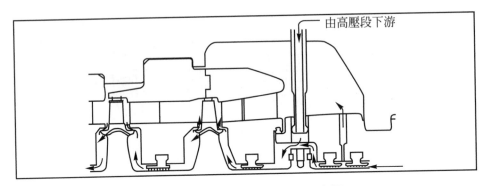

圖 3.19　再熱級的冷卻方式示意圖

四、飼水加熱器

　　為了改善超臨界機組熱耗率,飼水加熱器的數量與最終飼水溫度這兩項因素予以最佳化成為重要因素。目前大部份超臨界機組之高壓飼水加熱器均來自高壓缸抽汽為加熱源以提高整廠的熱效率,稱為HARP(Heater Above Reheater Point,圖3.20),圖3.20有八級加熱器係針對80萬瓩容量等級之設計考量,針對不同數量的飼水加熱器及有無採用HARP對熱耗率之改善如表3.15所示。

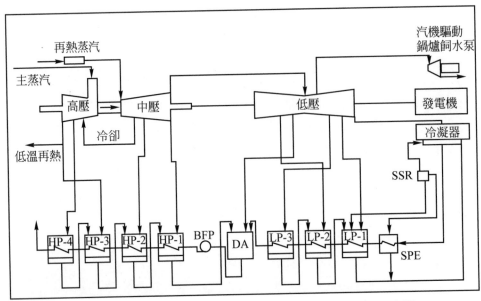

圖 3.20　典型以 HARP 概念設計的一次再熱動力循環示意圖

表 3.15　不同數量之飼水加熱器及採用 HARP 對機組熱耗率的改善比較

飼水加熱器數目	HARP	熱耗率改善
7	無	基準
8	無	+0.2%
8	有	+0.6%
9	有	+0.7%

　　以熱力學最佳化對熱耗率進行比較，在高於再熱壓力處設置抽汽對熱耗率改善可達 0.5%，並且可提高飼水溫度及降低再熱器壓力(圖 3.21)。

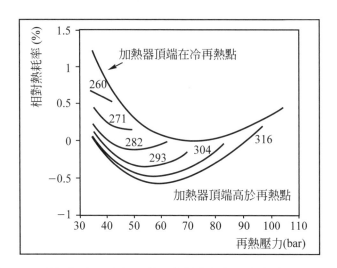

圖 3.21　最終飼水溫度與再熱壓力對汽輪機淨熱耗率的影響曲線

五、汽機旁通系統

　　汽機旁通系統包括高壓及低壓蒸汽旁通系統(圖 3.22)。高壓旁通系統為將鍋爐過熱器出口蒸汽注水減溫及減壓後連至汽輪機高壓缸出口排汽管線後再進入鍋爐再熱器內。而低壓旁通系統為將再熱器出口蒸汽注水減溫及減壓後排入冷凝器內(圖 3.22)。

　　汽輪機旁通系統主要功能如下：

1.　鍋爐與汽輪機之間諧調且穩定的快速啟動。

2.　在啟動期間冷卻再熱器，保持啟動期間高度的運轉彈性。

3.　當汽輪機跳機時仍能維持鍋爐於部份負載運轉，待汽輪機維修完成後可於短時間內重新啟動。

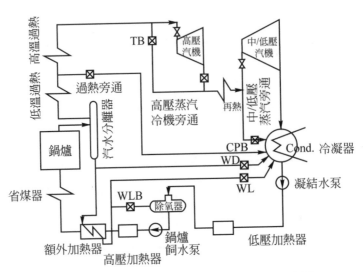

圖 3.22 汽機(HP＋IP/LP)旁路系統流程示意圖

4. 能夠與廠外電網解聯期間，機組仍能維持部份負載運轉，以提供廠內用電。

5. 間接提供鍋爐及汽輪機的過壓或過熱保護。

決定旁通系統的要素：

1. 啓動時間需求。

2. 汽輪機跳脫需求。

3. 冷凝器容量。

鑑於鍋爐故障跳脫遠高於汽輪機，因此汽機旁通系統所需容量不考慮汽輪機跳脫後鍋爐仍可維持運轉的狀況，而以不加大冷凝器容量爲原則。由於電廠以基載運轉爲主，故汽機旁通系統容量規劃如下：

1. 以機組快速啓動作考量：15～30% MCR

2. 不增加冷凝量容量考量：40% MCR

六、汽輪機配置

過去超過 700 MW 容量的汽輪機，因最末級葉片(Last Stage Blade，LSB)強度問題使其長度受到限制，必須將傳統串列(Tandem Compound，TC)的配置改爲並列(Cross Compound，CC)的配置，如此一來無論在成本、佔地、操作保養將造成影響；近十年來由於冶金技術的進步使得最末級葉片強度問題得以解決。由表 3.16 所示，目前國際上主要汽輪機製造廠家大多有能力供應 80 萬瓩 TC 型汽輪機，在設備取得上將不致有所影響。

七、混合壓力運轉與純滑壓運轉

　　汽輪機採用定壓方式運轉，存在啟動時間長、金屬溫差大、效率差與運轉複雜等缺點。而採用滑壓方式運轉之優點如下：

1.　縮短啟動時間。

2.　各金屬零件加熱均勻。

3.　減少汽水及熱損失，並大幅降低噪音。

　　有關於純滑壓(節流)運轉與混合壓力運轉之比較與特性已有敘述，但對於汽輪機結構而言，採用混合壓力運轉，其高壓段第一級必須使用調速段，表 3.17 為兩種運轉模式對汽輪機構造及控制方式的比較。

表 3.16　主要汽輪機製造廠家能力表

製造商	汽輪機構型說明		汽輪機組供應範圍 MW
	串列(TC)	並列(CC)	
奇異 (美國)	型錄上顯示可供貨至 1100 MW 並無實績	型錄上顯示可供貨至 1100 MW，其實績係為東芝代工橘灣#1(1050 MW)，已於 2000/1 商轉	up to 1100 MW
Alstom (歐洲)	型錄上顯示可供貨至 1000 MW，但目前實績僅有 933 MW	不再生產	up to 1100 MW
西門子 (德國)	目前實績為 Boxberg(907 MW)，待 Neideraussem K 號機於 2002/11 投入商轉後即擁有首座 1000 MW 級火力機組實績，亦為全西歐地區第二大火力機組	不再生產	up to 1100 MW
東芝 (日本)	首次於 1997 年披露其 1000 MW 串列型之技術能力，目前已擁有 Hekinan #4、#5(1000 MW)之實績	標準化商品，新近完成之實績為 Haramachi #1、#2(1997/98，1000 MW)，目前該商品隨 TC 實用化後有停產趨勢	up to 1100 MW
日立 (日本)	1000 MW TC4F-40"，60 Hz 機組已於 1998 年研發完成，但目前尚未接獲訂單	標準化商品，最新產品為將於 2003 年商轉之 Hitachinaka #1 (1000 MW)	up to 1100 MW
三菱 (日本)	1000 MW TC4F-45"，60 Hz 機組已於 2000 年研發完成，但目前尚未接獲訂單	標準化商品，最新產品為將於 2001 年商轉之橘灣 #2(1000 MW)	up to 1100 MW
Ansaldo (義大利)	型錄上顯示可供貨至 1000 MW 但無實績	無類似產品	up to 1100 MW

表 3.17 混合壓力運轉與純節流運轉對汽輪機構造及控制之影響

運轉模式	混合壓力	純節流
主蒸汽壓力	主蒸汽壓力 ／汽機負載 90% 100%	主蒸汽壓力 ／汽機負載 100%
控制閥	·全開在最大流量 ·部份開在 100%負載	全開
自動頻率反應控制	超過頻率 未達頻率	超過頻率
第一級高壓段	採調速段	無調速段
高壓汽機轉子外形	第三級 第二級　第一級高壓段(調速段)	第三級 第二級　第一級高壓段(無調速段)

例 蒸汽在進入一台絕熱汽機 8 MW，進入時 $P_1 = 6$ MPa、$T_1 = 600°C$、$\vec{V}_1 = 80$ m/s，離開時 $P_2 = 50$ kPa、$T_2 = 100°C$、$\vec{V}_2 = 140$ m/s，假設汽機作功為等熵過程，計算蒸汽流量及汽機之等熵效率。

解 假設：1.穩流過程，$\dot{m} = \dot{m}_1 = \dot{m}_2$，2.位能變化忽略不計，
3.絕熱過程 $Q = 0$

(1)實際過程(Actual Process)

$P_1 = 6$ MPa，$T_1 = 600°C$，$h_1 = 3658.4$ kJ/kg，

$S_1 = 7.1677$ kJ/kgK

$P_2 = 50$ kPa，$T_2 = 100°C$，$h_{2a} = 2682.5$ kJ/kg

$\cancel{\dot{Q}} - \dot{W} = \Delta h + \Delta kE + \Delta P\cancel{E}$

$\dot{m}\left(h_1 + \dfrac{\vec{V}_1^2}{2}\right) = \dot{W}_{out,a} + \dot{m}\left(h_2 + \dfrac{\vec{V}_2^2}{2}\right)$

$\dot{W}_{out,a} = -\dot{m}\left[(h_2 - h_1) + \dfrac{\vec{V}_2^2 - \vec{V}_1^2}{2}\right]$

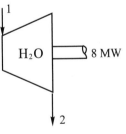

$$8000 \text{ kJ/s} = -\dot{m}\left[(2682.5-3658.4)\text{kJ/kg} + \frac{(140)^2-(80)^2}{2}\text{m}^2/\text{s}^2\cdot\left(\frac{1\text{ kJ/kg}}{1000\text{ m}^2/\text{s}^2}\right)\right]$$

$$\dot{m} = 8.25 \text{ kg/s}$$

(2)等熵過程(Isentropic Process)

$$P_{2s} = 50 \text{ kPa}，S_{2s} = S_1，x_{2s} = \frac{S_{2s}-S_f}{S_{fg}} = \frac{7.1677-1.0910}{6.5029} = 0.934$$

$$h_{2s} = h_f + x_{2s}h_{fg} = 340.49 + (0.934)(2305.4) = 2493.7 \text{ kJ/kg}$$

$$\dot{W}_{\text{out},s} = -\dot{m}\left[(h_{2s}-h_1) + \frac{\vec{V}_2^2-\vec{V}_1^2}{2}\right]$$

$$= -8.25 \text{ kg/s}\left[(2493.7-3658.4)\text{kJ/kg} + \frac{(140)^2-(80)^2}{2}\cdot\text{m}^2/\text{s}^2\left(\frac{1\text{ kJ/kg}}{1000\text{ m}^2/\text{s}^2}\right)\right]$$

$$= 9554 \text{ kW}$$

汽機等熵效率

$$\eta_T = \frac{\dot{W}_a}{\dot{W}_s} = \frac{8000 \text{ kW}}{9554 \text{ kW}} = 83.7\%$$

▶ 3.3　鍋爐飼水泵與凝結水泵容量配比

■ 3.3.1　鍋爐飼水泵容量配比

　　鍋爐飼水泵數量及容量之配比，應以符合國內法規為首要考量。依序 CNS 鍋爐規章(CNS 2139 B1023)17.1 節的規定，鍋爐必須具備能隨時單獨供給最大蒸發量所需水量之飼水泵二組以上。由於CNS 2139 B1023 並未規定第一組飼水泵的數量及容量，一般設計其組成為一台容量為 65%鍋爐最大蒸發量(BMCR)的汽輪機驅動飼水泵(BFPT)及一台容量為 35% BMCR 的馬達驅動飼水泵(BFPM)。對於第二組飼水泵能力，CNS 2139 B1023 的規定為 "如第一組係由二個以上飼水泵所組成者，得為該鍋爐最大蒸發量之 25%以上，且與第一組飼水裝置中之最大飼水泵同等以上者"，因第一組飼水泵中最大容量為 65% BMCR 的 BFPT，故第二組飼水泵的容量應至少為 65% BMCR。

　　另依 CNS 2139 B1023 17.2 節的規定，使用固體燃料的鍋爐，燃燒之供應關斷後，仍然有足以致使鍋爐損傷之熱殘存者，應具備一組能由蒸汽動力、柴油機或

預備電源運轉之飼水裝置。因飼水泵所耗電力甚大，不宜使用預備電源，應以蒸汽動力較爲適用。

　　綜合以上考量，合理鍋爐飼水泵的組成爲：二台汽輪機驅動飼水泵及一台馬達驅動飼水泵。馬達驅動飼水泵用於起機階段，正常運轉時則使用二台汽輪機驅動飼水泵。因正常運轉時使用二台汽輪機驅動飼水泵，故泵的最佳效率點(Best Efficiency Point)定在50%的 BMCR，但設計容量爲65%的 BMCR。而馬達驅動飼水泵的設計容量爲35%～40%的 BMCR。

　　飼水泵於運轉一段時日後會有所磨損，以致影響效率。設計可考量是否要求飼水泵適度增加容量餘裕(3%～5%)。

■ 3.3.2　凝結水泵容量配比

　　凝結水泵數量及容量配比，100 MW級以下的機組，綜合空間及成本的考量，一般配置2×100%(彼此互爲備用)。不過考慮到萬一發生跳機的狀況，在運轉上會採用雙泵運轉，倘若其中一台故障時另一台可直接以設計量運轉，以確保凝結水流無中斷之虞。

　　以系統的可靠性爲考量時，可以採用更多凝結水泵的配置方式，如4×34%或3×50%(其中一台備用)。一般而言，凝結水泵數量多時每部泵均可在效率較佳的操作點上運轉，並且較可靠。不過空間的限制及其初期購置經費則偏高(數量越多越高)。若以目前馬達產品的可靠度、空間的配置及購置成本做考量，可考慮採 4×34%或 3×50%之配置。

■ 3.3.3　引風機

　　燃煤汽力機組之引風機(Induced Draft Fan)其型式可分爲離心式(Centrifugal type)及軸流式(Axial Type)。次臨界壓力燃煤汽力機組均採用離心式引風機，優點爲設備價格便宜、構造簡單、保養維護較爲單純；但爲配合機組運轉之需求及設備本身運轉之特性，離心式引風機在部分負載之運轉條件下，運轉之效率較相同設計容量之軸流式引風機爲低，離心式引風機運轉時所消耗之電量亦較軸流式引風機爲高。近年來隨著機組朝向大型超臨界之發展，爲有效降低發電成本及提高運轉效率，歐洲、日本及韓國之大型超臨界機組均已採用軸流式引風機，不僅可獲得較佳

之運轉性能及效率，亦大幅降低了引風機運轉時所消耗之電量，以下即針對離心式及軸流式引風機之各項特性列表說明如表 3.18 所示。

表 3.18　同容量離心式及軸流式引風機特性比較

項目	離心式引風機	軸流式引風機
運轉在部分負載之效率	較低	較高
耗電量	較高	較低
設備尺寸	較大	較小
設備結構	單純	複雜
設備重量	較重	較輕
設備價格	較低	較高

　　爲有效改善離心式引風機之運轉性能，可採變速引風機或馬達加裝變頻器 (Frequency Inverter)，以調整轉速之控制方式，提高離心式引風機之運轉效率，以降低耗電量；惟此種配置方式將增加設備費用，也降低採用離心式引風機之價格優勢。

　　在考量機組整體效率、運轉之需求及廠區配置等因素下，大型超臨界機組宜採用軸流式引風機，以減少引風機之耗電量，提高機組之整體效能。

▶ 3.4　機組性能評估

▪ 3.4.1　機組性能評估項目

　　依機組設計之質能平衡圖(Heat & Mass Balance Diagram)來計算

1. 蒸汽性質：依 ASME 所頒布之最新 SI 版 Steam Table 爲計算依據。
2. 計算單位及引用之各項常數以 SI 單位爲主。

　　在性能評估下列數據：

1. 單一機組於 100% MCR 時之機組淨出力。
2. 汽輪機高壓缸進口主蒸汽之壓力及溫度，中壓缸進口再熱蒸汽之溫度。
3. 在機組 30%、50%、75% 部分負載時之機組出力(供參考)。

4. 廠淨熱耗率：以燃煤高熱值(HHV)為基礎計算，熱耗率高將予以折合現值評估。

5. 空氣品質控制設備去除效率

    (1) SCR 去除氮氧化物之效率≧80%。

    (2) ESP 去除粒狀污染物之效率≧99.8%。

    (3) FGD 去除硫氧化物之效率≧95%。

6. 噪音。

7. 脫硝裝置氨水消耗量。

8. 脫硫裝置石灰石消耗量。

▪ 3.4.2 現場測試

1. 鍋爐

    在性能測試上，需依下列規定辦理：

    鍋爐：依據 ASME PTC4.1

    鍋爐效率測試：鍋爐效率試驗中總效率採用熱損法(Heat Loss Method)，而各鍋爐性能依最新版之法規計算：

    鍋爐總效率定義：輸出／總熱輸入(含熱獲得)，以百分比表示，且須包含所有熱獲得及熱損失。

2. 汽機

    Power Circuit——Power Test Code 19.6, IEEE 120 於主變壓器高壓側量得。

▪ 3.4.3 機組之性能評估金額

機組性能評估將依據機組之燃煤熱值、燃煤成本、利率、容量因數、設計壽齡、裝置容量、匯率、煤價成本上漲率等計算出機組熱耗率每增加 1 kJ/kWh 之換算現值，做為鍋爐-汽機之機組性能評估金額。

性能評估基準：例如(1)單機容量(80 萬瓩)，(2)燃煤熱值(HHV)= 6100 kcal/kg，(3)燃煤成本(含運費)＝NT$1434/Ton(將依建廠時煤價調整)，(4)利率＝4.25%，(5)容量因數＝80%，(6)設計壽年＝25 年，(7)匯率：1 USD ＝ NT$33.9，(8)煤價上漲率＝1.22%，考慮(1)超臨界電廠均運轉在滿載情況，(2)燃煤熱值固定不變。則一

部 80 萬瓩超臨界機組，以 25 年之運轉壽年爲基礎，每增加 1 kJ/kWh 熱耗率，評估金額折合現值初估約爲美金 US$150,000。

效率試驗結果，若機組之熱效率(熱耗率)低於廠商之性能保證值，建議採評估金額之二倍罰款，以利採購實際高性能之發電機組。

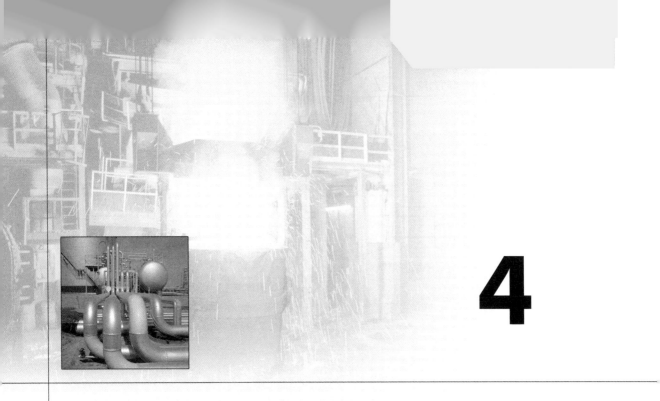

複循環發電機組

4

複循環發電機組的主要設備包括氣渦輪發電機、廢熱鍋爐及汽輪發電機等三大部份，複循環機組型式之選擇，主要取決於容量大之氣渦輪機、機組熱效率高、機組可靠性高、製造廠商生產能力及機組本身燃燒後之煙氣須能符合環保標準等因素。複循環發電機組由於氣渦輪機和汽輪機之組合匹配不同，可分為單軸與多軸型複循環發電機組。複循環發電機組其氣渦輪發電機與廢熱鍋爐匹配汽輪發電機之數目可為一對一、二對一或三對一，考量機組運轉之控制由多台氣渦輪機匹配一台汽輪發電機之複雜性，一般複循環發電機組較少採用四對一以上(包括四對一)之匹配方式。

一般複循環機組採用液化天然氣(LNG)為燃料，利用燃燒天然氣時產生之熱氣來推動氣渦輪機帶動發電機發電此稱為布雷敦循環(單循環)，然後利用氣渦輪機作功後之排氣餘熱，排放於廢熱鍋爐，使鍋爐內之飼水吸收餘熱後產生蒸汽，再推動另一汽輪機帶動連軸之發電機產生電力，此部稱郎肯循環，二個循環合組成一個複循環電廠。此為氣渦輪機組與汽輪機組發電組合之方式，其特性為吸收排氣餘熱再發電，效率可達 50%以上@HHV，為目前火力發電機組中效率最高者。

複循環機組之發電方式是由氣渦輪機發電(工作介質為燃氣)之布雷敦循環及汽輪機發電(工作介質為蒸汽)之郎肯複循環兩種方式組合而成(詳圖 4.1)。

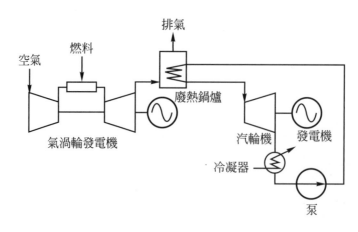

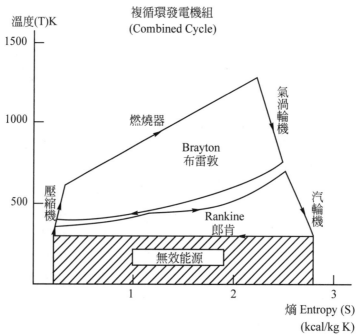

圖 4.1　複循環之溫度-熵曲線圖

▶ 4.1　氣渦輪發電機

　　氣渦輪發電機是由空氣過濾器、多段軸流式壓縮機、燃燒器、多級式氣渦輪機、發電機、天然氣供應設備、點火系統、乾式低氮氧化物燃燒器(Dry Low NO$_x$ Burner，DLN)、儀控及其它輔助系統等構成。氣渦輪發電機組均為製造廠家之標準設計，廠家均能夠在 16～20 個月內，完成組合、試機、交貨之工作。廠家將提

供一完整之氣渦輪機發電系統，包含啟動及控制系統、冷卻系統、潤滑系統及防火系統等運轉所必需之週邊設備。氣渦輪機有屋內式及屋外式二種設計，屋內式設計可安裝 PU 防火隔音材料，達到吸音與隔離的效果，有利於改善員工工作環境及減低環保抗爭的問題。

　　為因應環保要求，氣渦輪機須具備空氣污染防治的能力。一般在燃燒室可以均勻地將燃料和空氣混合，以減低氮氧化物的產生，目前乾式低氮氧化物燃燒器適於天然氣為燃料之燃燒，亦適合氣渦輪機燃用柴油之低氮氧化物燃燒器，以利電廠運轉期間天然氣供應中斷而需燃用柴油運轉發電。氣渦輪機基本上有兩種不同之排列，一為熱端型，即發電機在氣渦輪機排氣側，另一種為冷端型，即發電機在進氣口端。熱端型之排氣由側面引出，冷端型之排氣則順著軸向引出，兩者佔地及配置均有不同。複循環機組所配置之氣渦輪機均採冷端型設計。

　　近年來氣渦輪機在各國電力事業中普遍受到重視，由於耐高溫材料技術的突破，各製造廠家不斷發展出單機出力大，熱效率高及氮氧化物排放量低的新機型，茲將目前已商業化且適合台灣複循環發電機組之最新氣渦輪機型(60 Hz)，敘述如下：

1.　奇異(GE)7FA 機型：

　　奇異 7FA 的氣渦輪機容量由原來 7EA 的 85.4 千瓩(ISO Base)提昇為總出力 171.7 千瓩(ISO Base)，除具有 7EA 優越的燃燒性能外，另增加壓縮機 50% 之空氣流量並將壓縮比由 12.6 提高為 15.5，燃燒室的燃燒溫度由 7EA 的 1104℃提高至 1288℃，每台 7FA 有十四個燃燒室，每個燃燒室有五只燃料噴嘴取代原先僅一只燃料噴嘴之設計，目的在縮短火焰長度及減少氮氧化物產生與噪音問題。噴嘴採用鎳基合金以抗高溫腐蝕及氧化，並可提高燃燒室強度及可靠性。第一台奇異 7FA 氣渦輪機已在 1994 年正式商轉，7H 氣渦輪機燃燒溫度為 1427℃，預計在 2008 年秋天能商轉。

2.　亞士通(Alstom，ABB)GT24 機型：

　　亞士通 GT24 的氣渦輪機容量由原來 11N2 的 11.55 萬瓩(ISO Base)提昇為總出力 17.3 萬瓩(ISO Base)，空氣流量約增加 46%，壓縮比由 14.6 提高為 30.0，燃燒室的燃燒溫度由 11N2 的 1085℃提高至 1350℃，每台 GT24 採單一燃燒室及 30 只燃燒器設計，機組長度縮短，安裝較容易。GT24 已於 1997 年正式商轉。

3. 西門子(SIEMENS)／西屋(WH)STG6-4000F 機型：

西門子 STG6-4000F 為進步型氣渦輪機，容量由原來 V84.3 的 15 萬瓩(ISO Base)改良為總出力 18 萬瓩(ISO Base)，該機組的壓縮比為 17.0。STG6-4000F 於 1997 年夏天已在美國 Hawthorn 正式商轉。

4. 三菱(MHI)501F：

三菱 501F 的氣渦輪機總出力為 18.54 萬瓩(ISO Base)，該機組的壓縮比為 16，已於 1992 年開始商轉。501G 氣渦輪機總出力為 25.4 萬瓩(ISO Base)，已於 1997 年正式商轉。501H 氣渦輪機出力僅稍大於 501G 約 10MW，目前尚未預計可商轉之時程。

　　每一台氣渦輪機單機容量約在 15 萬瓩左右(32℃，1 大氣壓，90% 相對濕度運轉條件下)。其中複循環機組的電力出力配比，氣渦輪機約佔 65%，汽輪機約佔 35%。氣渦輪機之單機出力愈大，熱效率愈高，對機組的設備與發電成本相對均會降低。

　　氣渦輪機之操作原理為空氣經空氣過濾器進入氣渦輪機之壓縮機加壓後，成為高壓空氣進入燃燒室與噴入之燃料快速混合燃燒，產生高溫高壓的氣體推動氣渦輪機作功，產生之功一部份用來驅動壓縮機，其餘用來推動發電機發電。此即熱力學之布雷敦循環(Brayton Cycle)，在此種熱力循環中若排氣溫度不變，燃燒溫度愈高，則作功愈多，熱效率亦愈高。

　　氣渦輪機之排氣(Exhaust Gas)溫度可達 613℃ 以上，可藉廢熱鍋爐(HRSG)將此熱能回收，產生約 537℃，97.6 Bar 絕對壓力之蒸汽，再利用蒸汽之膨脹來推動汽輪機再次發電，此即熱力學之郎肯循環(Rankine Cycle)。蒸汽經汽輪機作功後，排至冷凝器，冷凝器之溫度愈低，產生真空度愈高，則蒸汽在汽輪機中所能作的功就愈多。複循環機組採用冷凝式汽輪機(Condensing Steam Turbine)，以提高機組發電量。

　　複循環機組以天然氣為燃料，因所含之硫份極微，煙囪排氣不會發生二氧化硫低溫腐蝕的問題，除了使用高／低雙壓式(Dual Pressure)或高／中／低三壓式(Triple-Pressure)廢熱鍋爐，更可降低省煤器(Economizer)給水溫度，以增加低溫部份之熱回收，增加廢熱鍋爐效率。另加裝蒸汽旁通系統(Steam By-Pass System)，利用此一系統在氣渦輪機啟動初期，廢熱鍋爐蒸汽尚未達到汽輪機運轉所需的溫度及壓力條件時，將所產生的少量蒸汽排入冷凝器中或做為汽輪機啟動前汽輪機軸封

抽汽之用，以期縮短機組啓動時間，並避免將此蒸汽排入大氣產生噪音。

▶ 4.2　廢熱鍋爐

　　氣渦輪機高溫排氣的熱能，由廢熱鍋爐(Heat Recovery Steam Generator，HRSG)吸收後產生蒸汽，爲了充分回收此熱能，廢熱鍋爐大部分採雙壓式設計，目前也有三壓式或附加再熱循環的設計，以提高熱能利用效率，相對地也增加設備成本和運轉的複雜性。廢熱鍋爐按其內、外形狀構造及爐水循環方式，可分爲臥式自然循環廢熱鍋爐(Natural Circulation HRSG)與立式強制循環廢熱鍋爐(Forced Circulation HRSG)兩種，分別說明如下：

1.　臥式自然循環廢熱鍋爐

　　臥式自然循環廢熱鍋爐爐管的排列爲長的直立管排，利用氣渦輪機排出的廢氣形成交叉流向，以提高循環比來得到較佳熱傳效果。廢熱氣體以水平流向進入廢熱鍋爐，垂直的飼水管有利於蒸汽的蒸發經由昇流管進入汽鼓，而凝結水經由降流管回到底部集管(Lower Header)。利用蒸汽與飽和水之密度差進行爐水循環，不需要爐水循環泵，故其運轉維護成本較低，運轉也較可靠。一般自然循環鍋爐的缺點是當鍋爐蒸汽壓力增高，蒸汽與飽和水密度變小，會有爐水循環不暢，蒸汽管易過熱彎曲，但複循環機組之廢熱鍋爐蒸汽壓力與溫度均較傳統鍋爐爲低，不易發生爐水循環不暢之問題。由於採用自然循環方式，鍋爐本體體積較大，故造價成本比強制循環廢熱鍋爐者爲高，但因不需使用循環泵，運維費用較低。

2.　立式強制循環廢熱鍋爐

　　立式強制循環廢熱鍋爐爐管的排列爲橫列，需要靠泵浦動力強制飼水經由水平管進入汽鼓中產生蒸汽，廢熱氣體以垂直流向進入廢熱鍋爐加熱飼水產生蒸汽。立式強制循環鍋爐循環速度快、熱傳導率高、體積較小，建造成本比自然循環廢熱鍋爐低。由於循環快速，一定蒸汽量所需爐水較少，起動快速，但增加額外的爐水循環泵，使得運轉維護成本提高，運轉上也較複雜。

　　自然循環廢熱鍋爐與強制循環廢熱鍋爐的特性比較如下：

(1)　自然循環廢熱鍋爐熱傳性較慢，因此啓機時間較強制循環廢熱鍋爐長，複循環機組通常每日運轉約 12 小時，停機後至次日啓機前，廢熱鍋爐仍可

維持在暖機狀態，藉著保持暖機的方式，可縮短啓機時間，且自然廢熱循環鍋爐設備簡單，運轉維護較容易，適合中載運轉。

(2) 強制循環廢熱鍋爐由於需要循環水泵來幫助爐水循環，設備較自然循環廢熱鍋爐複雜，因此系統故障機率較高，同時每段不同蒸汽壓力需要各自的循環水泵，循環水利用泵動力輸送，管內壓力較高，焊接或密封處較易發生洩漏；在彎頭處由於管內流速高、沖蝕與腐蝕較嚴重。由於此種型式之鍋爐啓停昇降之反應較靈敏，一般適用於中、尖載運轉之機組。

(3) 強制循環廢熱鍋爐採直立設計佔地面積小，其排氣煙囪直接配置在鍋爐頂端，可節省許多空間；自然循環廢熱鍋爐採數平狹長設計佔地面積大，煙囪緊接在鍋爐後端，所以需要較大的空間。

一般而言，美國廢熱鍋爐製造廠家大都採自然循環設計，而強制循環設計則為歐洲廠家的主流，各有各的理論基礎，亦有相當實績，因為廢熱鍋爐是引用氣渦輪機的排氣為熱源，需要考慮和氣渦輪機的配合性。

此外，另有廠商採上述二式之優點，設計製造立式自然循環廢熱鍋爐。其結構為水平管排，氣渦輪機之高溫排氣由下而上，交叉加熱水平管排內之爐水，產生蒸汽；而廢氣則由爐頂煙囪排放至大氣中。僅在機組啓動時，輔以爐水循環泵增壓，促進啓動時之爐水循環。由於爐體採水平管排立式結構，佔地面積小。而爐水循環泵在啓動時泵送爐水，具有立式強制循環啓動快之優點，但在正常運轉時，以自然循環運轉，又有省能易運轉之優點，頗具特色。

■ 4.2.1 廢熱鍋爐之性能計算

隨著氣溫輪機容量之增大，複循環發電廠之容量也增大，廢熱鍋爐之複雜性亦增加，如何提昇廢熱鍋爐之性能，對廢熱鍋爐之設計人員及電廠運轉人員，將有很大的幫助。提昇廢熱鍋爐之性能，要由氣渦輪機排氣及蒸汽條件下，利用性能計算 (Performance Calculation)考慮穩態穩流狀況下來預估其性能。

以單壓廢熱鍋爐為例，其過熱器、蒸發器、省煤器，由運轉所量得的煙氣／蒸汽溫度變化圖如圖 4.2。

節點(Pinch Point)係離開蒸發器之煙氣溫度(T_{g3})與蒸發器之飽和蒸汽溫度(t_{s1})之溫差，一般節點溫差約 8～15℃，此值愈低所需熱交換器之傳熱面積愈大，產生蒸汽量愈多，熱交換器之設備成本愈高。接近點(Approach Point)係蒸發器之飽和

蒸汽溫度(t_{s1})與省煤器出口之飼水溫度(t_{w2})之溫差，一般接近點溫差約 $5\sim12℃$，主要是防止飼水於省煤器內汽化。

　　基本上忽略蒸發器與過熱器間之極小壓力損失，過熱器之蒸汽壓力等於蒸發器之蒸汽壓力，由蒸汽表可查得蒸發器之飽和蒸汽溫度(t_{s1})，則 $T_{g3}＝t_{s1}＋$Pinch Point，$t_{w2}＝t_{s1}－$Approach Point。

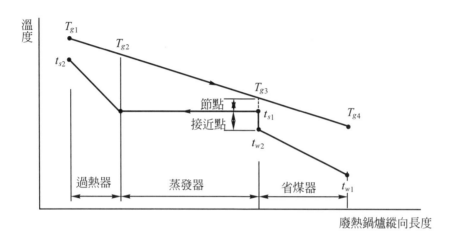

圖 4.2　煙氣／蒸汽溫度變化圖

蒸發器與過熱器之蒸汽吸熱量(Q_{SE})，可計算如下：

$$Q_{SE}＝m_g \times C_{pg} \times (T_{g1}－T_{g3})＝m_s \times [(h_{s2}－h_{w2})＋BD \times (h_f－h_{w2})] \qquad (4.1)$$

其中　　　m_g　：氣渦輪機排氣之煙氣流量

　　　　　C_{pg}：過熱器與蒸發器之煙氣平均比熱$\left(@T_g＝\dfrac{T_{g1}＋T_{g3}}{2}\right)$

　　　　　T_{g1}：進入廢熱鍋爐之煙氣溫度

　　　　　T_{g3}：離開蒸發器之煙氣溫度($T_{g3}＝t_{s1}＋$Pinch Point)

　　　　　m_s　：蒸汽流量

　　　　　h_{s2}：過熱器出口之蒸汽焓值

　　　　　h_{w2}：省煤器出口之飼水焓值

　　　　　h_f　：蒸發器之飽和水焓值

　　　　　BD：汽鼓連續沖放率($\fallingdotseq1\%$)

忽略蒸發器與過熱器間之熱損失，則由(4.1)可求得 Q_{SE} 及 m_s。

過熱器之蒸汽吸熱量(Q_S)，可計算如下：

$$Q_S = m_s \times (h_{s2} - h_{s1}) = m_g \times C_{pg} \times (T_{g1} - T_{g2}) \tag{4.2}$$

其中　　h_{s1}：蒸發器之飽和蒸汽焓值

T_{g2}：離開過熱器之煙氣溫度

C_{pg}：過熱器入口之煙氣比熱($@T_{g1}$)

忽略過熱器之熱損失，則由(4.2)可求得Q_S及T_{g2}。

蒸發器之蒸汽吸熱量(Q_e)，可計算如下：

$$\begin{aligned} Q_e &= Q_{SE} - Q_S \\ &= m_g \times C_{pg} \times (T_{g2} - T_{g3}) = m_s \times [(h_{s1} - h_{w2}) + BD \times (h_f - h_{w2})] \end{aligned} \tag{4.3}$$

其中　　C_{pg}：蒸發器之煙氣比熱$\left(@T_g = \dfrac{T_{g2} + T_{g3}}{2}\right)$

$BD \times (h_f - h_{w2})$：汽鼓連續沖放所排放之熱焓

忽略蒸發器之熱損失

省煤器之飼水吸熱器(Q_{eco})，可計算如下：

$$Q_{eco} = m_s \times (1 + BD) \times (h_{w2} - h_{w1}) = m_g \times C_{pg} \times (T_{g3} - T_{g4}) \tag{4.4}$$

其中　　h_{w1}：飼水熱焓

C_{pg}：省煤器入口之煙氣比熱($@T_{g3}$)

T_{g4}：離開省煤器之煙氣溫度

$m_s \times (1 + BD)$：飼水流量

忽略省煤器熱損失，則由(4.4)可求得Q_{eco}及T_{g4}。

▶ 4.3　汽輪發電機

　　發電機組以發電為主，大都採用串列、雙流向排汽、直接冷凝方式，汽輪發電機係利用廢熱鍋爐所產生的蒸汽來推動。主要設備包括汽輪機、發電機、冷凝器、凝結水泵、除氧器、飼水泵及潤滑油系統等。冷凝器裝於汽輪機下方，蒸汽在汽輪機作功發電後直接排至冷凝器，經循環水冷卻成凝結水再經凝結水泵送至除氧器除氧後之飼水則經飼水泵送至廢熱鍋爐，產生蒸汽。冷凝器採用海水冷卻，為確保機

組之可靠性，冷凝器之熱交換管擬採用鈦合金材質，並設置管內自動清洗設備。此外冷凝器必須能夠負荷於汽機故障時蒸汽旁通所排放之熱能。

　　一般民營廠所籌設之電廠廠址均未靠近海邊，無法使用海水冷卻，為了節省水資源大部份均採用氣冷式冷凝器(Air Cooled Condensers，ACC)，由於空氣比熱($C_p = 1.0kJ/kg℃$)僅為水比熱($C_p = 4.1868kJ/kg℃$)的 24%，且空氣密度($\rho_{air} = 1.2kg/m^3$)僅為水密度($\rho_{water} = 1000kg/m^3$)的 0.12%，為了帶走相同的凝結水熱量，其氣冷式冷凝器之熱傳表面積需為水冷式冷凝器之 3500 倍(在相同的溫升及熱傳條件下)，因此氣冷式冷凝器佔地很大，約為複循環電廠整廠所需面積之 1/3，一般均採用 A Type 設計(60°角)以增加熱傳面積。

　　複循環機組可採 1、2(或 3)台氣渦輪機配置 1、2(或 3)座廢熱鍋爐及共用 1 台汽輪發電機等所組成，汽輪發電機時亦須適用只有單座廢熱鍋爐運轉部份負載時之蒸汽產量。汽輪發電機於正常運轉時之進汽量為 1、2(或 3)座廢熱鍋爐產生之總蒸汽量，每台汽輪發電機之淨出力於氣渦輪機燃用天然氣時約佔全機組之 35%左右。

▶ 4.4　複循環發電機組的匹配

　　複循環發電機組容量可利用機組的匹配方式來改變，包括 2 台氣渦輪機及 1 台汽輪機及 3 台氣渦輪機及 1 台汽輪機，依目前各廠家所提供資料顯示，燃氣進入氣渦輪機第一級葉片的溫度約 1288℃，蒸汽進入汽輪機的條件約 97 bar(A)，537℃。若裝置兩部複循環機組當在部份負載時，可藉著停掉其中一部機組而使每台氣渦輪機保持滿載運轉的方式，以達到配合負載做彈性調度的目的，且能維持相當高的熱效率。

　　複循環機組具有啟動快及承擔快速負載變化之特性，其氣渦輪機在啟動後約 20 分鐘內即可滿載，複循環機組發電量氣渦輪機約 65%(2/3)，汽輪機約 35%(1/3)左右，複循環機組於晚上停機保持暖機至隔天早上啟動之情況下，在約 60 分鐘內可達到滿載。此等快速啟動之特性最適合系統彈性調度之需求。

　　各氣渦輪機之出力及設計資料，如表 4.1 所示。

表4.1　各氣渦輪機設計資料

機型		商轉年份	出力(kW)	壓縮比	排氣(℃)	重量約(kg)	大約尺寸 ($L \times W \times H$；m)
ABB	GT34	1994	173,000	30	610	197,000	10.5×4.1×4.6
Ansaldo	GT36-S6		340,000				10.5×4.1×4.6
GE	7FA	1994	171,700	15.5	602	245,000	—
	7H	2008	260,000	—	—	—	—
SHA-02	HA-02		372,000	—	—	—	—
Siemens	STG6-4000F	1994	180,000	17	577	235,000	11×5.5×6.5
	STG6-6000G	1995	266,300	20.1	598	273,000	10.9×4.3×4.5
	STG6-8000H	2013	274,000	20	620	280,000	11×4.2×4.2
	SGT6-8000H		310,000				
MHI	501F	1989	185,400	16	607	195,000	13.9×4.6×4.6
	501G	1997	254,000	20	596	250,000	15.2×4.6×5.0
	501J	2013	310,000	23	660	—	15.2×5.5×5.5
	M501J	2017	370,000				

註：國際標準組織，ISO(International Standard Organization)：15℃，1.013 bar，RH：60%

▶ 4.5　複循環發電機組設計實例

例　依下述條件計算氣渦輪機、廢熱鍋爐、汽輪機及冷凝器組成複循環機組之質能平衡圖。整廠淨效率50%@LHV，整廠淨發電量150 MW(考慮GTG＝100 MW，STG＝50 MW)，天然氣低熱值h_{LHV}＝50000 kJ/kg，空氣進入壓縮機之條件為15℃，60% RH，ρ_{air}＝1.2 kg/m³，壓縮機之壓縮比(γ_c)為14，利用(PV^k＝C，k＝1.4)計算壓縮機之耗功(kW)，若氣渦輪發電機淨發電量等於壓縮機之耗功(kW)請檢討其差異量。若氣渦輪機排氣溫度＝530℃，煙囪排氣溫度＝100℃，廢熱鍋爐熱回收效率＝90%，冷卻水入口溫度10℃，冷凝器溫升7℃(即出口溫度17℃)，考慮汽輪發電機系統效率38%，其餘之蒸汽熱量均由冷凝器帶走，計算汽輪發電機淨發電量(請檢討與STG＝50 MW之差異量)及所需冷卻循環水量(kg/s)。

解 $Q_{in} = \dfrac{150 \times 10^3 \text{ kJ/s}}{50\%} = 3.0 \times 10^5 \text{ kJ/s}$

$\dot{m}_f = \dfrac{3.0 \times 10^5 \text{ kJ/s}}{50000 \text{ kJ/kg}} = 6 \text{ kg/s}$

$P_1 = 100 \text{ kPa}$，$P_2/P_1 = 14$，$v_1 = \dfrac{1}{\rho_1} = \dfrac{1}{1.2} = 0.833 \text{ m}^3\text{/kg}$

$v_2 = \left(\dfrac{P_1}{P_2}\right)^{\frac{1}{k}} v_1 = \left(\dfrac{1}{14}\right)^{\frac{1}{1.4}} \times (0.833) = 0.1265 \text{ m}^3\text{/kg}$

$\dot{W}_{comp} = \dfrac{k}{k-1}(P_2 v_2 - P_1 v_1)$

$\quad = \dfrac{1.4}{0.4}\left(14 \times 10^5\ \dfrac{\text{N}}{\text{m}^2} \times 0.1265 \text{ m}^3\text{/kg} - 1 \times 10^5\ \dfrac{\text{N}}{\text{m}^2} \times 0.833 \text{ m}^3\text{/kg}\right)$

$\quad = 328.2 \text{ kJ/kg}$

$W_C = W_{GT} = 100 \text{ MW} = 100 \times 10^3 \text{ kJ/s}$（一般複循環機組，氣渦輪機發電量約佔

$\dot{m}_a = \dfrac{100 \times 10^3 \text{ kJ/s}}{328.2 \text{ kJ/kg}} = 304.7 \text{ kg/s}$　　　2/3，汽輪機發電量約佔 1/3）

$\dot{m}_3 = 304.7 \text{ kg/s} + 6 \text{ kg/s} = 310.7 \text{ kg/s}$

$h_{HRSG} = \dot{m}_3 C_P \Delta T = 310.7 \text{ kg/s} \times 1.1 \text{ kJ/kg} \cdot \text{℃} \times 430\text{℃} \times 90\%$

$\quad = 132265 \text{ kW}$

其中 1.1 kJ/kg·℃ 為煙氣之 C_P(定壓比熱)

$\eta_{ST} = 38\% \times 132265 \text{ kW} = 50260 \text{ kW} = 50.26 \text{ MW}$

$\dot{m}_{cw}$(冷卻水流量)$= \dfrac{62\% \times 132265 \text{ kW}}{4.1868 \text{ kJ/kg} \cdot \text{℃} \times 7\text{℃}} = 2798 \text{ kg/s} \doteqdot 2.8 \text{ m}^3\text{/s}$

討論：計算所得之淨發電量 = 100 MW + 50.26 MW = 150.26 MW 大於 150 MW，表示汽輪發電機效率 38% 稍高於實際運轉效率。

5

汽電共生系統

　　汽電共生系統(Cogeneration System)指設置汽電共生設備,利用燃料或處理廢棄物同時產生有效熱能及電能之系統。汽電共生不同於傳統火力發電機組,其優點為汽電共生具有**節能**、**經濟**、**環保**三大效益,它可有效提升能源使用效率,減低污染物排放量,提高經濟效益,符合京都協議之宗旨與精神。因此大型燃煤電廠應結合其它耗能產業如大型石化工業、大型煉鋼廠,以汽電共生方式有效達到節能、環保、經濟之原則。汽電共生總效率較一般能源高20～30%,CO_2排放相對減少20～30%,使用燃煤汽電共生與一般天然氣發電之CO_2排放相當。

▶ 5.1　合格汽電共生之評定

1.　汽電共生有效熱能比率與總熱效率定義如下：

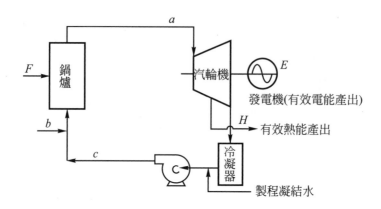

圖 5.1　汽電共生簡單示意圖

(1)　有效熱能比率(%) $= \dfrac{\text{有效熱能產出}(H)\text{, kJ/s}}{\text{有效熱能產出}(H)\text{, kJ/s} + \text{有效電能產出}(E)\text{, kW}}$ (5.1)

(2)　總熱效率 $= \dfrac{\text{有效熱能產出}(H)\text{, kJ/s} + \text{有效電能產出}(E)\text{, kW}}{\text{燃料熱值}(F)\text{, kJ/s}}$ (5.2)

2.　合格汽電共生表格化計算方式(參考圖 5.1)

項目		流量(kg/s)	單位熱焓(kJ/kg)	總熱量(kJ/s)
輸入	燃料熱量(F)，kJ/s	$\dot{m}_f$	h_f	$\dot{H}_f$
有效產出	供汽量(a)(@壓力&溫度)	$\dot{m}_s$	h_s	$\dot{H}_s$
	補充純水(b)	$\dot{m}_{mw}$	h_{mw}	$\dot{H}_{mw}$
	凝結水回收(c)	$\dot{m}_c$	h_c	$\dot{H}_c$
	有效熱能產出(H)＝($a-b-c$)，kJ/s			$\dot{H}_h$
	有效電能產出(需扣除廠內用電)，(E)，kW			$\dot{H}_e$
有效熱能產出比率(%)$H/(H+E)$				
總熱效率(%)$(H+E)/F$				

3. 汽電共生規劃原則

以製程之蒸汽最大需求量來規劃，當製程減產或無法穩定運轉時，則汽電共生須規劃抽汽冷凝式來匹配，一般規劃原則如下：

(1) 符合製程蒸汽需求為優先考量，即滿足製程蒸汽使用量(Ton/h)在製程需求的壓力(kg/cm^2)及溫度條件(℃)下，不足的電力再向台電公司購電。

(2) 但符合製造蒸汽及電力需求較不容易，一般在規劃此條件時會產生多餘的電力，再售予台電公司。

(3) 有效熱能產出比率(%)＝$\dfrac{H}{H+E}$≥**20%**，總熱效率(%)＝$\dfrac{H+E}{F}$≥**52%**，才能符合合格汽電共生系統(Qualified Cogen System)，可正式申請為合格汽電共生廠。

▶ 5.2　汽電共生定義

所謂「汽電共生」是指能同時提供「汽」(蒸汽或其它熱能)與「電」(電力或機械能)之功能的一種技術，所以「汽電共生」又有人稱為熱電共生(Combined Heat and Power，CHP)，而具有這種功能的設備，便稱之為「汽電共生」系統。汽電共生方式無論是從節約能源、能源多元化、或負載管理的觀點來考慮，均比單獨的傳統發電或單獨的熱能生產方式為優。一般汽電共生系統，如果有效加以利用的話，燃料約可節省能源成本之20～30%。圖5.2表示，傳統發電方式與汽電共生方式就燃料利用效益上之比較。

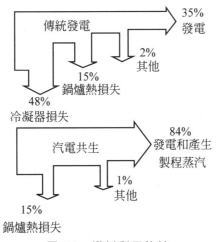

圖 5.2　燃料利用效益

1. 汽電共生廠一般使用的燃料有：
   (1) 製程設備產生的廢氣：如高爐氣
   (2) 製程產生的廢料：如蔗渣、紙渣
   (3) 煤
   (4) 重油
   (5) 柴油
   (6) 天然氣
2. 汽電共生適用之行業

   大量使用熱能的行業如食品、紡織、紙業、化學、石油煉製、金屬、水泥、垃圾焚化、或非生產場所之醫院、旅館、飯店、辦公大樓等均有潛力可設置汽電共生系統。

▶ 5.3 汽電共生系統之種類

依熱能提供發電或提供製程能源的先後不同，汽電共生系統之種類可區分為兩大類，一為「先發電式汽電共生系統」，另一為「後發電式汽電共生系統」。

「先發電式汽電共生系統」又稱為「頂部循環汽電共生系統」(Topping Cycle)，初級能源(蒸汽)先用以發電，發電後之餘熱，再提供製程使用，汽電共生機組如背壓式汽輪發電機組、抽汽／冷凝式汽輪發電機組、氣渦輪發電複循環機組、氣渦輪廢熱鍋爐機組、柴油引擎機組等均屬於此種先發電式汽電共生系統。此種型式之汽電共生系統抽出來之蒸汽較適用於一般較低溫之工業製程工廠(如造紙廠、煉油廠、化工廠)等之加熱使用。「後發電式汽電共生系統」又稱「汽電共生系統」底部循環(Bottoming Cycle)，初級能源先滿足製程熱能需求，再將排出之餘熱供做發電之用，此種型式之汽電共生系統較適用於需要較高溫的工業製程工廠，例如玻璃製造廠、水泥廠、冶金工廠等之加熱使用。由於大部份的工業均為中、低溫製程工業，故目前之汽電共生系統以前者居多，茲將「先發電式汽電共生系統」介紹如以下各節。

1. 汽輪機汽電共生(Steam Turbine Cogen System)

   係以高壓蒸汽驅動渦輪機來帶動發電機產生電力，而後回收汽輪機排出的高溫蒸汽，經減壓處理後供製程使用，如圖 5.1 所示。

2. 燃氣渦輪汽電共生(Gas Turbine Cogen System)

   係以天然氣或輕柴油做為燃料，而由燃氣渦輪產生機械動力，轉動發電機產生電力，因其排氣溫度約達 550℃ 且含氧量高，可另添加其它燃料燃燒提高溫度回收蒸汽，供製程使用，如圖 5.3 所示。

3. 柴油引擎汽電共生(Diesel Engine Cogen System)

   以柴油做為燃料，利用柴油引擎產生機械動力轉動發電機發電，但因排氣溫度僅約 250℃，故只適用於較低溫之加熱製程。

4. 燃氣引擎汽電共生(Gas Engine Cogen System)

   以 LNG 或 LPG 為燃料，利用燃氣引擎產生之動力帶動發電機，其排氣可透過熱交換器供給熱水或製程需求。

▶ 5.4　氣渦輪發電機與廢熱鍋爐汽電共生系統

此種汽電共生系統的簡單流程如圖 5.3 所示：

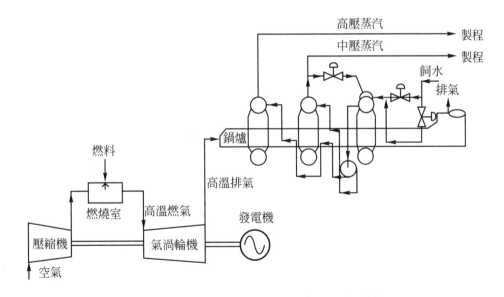

圖 5.3　氣渦輪機與廢熱鍋爐汽電共生系統

本系統之主要設備包括氣渦輪機組(含空氣壓縮機、燃燒室、氣渦輪機)、廢熱鍋爐(含附屬設備如飼水泵和配管等)、發電機及其附屬設備(含電氣儀表、自動控制和污染防治設備)等。

本系統之操作原理為自大氣中引進空氣，經氣渦輪機組的空氣壓縮機壓縮後，噴入燃料燃燒，產生高溫、高壓的大量燃氣，來驅動氣渦輪發電機組。氣渦輪機的高溫排氣(450℃～550℃)經由廢熱回收鍋爐，可以產生高溫蒸汽，直接提供製程加熱使用。

此種系統較適用於工廠之電力需要量與蒸汽需要量介於背壓式汽輪機系統的產能與複循環機組(詳第6.5節)的產能之間的情況(即蒸汽需求量大於複循環機組之產能，而小於背壓式機組之產能，電力需求量則小於複循環機組之發電量，但是大於背壓式機組之發電量)。一般採用此種系統的發電量約佔總能量的 35%，蒸汽能量約佔總能量的 45%，排氣能量損失約佔總能量的 20%，故總熱效率約為 80%。氣渦輪機也可採用注入蒸汽(Steam Injection)的方式，來增加發電量，使得蒸汽與電力之供應更具彈性，這種氣渦輪機特稱為「注入蒸汽式氣渦輪機」(Steam Injected Gas Turbine，STIG)。

本系統之優點為設備簡單、能源利用效率高、機組可靠性高、交貨及裝機時間短、投資費用低及啟動快速等。其缺點為使用燃料之彈性較小，通常以天然氣或輕柴油為主，目前仍不能使用固體燃料(如煤等)，發展中之利用煤炭氣化(Coal Gasification)原理產生燃煤氣(Coal Gas)，因經濟因素，目前尚無法大量應用。近年來有些氣渦輪機組雖可燃燒重油，但因燃氣渦輪機燃用重油時，需配合加裝重油水洗設備及廢油水處理系統，無形中增加運轉與維修的困難，機組檢修也趨頻繁，機組壽命亦相對減少，因此，目前歐、美國家採用者不多。此系統之熱耗率(Heat Rate)約為 5800～6800 kJ/kWh，故比抽汽／冷凝式汽輪機組之發電熱耗率(10000～10550 kJ/kWh)為低，亦即效率較高；但比背壓式汽輪機組之熱耗率(4220～4350 kJ/kWh)為高，亦即效率較低。此種系統最適用於發電量與供應製程熱量之比值為 150 至 250 kW/10^6 kJ 之間的情況，正常產生之製程蒸汽壓力約為 980 kPaG 至 10.3 MPaG 之間。

現將本系統之兩大主要設備(氣渦輪機及廢熱鍋爐)概述如下：

一、氣渦輪機(Gas Turbine)

氣渦輪機的基本操作原理是依據布雷敦循環(Brayton Cycle)運作，基本循環包括絕熱壓縮(空氣壓縮機內)、等壓加熱(燃燒室內)、絕熱膨脹(氣渦輪機內)、等壓放熱(廢熱鍋爐內)，再排放至大氣。

氣渦輪機組按照驅動軸的排列方式不同可分爲：⑴單軸型氣渦輪機組，⑵雙軸型氣渦輪機組，⑶三軸型氣渦輪機組，分別簡介如下：

1.　單軸型氣渦輪機組

如圖 5.4 所示爲單軸型氣渦輪機組之主要設備簡圖，其操作原理爲外界空氣由空氣入口①進入空氣壓縮機，經由壓縮機加壓，使進入的空氣壓力提高，此高溫、高壓的壓縮空氣經由②進入燃燒室，此時燃料也注入燃燒室內燃燒，而產生高溫的燃氣，燃氣由③噴入氣渦輪機組的動力輪機(power turbine)，動力輪機將高溫燃氣的熱能轉換爲動能，其中一部份的動能用來驅動空氣壓縮機，其餘的動能則用來驅動發電機發電。一般氣渦輪機組的動力輪機所產生的總動能當中，約 50% 的動能是用來驅動壓縮機，另外 50% 的動能則用來驅動發電機產生電力。單軸型氣渦輪機組爲空氣壓縮機、動力輪機和發電機都裝在同一轉軸上，而在同一速度下操作。

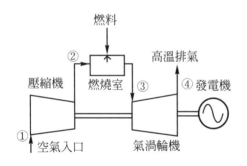
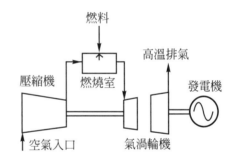

圖 5.4　單軸型氣渦輪機　　　　　圖 5.5　雙軸型氣渦輪機

2.　雙軸型氣渦輪機組

如圖 5.5 所示爲雙軸型氣渦輪機組之主要設備圖，其操作原理與單軸型氣渦輪機組相類似，不同的是將氣渦輪機的低壓段動力輪機與高壓段動力輪機分開在兩個同心軸上操作(高壓段與空氣壓縮機同軸)，同時也分別在不同的速度下運轉，高壓段轉速較高，高壓段動力輪機是用來驅動空氣壓縮機，而低壓段動力輪機則用來驅動發電機產生電力。

3.　三軸型氣渦輪機組

如圖 5.6 所示爲三軸型氣渦輪機組之主要設備圖，其操作原理也與雙軸型氣渦輪機組相似，所不同的是空氣壓縮機分別由高壓段與低壓段動力輪機來驅動，而另外一個動力輪機出力則用以驅動發電機產生電力。

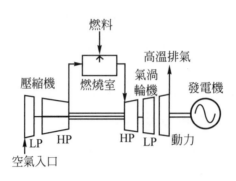

圖 5.6　三軸型氣渦輪機

　　工業上使用之氣渦輪機由於設計與應用的發展不同，基本上有兩種機型，一為航空延伸型(Aero Derivative Type)，又簡稱航空型，係由飛機使用的氣渦輪機發展而成為適合工業上連續運轉的機型，有體積小和重量輕之特點。另外一種為重負荷型(Heavy Duty Type)，或稱為工業型(Industrial Type)，這種機型較航空延伸型笨重，但造價低廉。該兩種機型各具特點，而且由於應用方式和任務的不同，即使同一機型在設計上也隨著時代的不同而有所改變。

　　早期許多氣渦輪機是以擔負發電任務為目的，因為氣渦輪機具有機組啟動迅速、變載能力強、體積小、重量輕、採用模組式設計、安裝時間短等優點。然而因為以單循環方式運轉發電時，其效率比傳統式發電機組者為低，並且需使用昂貴的高級燃料，故早期的氣渦輪機多半做為尖峰運轉或當做備轉機組之用，這種情況一直維持到第二次世界能源危機時為止。

　　歐、美先進國家，尤其是美國，自 1978 年頒佈「公用事業管理法規(Public Utilities and Regulatory Policies Act，PURPA)」之後，美國的汽電共生系統獲得極大的鼓舞。隨後更由於全世界的天然氣產量日漸豐富，價格也漸趨穩定，並且因環保訴求日趨激烈，以天然氣為燃料的氣渦輪機乃應運而生。同時，設備之製造技術日益精進，新的氣渦輪機配合廢熱鍋爐，可將氣渦輪機之大量高溫排氣餘熱回收，而使全廠的熱效率大幅提高。更由於許多氣渦輪機製造廠商為配合其擔任功能的變遷(即自原來擔任尖峰運轉或備載運轉的單純發電功能變成全年運轉的汽電共生功能)，乃自1978年第二次世界能源危機後，紛紛推出配合廢熱鍋爐使用的新型燃氣渦輪機組，這些新機型除具備原有的啟動迅速、變載能力強、安裝時間短之優點外，尚具有效率高、可靠性高、可用率高和維修方便等現代機組的特點。所以自1980 年以後，美國所裝設的氣渦輪機組幾乎皆屬於具有以上所述特點的新型氣渦

輪機組。以下所討論和比較的兩種機型(即重負荷型和航空延伸型)，即是以 1980 年以後，歐、美所採用裝設容量在 20 MW 到 50 MW 左右的新型氣渦輪機組型式為比較對象。

　　氣渦輪機不論是重負荷型或航空延伸型，一般都具有下列共同的特點：

1. 運轉彈性大，廠效率高，汽電共生系統的適用性良好。如前所述，單循環運轉的氣渦輪機具有啟動迅速且可靠性高和運轉彈性大之優點，能夠靈活地應付發電系統的負載變化。如配合廢熱鍋爐，更可提高廠熱效率。一般廢熱鍋爐可以回收氣渦輪機排出廢氣熱能達 92%以產生高溫蒸汽。因此，氣渦輪機若能配合廢熱鍋爐使用，則機組不但能發出電力，尚能產生相當量的蒸汽供製程之用，而成為廠熱效率甚高的汽電共生系統。

2. 單位設備重量的出力(Power Density)大，施工性佳。所謂單位設備重量的出力，即設備每單位重量(噸)所能產生的功率(瓩)，機組之單位重量的出力愈大，則表示要產生一定的出力時，所採用機組的重量愈小、愈輕。如前所述，一般氣渦輪機組的體積比一般傳統式發電機組為小，重量較輕，配合的基礎設備也較小，運輸方便、安裝與維修容易，所以裝機與施工的工期很短。

3. 採用模組式(Module Type)設計，施工、安裝與維護性佳。氣渦輪機採用模組式設計，可將附屬設備如潤滑油儲存槽、油冷卻器、控制系統、消音罩、消防系統、燃料供應系統、空氣系統等均裝置在一完整的基座上，只要設計適當的基座和基礎，便可以在最短時間內將整組設備同時安裝在基礎上，維修時，組件之裝卸也非常方便。對於氮氧化物(NO_x)的防治，能夠經由簡易的噴水或噴蒸汽的方法，或採用新發展出來的乾式低氮氧化物燃燒器來控制，將氮氧化物排放量減少到25ppm(15% O_2)。

　　兩種機型的氣渦輪機除具有上述共同的特點之外，尚有以下個別的差異：

1. 重負荷型機組容量選用範圍較大，目前商業化機組的容量從 3 MW 至 240 MW 不等。而在航空延伸型機型方面，雖然傳聞美國奇異(G.E.)公司有意發展 120 MW 熱效率超過 50%的航空延伸型機組：荏原(Ebara)公司和美國聯合科技(United Technologies)公司製造的 25 MW FT-8 機型(另一種該公司生產的所謂 "Twin-Pac" 機型，出力可達 51 MW)，然而真正商業化的機組，容量從 3 MW 至 50 MW 左右。

2. 一般重負荷型氣渦輪機的排氣溫度較航空延伸型者略高,例如重負荷型的Frame 6排氣溫度為540℃比航空延伸型的LM-5000機型的450℃高約90℃,排氣溫度愈高,可以回收的廢氣熱量愈大,產生的蒸汽也愈多,故非常適合做汽電共生系統使用。

3. 航空延伸型係將航空用的氣渦輪機延伸應用至工業用途,源自於1960年代初期,某些特殊工業用途(如海上鑽油平台)需要高的機組可用率(Availability)及小的裝機空間等特別要求,於是將當時航空用氣渦輪機改裝成陸用及船用的工業機型來迎合上述的特別要求。目前航空延伸型機組因組件採用合理化設計和使用許多高強度的合金鋼料,故機身比重負荷型機組的重量輕(如Frame 5或Frame 6型總重量為250噸,LM-2500型為163.6噸,LM-5000型為200噸)。同時,航空延伸型設計的壓縮比也比重負荷型者為高(如Frame 5與Frame 6型之壓縮比分別為10和12,而LM-2500與LM-5000型之壓縮比分別為18和30)。由航空延伸機組的組件輕巧,便於換裝、維修和運輸,甚至因主要組件如氣渦輪機、動力輪機等吊裝和運輸作業都很方便,故組件遇有需要檢修時,即直接以備品替換,再將換下的組件送廠修理。雖因航空延伸型機件設計略為精密,三級保養與修護需送至廠家指定的工廠進行檢修及保養,但換裝全套氣渦輪機組件需時僅1~2天,換裝完畢後機組可以繼續運轉。由於換裝組件而造成機組停機的時間很短,故機組縱然故障停機,也不致影響生產太大,此乃航空延伸型機組之最大的長處。相對的,重負荷型機組組件的設計不如航空延伸型機組組件之輕巧而精密,故雖然故障要修理時,組件不必送至廠家指定的工廠檢修,而直接在現場即可進行維護檢修,但因無換裝之便,要將機組修復後再繼續運轉,需費些時日。至於航空延伸型機組的壓縮比,較之重負荷型機組者為高,由此表示航空延伸型機組的效率比重負荷型機組的效率為高(約高2至6%),亦即航空延伸型機組的熱耗率(kJ/kWh)較低(表5.1)。重負荷型機組因未使用許多合金鋼料,故在20~50 MW大小範圍的機組,其初期投資成本較低。

4. 重負荷型氣渦輪機,除了設計可以燃用天然氣和輕油之外,有些尚可燃用#6重油,故當其燃用重油時,營運費用(燃料費)可以大幅降低。但因重油含有鉀、納、鈣等鹽類成份和少量的釩等重金屬,易對氣渦輪機葉片造成嚴重的腐蝕,並影響機組的壽命。根據歐、美各國和台電的運轉維修的經驗,

氣渦輪機均不宜使用重油為燃料。台電公司現有燃重油的重負荷型機組，約 150～200 操作小時需要停機清洗一次，因此反而降低機組的可靠性，故燃用低質油料僅適合使用於大電力網路中之機組，因可配合備載機組，輪流停機清洗。台電自民國 83 年起中油天然氣供應充裕時，已將該等機組改燃液化天然氣。

兩種機型之詳細比較數據，請參考表 5.1。

表 5.1　典型重負荷型與航空延伸型氣渦輪機組比較

項目	重負荷型		航空延伸型	
	Frame 5	Frame 6	LM-2500	LM-5000
1. 應用範圍	發電用及汽電共生	同左	同左	同左
2. 主要特性				
・出力／重量比(kWh/ton)(ISO Base)	130	140	160	180
・燃料	天然氣、輕柴油、重油	同左	天然氣、輕柴油	同左
・燃料供應壓力(kPa)				
氣體燃料	1900	2068	2760～4140	4830～6200
液體燃料	69～345	同左	同左	同左
・性能(以 27℃-85% RH 13.8 kV/60 Hz 0.9 功率因素)				
熱耗率(kJ/kWh)				
－天然氣(LHV)	13080	11495	10664	10646
－輕柴油(LHV)	13294	11553	10788	10910
熱效率				
－天然氣	27.2%	31.4%	33.8%	33.9%
－輕柴油	27.1%	31.2%	33.4%	33.0%
發電容量(kW)				
－天然氣	23500	36950	20653	29660
－輕柴油	23200	36535	21195	31040
排氣溫度(℃)				

表 5.1　典型重負荷型與航空延伸型氣渦輪機組比較(續)

	重負荷型		航空延伸型	
一天然氣	493	546	537	457
一輕柴油	494	546	547	454
進口空氣流量(kg/s)				
一天然氣	116	130	63	111
一輕柴油	116	130	64	118
輔助電力需求(kW)				
一天然氣	115	185	98	120
一輕柴油	145	235	128	160
・壓縮比	10	12	18	30
3.施工性				
・設備大小 (L×W×H)(m)	30.5×3.6×7.3	同左	20.7×4.1×9.3	25.6×4.1×11.0
・重量(Ton)	250	同左	144	200
・交貨時間(月)	12	14〜15	9	12
・安裝時間(週)	12〜14	8〜12	4〜6	5〜7
・全部工期(月)	15	18	11	14
・交貨前之裝配工廠測試	無(現場測試)	同左	工廠滿載測試	同左
4.操作性				
・由啟動至滿載的時間(min)	13	15	5	同左
・控制	自動遙控	同左	同左	同左
・氮氧化物(NO_x)排放濃度(ppm VD@15% O_2)				
噴水／噴蒸汽	基本／替代	基本／替代		
一天然氣	42/42	42/42　25/25	42/25	同左
一輕柴油	65/65	65/65　23	42/75	同左
・噪音(dBA)	93　85	85	同左	同左

表 5.1　典型重負荷型與航空延伸型氣渦輪機組比較(續)

	重負荷型		航空延伸型	
5.維護性				
・主要配件	少	同左	多	同左
・目視檢查	管視鏡	同左	同左	同左
・維修頻率／停機時間				
燃燒器檢視	運轉8000小時／約6班次 每班次8小時(10人／時)	運轉8000小時／約7班次 每班次8小時(10人／時)	運轉4000～8000小時／8小時(2人／時)	同左
氣渦輪機熱段更換	運轉24000小時／約8班次 每班次8小時(15人／時)	運轉24000小時／約10班次 每班次8小時(15人／時)	運轉25000小時／48小時(5人／時)	同左
大修	運轉48000小時／約19班次 每班次8小時(35人／時)	運轉48000小時／約23班次 每班次8小時(35人／時)	運轉50000小時／48小時(5人／時)	同左
6.使用性				
・負載型式	尖、中、基載	同左	同左	同左
・變速齒輪	需要	同左	不必	同左
7.可用率				
・平均可用率	93.9%	同左	96.3%	同左
・出力遞減與運轉時間	4%／8500小時	同左	4%／25000小時	同左
・熱耗率遞減與運轉時間	2%／8500小時	同左	1%／25000小時	同左
8.可靠率				
・計畫停機率		3.7%	1.2%	同左
・強制停機率		2.5%	同左	同左
9.成本				
・設備成本(US$)	6600000	9000000	8500000	12400000
・設備成本(US$/kW)(ISO Base	(281)	(203)	(367)	(339)
・運轉維護成本(US$/kWh)		0.9×10^{-3}	2.6×10^{-3}	2.8×10^{-3}

二、廢熱鍋爐(Heat Recovery Steam Generator，HRSG)

　　廢熱鍋爐的功用是利用氣渦輪機發電作功後的排氣餘熱加以回收，熱回收之方式有：(1)將高溫排氣送至廢熱鍋爐內，加熱飼水使其變成蒸汽，供製程使用，(2)利用熱交換器，直接做加熱利用。整體系統之能源使用效益與氣渦輪機排氣能量的回收多寡有關，如能減低廢熱鍋爐煙囪之排氣溫度(如使用天然氣時，因硫氣露點可以降低，煙囪之排氣溫度即可較低)，則可增加廢熱能源回收效果，使其能源使用效率提高。廢熱鍋爐之設計，按使用目的不同而可分為(1)不添加燃料型，(2)添加燃料型，及(3)添加燃料完全燃燒型。

1.　不添加燃料型廢熱鍋爐

　　此型係最簡單的廢熱鍋爐型式，僅採用氣渦輪機排氣之廢熱，而不另外添加燃料。「不添加燃料廢熱鍋爐」之基本原理與對流型熱交換器之基本原理相同，一般此型鍋爐最多可以有效回收氣渦輪機排出廢氣中約 92%之熱能。若需要更高的熱回收性能，則必須分析增加熱傳面積的成本，以詳細評估增加熱傳面積所做的投資是否值得。

2.　添加燃料型廢熱鍋爐(Supplementary Fired HRSG)

　　若工廠的蒸汽需求量超過上述「不添加燃料廢熱鍋爐」的產能時，就必須採用「添加燃料型廢熱鍋爐」，其原理是利用氣渦輪機排出之廢氣所含的氧氣與加入廢熱鍋爐的添加燃料混合燃燒，通常限制其平均燃燒溫度不得超過870℃。此種廢熱鍋爐基本上仍為對流型熱交換器的設計，與「不添加燃料型廢熱鍋爐」的設計相類似。

　　「添加燃料型廢熱鍋爐」的操作原理與一般傳統式鍋爐也很類似，所不同的是傳統式鍋爐產生助燃作用的氧氣是來自大氣中的新鮮空氣(溫度較低)，而「添加燃料型廢熱鍋爐」藉以產生助燃作用的氧氣，則是氣渦輪機排氣中所含的殘氧(含氧量約15%)，氣渦輪機排氣(廢氣)的溫度比新鮮空氣溫度高很多，所以，此型鍋爐類似傳統式鍋爐加裝高溫空氣預熱器或煙道再循環系統。因為燃燒後的空氣溫度甚高，所以在產生相同蒸汽量的條件下，「添加燃料型廢熱鍋爐」的燃料消耗量比傳統式鍋爐的燃料消耗量少。若以天然氣為燃料時，假設平均燃燒溫度為 760℃時，「添加燃料型廢熱鍋爐」就比傳統式鍋爐約節省10至20%左右之燃料。

3. 添加燃料完全燃燒型廢熱鍋爐(Fully Fired HRSG)

一般上述的「添加燃料型廢熱鍋爐」，因爐管設計及構造的原因，常需限制其燃燒溫度(如最高至870℃)，故上述的「添加燃料型廢熱鍋爐」所產生的蒸汽量有時仍無法滿足較大的蒸汽需求量，此時就應改變廢熱鍋爐的設計(如加裝water wall等)以符合較大的蒸汽需求量，這種改變後的設計，就是所謂的「添加燃料完全燃燒型廢熱鍋爐」。一般「添加燃料完全燃燒型廢熱鍋爐」的蒸汽產能比「不添加燃料型廢熱鍋爐」實際提高的蒸汽產能則需視氣渦輪機的排氣溫度與其含氧量而定。若以天然氣爲燃料，則通常將「添加燃料完全燃燒型廢熱鍋爐」設計爲經燃燒後排至煙囪的煙氣殘氧量，自氣渦輪機排氣的15%殘氧量，降爲3%左右的殘氧量。在相同蒸汽產能條件下，「添加燃料完全燃燒型廢熱鍋爐」比傳統式鍋爐節省燃料約7.5至8%。

此外，廢熱鍋爐按其內，外形狀構造及爐水循環方式，又可分爲臥式自然循環鍋爐與立式強制循環鍋爐兩種，分別說明如下：

1. 臥式自然循環鍋爐

臥式自然循環鍋爐內部爐管的排列爲長的直立管排，利用氣渦輪機排出的廢氣形成交叉流向，以提高循環比率得到佳的熱傳效果。廢熱氣體以水平流向進入廢熱鍋爐，垂直的飼水管有利於蒸汽的蒸發經由昇流管進入汽鼓，而凝結水經由降流管回到泥鍋鼓(Mud Drum)。由於不需要飼水循環泵，故其運轉維護成本較低，操作也較可靠，但由於採用自然循環方式，鍋爐本體所佔體積較大，故總造價成本比強制循環鍋爐者爲高。在歐、美、日各國目前均較趨向於採用臥式自然循環鍋爐，以取代老舊的立式強制循環鍋爐。

2. 立式強制循環鍋爐

立式強制循環鍋爐內部管的排列爲橫列，故需要靠動力強制循環以幫助飼水經由水平管進入汽鼓中產生蒸汽，廢熱氣體以垂直流向進入廢熱鍋爐以加熱飼水產生蒸汽。立式強制循環鍋爐由於體積較小，故建造成本比自然循環鍋爐者便宜，但增加額外的飼水循環泵，使得運轉維護成本提高，且操作上也較複雜。

自然循環鍋爐與強制循環鍋爐的特性比較如下：

1. 由於自然循環鍋爐熱慣性較慢，因此啟機時間較強制循環鍋爐者為長。

2. 強制循環鍋爐由於需要靠循環水泵來幫助飼水循環，因此產生系統故障的機率較大，可用率較差。同時每段不同蒸汽壓力需要各自的循環水泵，循環水管利用泵動力輸送，管路內部壓力較高，焊接或密封處較易發生洩漏；在彎頭處由於管內流速高、沖蝕與腐蝕較嚴重。

氣渦輪發電機組複循環(Combined Cycle)汽電共生系統

此種汽電共生系統的簡單流程如圖 5.7 所示：

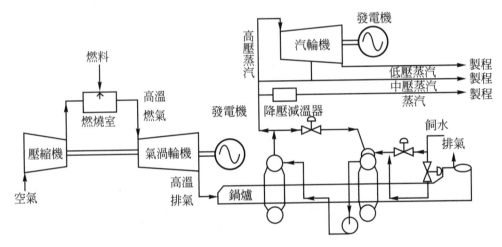

圖 5.7　氣渦輪機複循環系統

本系統之主要設包括氣渦輪機(含空氣壓縮機、燃燒室、氣渦輪機)、廢熱鍋爐(含附屬設備如飼水泵和配管等)、降壓減溫器、蒸汽輪機、發電機及附屬設備(電氣儀表、自動控制及污染防治設備)等。

本系統之操作原理與氣渦輪發電機組廢熱鍋爐系統之操作原理相似，差異處是本系統的廢熱回收鍋爐，所產生的蒸汽直接驅動蒸汽輪機發電機組，也可由汽輪機抽取適當壓力與溫度之蒸汽，提供製程熱能使用。當汽輪發電機組檢修或負載降低時，亦可以高壓高溫蒸汽經由降壓減溫器(Desuperheater)直接提供製程使用。

▶ 5.5　汽電共生系統之選擇

汽電共生系統的選擇通常基於下列各種因素：

(1)　使用燃料的種類(Fuel Availability)

(2)　電力與蒸汽量比率(Power/Steam Ratio)

(3)　環境考慮(Environmental Concerns)

(4)　建造工期(Construction Duration)

(5)　成本費用(Cost)

　　規劃時應依據機組之建造性(Constructability)、運轉性(Operability)、維修性(Maintainability)、營運性(Serviceability)、可用性及可靠性(Availability & Reliability)以及成本(Cost)等條件配合上述因素詳加考慮。

1.　液體燃料(油類燃料)和氣體燃料

　　一般中油出產的液體燃料包括重油、輕柴油和JP4等三種油料。一般燃油的傳統式鍋爐是以重油為主要燃料，因此可以選擇以鍋爐產生蒸汽來推動蒸汽輪機的汽電共生系統。雖然重油也有使用於氣渦輪機複循環機組者，然而氣渦輪機使用重油燃料時，其運轉與維護比較困難(重油水洗設備操作原理相當繁複，而且佔地又大)，使用重油也縮短機組的壽命，同時還需加裝環保設備，對於小機組而言，並不經濟，目前歐、美國家所有的氣渦輪機組，幾乎不燃重油。

　　假如考慮使用"乾淨燃料"(Clean Fuel)(如天然氣、輕柴油或 JP4)時，則可以選擇一般傳統式的系統如背壓式汽輪機組和抽汽／冷凝式機組，也可以選擇氣渦輪機組型式或內燃機組型式的汽電共生系統。至於要選擇氣渦輪機組或內燃機組，則要視其它條件的配合而定，譬如發電量大於 3 MW以上的系統，以選擇氣渦輪機型式為宜，柴油機系統以小型系統為主，同時需要熱水量或低壓蒸汽很多的情況較適宜。

　　一般以天然氣或輕柴油為燃料時，傳統式的汽電共生系統(如背壓式或抽汽／冷凝式)的熱耗率(Heat Rate)比氣渦輪機或柴油機的熱耗率高，亦即前者比後者效率差。故以天然氣或輕柴油為燃料時，以選擇氣渦輪機型式的汽電共生系統為佳。

2.　基於電力與蒸汽量比率的考慮

　　因每一工廠之汽電共生系統需要產生多少電力(即發電量)和產出多少蒸汽量有所不同，亦即電力與蒸汽量的需求比例不同，所以，不同的需要，應選擇不同的汽電共生系統。通常以發電為主，即「電力與蒸汽量比率」高的

汽電共生廠，宜選擇複循環機組；相反的若以供應製程蒸汽為主，亦即「電力與蒸汽量比率」低的汽電共生廠，則宜選擇背壓式汽輪機組。如果要兼顧發電和蒸汽時，則可採用抽汽／冷凝式汽輪機和鍋爐的機組或氣渦輪機配合廢熱鍋爐機組。但因抽汽、冷凝式機組經由冷卻循環水帶走的熱量很大，廢熱效率不佳，因此選擇此種汽電共生系統時宜特別注意水源之取得。

3. 基於環境的考慮

(1) 粒狀污染物(Particulate Matter)

依據能源局對汽電共生廠所做污染調查報告，排氣量由 336 Nm^3/min 至 2522 Nm^3/min 間之一般燃重油鍋爐其粒狀污染物排放濃度在 50 mg/Nm^3 以下。煤與石油焦混燒，排廢氣量由 470 Nm^3/min 至 5820 Nm^3/min 之鍋爐，其排放濃度在 20～144 mg/Nm^3，此種粒狀污染物需藉加裝靜電集塵器(Electrostatic Precipitator)或袋式過濾器(Bag Filter)來解決。燃燒(液化)天然氣則不產生粒狀污染物，故基於環保的考慮，本汽電共生系統宜選擇天然氣為燃料。

(2) 硫氧化物(SO_x)

燃燒設備燃燒後的煙氣中含硫氧化物之濃度，隨燃料的含硫量不同及排氣量多寡而異。一般含硫量0.6%以下可以符合環保法規，如要燃高硫燃料時，則需加裝排煙脫硫設備，如加裝濕式石灰、石灰石法、氫氧化鎂泥漿吸收法、鈉基吸收法、半乾式洗滌氣法、乾式吸收劑注入法、海水法等除硫設備或系統來解決硫氧化物之污染，則燃料成本會提高更多。燃燒液化天然氣(含硫量 0.05% W_t 以下)時則不產生硫氧化物。

(3) 氮氧化物(NO_x)

各種燃料燃燒後廢氣中氮氧化物濃度，可以利用階段燃燒法、排氣循環法、水或蒸汽注入法、低NO_x燃燒器、選擇觸媒轉換器(SCR)等技術來改善。

(4) 廢棄物處理

一般鍋爐燃用重油時，除產生前述的空氣污染物(粒狀污染物、硫氧化物和氮氧化物等)外，相當量的油灰主要為未燃碳(Unburned Carbon)處理起來也相當麻煩，機組若裝有靜電集塵器的鍋爐，則此油灰易聚集於靜

電集塵器上，一般把經收集後的油灰送回鍋爐內燃燒或送到另外興建的焚化爐焚燒後再予以掩埋處理。若氣渦輪機使用重油的話，廢棄物更多，處理起來更是麻煩，因為重油內含有鉀、鈉、鈣等鹽類成份和少量的釩等重金屬，若不設法先除去，將會對氣渦輪機葉片造成嚴重的腐蝕。

處理上述水溶性鹽類的方法是先利用水洗法，將油和鹽類先行分離，鹽類則溶於水中，然後藉離心機(Centrifugal)或靜電除鹽器(Electrostatic Desalter)將油、水先行分離，再利用除鹽器下游的過濾器濾除大於 5μm 以上的雜質。因為釩等重金屬並非水溶性，而是屬於油溶性，所以無法藉水洗或機械方法，加以分離。為了防止釩類對機組的腐蝕，必須在油料中加入鎂氧化物以提高油灰的熔點使達運轉溫度之上，而使油灰於一般運轉情況下，不會在葉片上產生熔融現象，以免造成葉片的腐蝕現象，通常劑量的配比大概是鎂與釩的比例為 3：1 到 3.5：1 左右。

氣渦輪機使用重油時，除上述重油預處理設備的設計與運轉複雜之外，其下游的廢棄物處理也是相當麻煩，並且佔地太大，所以從環保的觀點，若選擇重油為燃料，則不宜選擇氣渦輪機組。

(5)　噪音

目前各類機型的噪音量(離設備 1 m 處 1.5m 高)為 85 dBA，符合工業安全衛生法規 90 dBA 之規定。但為了提高工作環境品質，可採用硬體設備，如裝設消音器、防音罩、隔音牆等以降低噪音源，亦可規定廠商供應低振動及低噪音之汽電共生設備。

(6)　熱污染

目前各型機組中，以抽汽／冷凝式汽電共生系統之熱損失最大，也就是造成最多的熱污染，背壓式汽電共生系統的熱損失最小，所造成的熱污染也最少，氣渦輪機組汽電共生系統的熱污染則居於二者之間。

4.　基於建造工期的考慮

一般 35～40 MW 左右的汽電共生系統，視所選用之機組不同，從主設備開始設計至建造完工約在 2 至 4 年之間，茲略述如下：

(1)　傳統式(背壓式或抽汽／冷凝式)蒸汽輪機組

①　燃煤機組：需時 36 至 48 個月。

② 燃油或燃天然氣機組：需時 20 至 30 個月。

(2) 氣渦輪機與廢熱鍋爐機組需時 15 至 22 個月。

(3) 複循環氣渦輪機組 20～24 個月。

由以上所述，以氣渦輪機與廢熱鍋爐機組的建廠需時最短，對於面臨限電危機問題的解決之道，條件最有利。

5. 基於成本費用之考慮

(1) 高壓鍋爐產生 150 T/H 的高壓高溫蒸汽，以驅動 15 MW 背壓式汽輪發電機組，排出的蒸汽供製程工廠使用，投資金額約三千萬美金。

(2) 高壓鍋爐產生 150 T/H 的高壓高溫蒸汽，以驅動 20～30 MW 的抽汽／冷凝式汽輪發電機組，抽出的蒸汽供製程工廠使用，投資金額約三千二百萬美金。

(3) 氣渦輪發電機組發電容量約 35～40 MW，配合廢熱鍋爐產生 150 T/H 蒸汽供製程使用，投資金額約一千七百萬美金。

▶ 5.6　汽電共生現況

台灣為能源蘊藏貧乏地區，97%以上之能源均仰賴進口，故必須珍惜而加以有效利用。汽電共生為促進能源有效利用之重要技術之一。因此，政府及台電公司均訂定優惠措施，鼓勵用戶發展汽電共生系統。

1. 訂定優惠措施鼓勵汽電共生之設置

設置汽電共生業者，除可享受政府低利貸款，加速折舊等獎勵外，台電公司並配合實施下列措施：

(1) 成立汽電共生服務隊，為業者提供諮詢、技術支援及代訓服務。

(2) 訂定合格汽電共生用戶備用電力供應辦法。

(3) 訂定合格汽電共生用戶剩餘電力收購優惠辦法。

(4) 於 81 年 8 月 1 日成立台灣汽電共生公司，並積極展開業務。

2. 汽電共生用戶

(1) 以工業製程為大宗者，如：食品、紡織、造紙、石油化學、石油精煉、鋼鐵、水泥、垃圾焚化、醫院、礦業等。

　(2)　台灣地處亞熱帶，大型觀光旅館、醫院及綜合商業大樓等發展汽電共生較
　　　具潛力。

3.　合格汽電共生系統裝置容量(表 5.2 及圖 5.8)

表 5.2　行業別統計廠商家數及裝置容量(93.8.10)

行業別	家數	總裝置容量(瓩)	所佔比率(%)	
食品	10	72850	1.01	其中台糖 6 家(93.02.12)
化纖	12	900351	12.44	
紡織	5	55880	0.77	
造紙	9	230861	3.19	
石化	13	3267723	45.14	
塑膠	7	678720	9.38	
基本化工	3	33300	0.46	
油氣煉製	4	505000	6.98	
水泥	1	25100	0.35	
鋼鐵	1	468700	6.47	
氣體燃料供應	1	500	0.01	
汽電共生	4	391264	5.40	
公共行政服務	25	570759	7.88	
電子	1	38000	0.52	
其他	1	100	0.00	
合計	97	7239108	100	

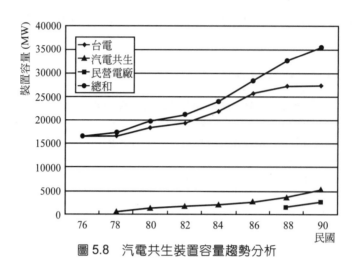

圖 5.8　汽電共生裝置容量趨勢分析

▶ 5.7　區域冷暖系統設計

1.　冷暖系統設計

　　規劃大型商業區、工業區、住宅或社區能源系統所需的區域冷暖房
(District Heating and Cooling，DHC)及電力均能滿足需求(如圖 5.9 所示)，
且提供居民一個安全、健康、環保而又符合經濟效益的舒適環境，須要有
能源科技經驗的工程師才能達成。

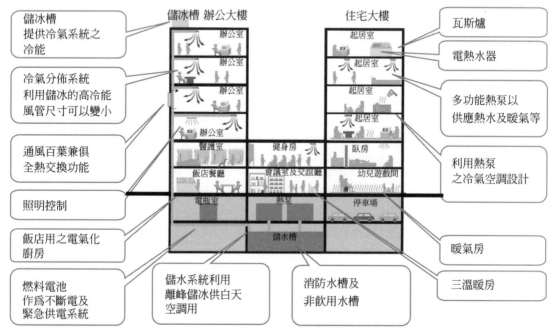

圖 5.9　區域冷暖設計實例

　　目前台灣推行區域冷暖系統面臨的阻力為：(1)氣價高但電價便宜,(2)需能配合儲冰調節尖峰與離峰之空調用電,目前電價尖離峰價差不顯著,(3)相關設備成本應能夠再降低；上述三個問題需解決才能順利推展。

　　以下為區域溫暖設計實例,包括冷卻、加熱加濕、冷卻除濕、冷卻除濕加熱,供參考。

例 空氣在 1 atm,32℃與30%相對濕度以18 m/s進入一40 cm直徑的冷卻器,熱從空氣以 1200 kJ/min 的速率被移走,求(1)出口溫度,(2)空氣的出口相對濕度,及(3)出口速度。

解 假設：1. 為穩流過程($\dot{m}_{a1} = \dot{m}_{a2} = \dot{m}_a$)

　　　　2. 乾空氣及水蒸汽均為理想氣體

　　　　3. 動能及位能變化均忽略不計

分析：(1)空氣在冷卻過程水份固定($\omega_1 = \omega_2$)

　　　空氣入口條件由空氣濕度線圖得知

　　　$h_1 = 55.0$ kJ/kg 乾空氣

　　　$\omega_1 = 0.0089$ kg H_2O/kg 乾空氣 $(=\omega_2)$

　　　$v_1 = 0.877$ m³/kg 乾空氣

　　　空氣流經冷卻器之質量流率

　　　$\dot{m}_a = \dfrac{1}{v_1}\vec{V}_1 A_1 = \dfrac{1}{(0.877 \text{ m}^3/\text{kg})}(18 \text{ m/s})\left[\pi \times \dfrac{(0.4)^2}{4} \cdot \text{m}^2\right]$

　　　　　$= 2.58$ kg/s

　　　空氣在冷卻器內的能量平衡

　　　$-Q_{out} = \dot{m}_2 (h_2 - h_1)$

　　　$(-1200/60)$kJ/s $= (2.58 \text{ kg/s})(h_2 - 55.0)$ kJ/kg

　　　$h_2 = 47.2$ kJ/kg 乾空氣

　　　由出口空氣條件之h_2及ω_2由空氣濕度線圖得知

　　　$T_2 = 24.4$℃

(2)$\phi_2 = 46.6\%$

　　　$v_2 = 0.856$ m³/kg 乾空氣

(3)出口的空氣流速

$$\dot{m}_{a1} = \dot{m}_{a2} \rightarrow \frac{\dot{V}_1}{v_1} = \frac{\dot{V}_2}{v_2} \rightarrow \frac{\vec{V}_1 A}{v_1} = \frac{\vec{V}_2 A}{v_2}$$

$$\vec{V}_2 = \frac{v_2}{v_1}\vec{V}_1 = \frac{0.856}{0.877}(18 \text{ m/s}) = 17.6 \text{ m/s}$$

例　一空調系統由一個加熱器及一個供給100℃之飽和水蒸汽的加濕器組成，壓力為1 atm。空氣在10℃，70%RH，以35 m³/min的流率進入加熱器，離開加濕器時為20℃，60%RH，求(1)空氣在離開加熱器時的溫度與相對濕度，(2)在加熱器之熱傳率，(3)在加濕器加至空氣的加水率。

解　假設：1. 為穩流過程($\dot{m}_{a1} = \dot{m}_{a2} = \dot{m}_a$)

2. 乾空氣及水蒸汽均為理想氣體

3. 動能及位能變化均忽略不計

分析：入口及出口空氣條件為已知，由空氣濕度線圖得知

$h_1 = 23.5$ kJ/kg 乾空氣

$\omega_1 = 0.0053$ kg H₂O/kg 乾空氣 ($=\omega_2$)

$v_1 = 0.809$ m³/kg 乾空氣

$h_3 = 42.3$ kJ/kg 乾空氣

$\omega_3 = 0.0088$ kg H₂O/kg 乾空氣

分析：(1)空氣的水分在經過加熱器為固定($\omega_1 = \omega_2$)，在加濕器時則水份增加($\omega_3 > \omega_2$)，乾空氣質量流率為

$$\dot{m}_a = \frac{\dot{V}_1}{v_1} = \frac{35 \text{ m}^3/\text{min}}{(0.809 \text{ m}^3/\text{kg})} = 43.3 \text{ kg/min}$$

但是$Q = W = 0$，在加濕器之能量平衡為

$$\dot{E}_{\text{in}} - \dot{E}_{\text{out}} = \Delta \dot{E}_{\text{system}}(穩態) = 0$$

$$\dot{E}_{\text{in}} = \dot{E}_{\text{out}}$$

$$\Sigma \dot{m}_i h_i = \Sigma \dot{m}_e h_e \rightarrow \dot{m}_w h_w + \dot{m}_{a2} h_2 = \dot{m}_a h_3$$

$$(\omega_3 - \omega_2)h_w + h_2 = h_3$$

$$h_2 = h_3 - (\omega_3 - \omega_2)h_{g100℃} = 42.3 - (0.0088 - 0.0053)(2676.1)$$

= 32.9 kJ/kg 乾空氣

在加熱器出口 ω = 0.0053 kg H_2O/kg 乾空氣，h_2 = 32.9 kJ/kg 乾空氣，為固定，由空氣濕度線圖得知

T_2 = 19.4℃

ϕ_2 = 37.8%

(2)加熱器之熱傳率為

$\dot{Q}_{in}$ = $\dot{m}_a(h_2-h_1)$ = (43.3 kg/min)(32.9 − 23.5)kJ/kg

= 407 kJ/min

(3)在加濕器加到空氣的加水率，依質量平衡

$\dot{m}_w$ = $\dot{m}_a(\omega_3-\omega_2)$ = (43.3 kg/min)(0.0088 − 0.0053)

= 0.15 kg/min

例 空氣在 1 atm，32℃ 與 70%RH 以 3 m^3/min 的流率進入一窗型空調機，而以 12℃ 的飽和空氣離開，凝結過的水份在 12℃ 被移除，求空氣的熱與水份移除率。

解 假設：1. 為穩流過程($\dot{m}_{a1} = \dot{m}_{a2} = \dot{m}_a$)

2. 乾空氣及水蒸汽均為理想氣體

3. 動能及位能變化均忽略不計

分析：空氣之入口及出口條件均已知，由空氣濕度線圖可查得

h_1 = 86.4 kJ/kg 乾空氣

ω_1 = 0.0212 kg H_2O/kg 乾空氣

v_1 = 0.894 m^3/kg 乾空氣

及

h_2 = 34.1 kJ/kg 乾空氣

ω_2 = 0.0087 kg H_2O/kg 乾空氣

且

$h_w \cong h_{f12℃}$ = 50.4 kJ/kg

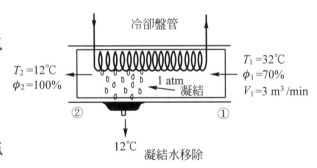

分析：(1)由於濕移空氣含水分減少($\omega_2 < \omega_1$)，由空氣質量流率

$$\dot{m}_{a1} = \frac{\dot{V}_1}{v_1} = \frac{3\ m^3/min}{(0.894\ m^3/kg\ 乾空氣)} = 3.356\ kg/min$$

利用水的質量和能量平衡方程式計算冷卻和除濕過程

水質量平衡

$$\Sigma \dot{m}_{w,i} = \Sigma \dot{m}_{w,e} \rightarrow \dot{m}_{a1} \omega_1 = \dot{m}_{a2} \omega_2 + \dot{m}_w$$

$$\dot{m}_w = \dot{m}_a (\omega_1 - \omega_2) = (8.95 \text{kg/min})(0.0212 - 0.0087)$$

$$= 0.112 \text{ kg/min}$$

能量平衡

$$\dot{E}_{in} - \dot{E}_{out} = \Delta \dot{E}_{system} (穩態) = 0$$

$$\dot{E}_{in} - \dot{E}_{out}$$

$$\Sigma \dot{m}_i h_i = \dot{Q}_{out} + \Sigma \dot{m}_e h_e$$

$$\dot{Q}_{out} = \dot{m}_{a1} h_1 - (\dot{m}_{a2} h_2 + \dot{m}_w h_w) = \dot{m}_a (h_1 - h_2) - \dot{m}_w h_w$$

$$\dot{Q}_{out} = (3.356 \text{ kg/min})(86.4 - 34.1) \text{kJ/kg} - (0.112 \text{ kg/min})(50.4 \text{ kJ/kg})$$

$$= 170 \text{ kJ/min}$$

例 一空調系統空氣入口為 1 atm，34℃與 70%RH，出口為 22℃，50%RH，空氣
先經冷卻盤管冷卻及除濕後，再經電熱器加熱至希望的溫度。假設凝結水在
10℃從冷卻過程移除，求(1)空氣進入加熱器前之溫度，(2)在冷卻部份移除的熱
量，(3)在加熱部份的熱傳量，兩者均以 kJ/kg 乾空氣表示。

解 假設： 1. 為穩流過程$(\dot{m}_{a1} = \dot{m}_{a2} = \dot{m}_a)$

2. 乾空氣及水蒸汽均為理想氣體

3. 動能及位能變化均忽略不計

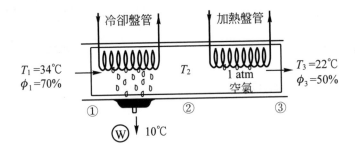

分析：(1)空氣水分減少由於除濕$(\omega_3 < \omega_1)$，在加熱過程水分維持固定$(\omega_2 = \omega_3)$，
入口及出口空氣條件均為已知，全壓為 1 atm，中間段(狀態 2)亦為已

知$\phi_2 = 100\%$，且$\omega_2 = \omega_3$，由空氣濕度線圖可查出此三個狀態之空氣條件。

　　$h_1 = 95.2$ kJ/kg 乾空氣

　　$\omega_1 = 0.0238$ kg H_2O/kg 乾空氣

及

　　$h_3 = 43.1$ kJ/kg 乾空氣

　　$\omega_3 = 0.0082$ kg H_2O/kg 乾空氣($= \omega_2$)

且

　　$h_w \cong h_{f10℃} = 42.0$ kJ/kg

　　$h_2 = 31.8$ kJ/kg 乾空氣

　　$T_2 = 11.1℃$

(2)在冷卻盤管的熱量移除，利用能量方程式計算

　　$\dot{E}_{in} - \dot{E}_{out} = \Delta\dot{E}_{system}(穩態) = 0$

　　$\dot{E}_{in} - \dot{E}_{out}$

　　$\Sigma\dot{m}_i h_i = \Sigma\dot{m}_e h_e + \dot{Q}_{out,cooling}$

　　$\dot{Q}_{out,cooling} = \dot{m}_{a1}h_1 - (\dot{m}_{a2}h_2 + \dot{m}_w h_w) = \dot{m}_a(h_1 - h_2) - \dot{m}_w h_w$

　　或以每 kg 乾空氣計算

　　$q_{out,cooling} = (h_1 - h_2) - (\omega_1 - \omega_2)h_w$

　　　　　　　　$= (95.2 - 31.8) - (0.0238 - 0.0082)42.0$

　　　　　　　　$= 62.7$ kJ/kg 乾空氣

(3)在加熱器盤管每 kg 乾空氣之加熱量

　　$q_{in,heating} = h_3 - h_2 = 43.1 - 31.8 = 11.3$ kJ/kg 乾空氣

2. 有效利用蒸汽熱能

　　區域冷暖房系統設計最主要須善加利用蒸汽熱能，此蒸汽熱能可以用在雙效吸收式冷凍主機(COP = 1.0~1.2)，1 冷凍噸所需蒸汽約 4.4 kg/h @0.6 MPa，210℃)，流程圖詳圖 5.10 所示，整合空調系統利用共同管路輸送冷、暖氣及熱水至各使用地區，使系統達到總熱效率超過80%。

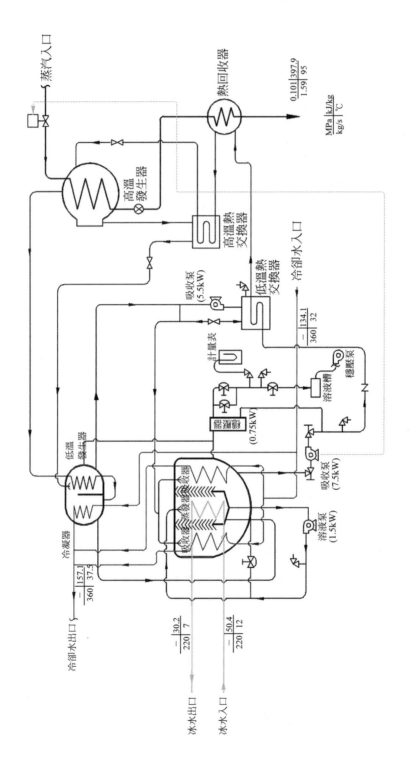

圖 5.10 雙效吸收式冷凍系統流程圖

6

泵浦、壓縮機及送風機之性能

　　輸送流體之設備如泵浦、壓縮機及送風機等均稱為流體機械。泵浦主要之輸送之流體為水或其它液體，壓縮機所輸送之流體為空氣、天然氣或其它氣體，送風機為輸送空氣、氣體或排送廢氣等，茲分述如下：

泵性能曲線及管路壓降計算：

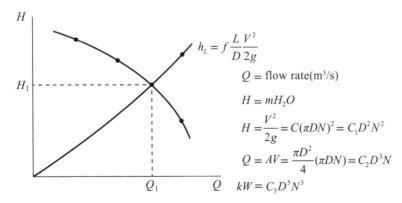

$$h_L = f \frac{L}{D} \frac{V^2}{2g}$$

Q = flow rate(m³/s)

$H = mH_2O$

$$H = \frac{V^2}{2g} = C(\pi DN)^2 = C_1 D^2 N^2$$

$$Q = AV = \frac{\pi D^2}{4}(\pi DN) = C_2 D^3 N$$

$$kW = C_3 D^5 N^3$$

System resistance，H_L：Final Discharge-Inlet Suction h_1

+ Pipe friction loss $h_L = f \dfrac{L}{D} \dfrac{V^2}{2g}$

+ Fitting loss equivalent length，h_f

$H_L = h_1 + h_L + h_f$

▶ 6.1　送風機

送風機(Fans)係利用能量來輸送空氣或氣體之設備，送風機由葉輪或葉片組成，利用葉片將空氣或氣體排出，所需求的馬力視空氣或氣體之流率經過送風機後的壓差及風機與馬達的效率而定。

1. 軸馬力或理論馬力

$$kW = \frac{Q \cdot \Delta P}{\eta_f \cdot \eta_m} = \frac{\rho QH}{C\eta_f \cdot \eta_m} \tag{6.1}$$

Q　：空氣入口流率，m^3/s

ΔP：經過風機增加之壓力，kPa

η_f　：風機效率(離心式 45～90%，軸流式 85～90%)

η_m　：馬達效率

H　：流體經過風機增加之壓力，m 水柱

ρ　：水的密度，$1000\ kg/m^3$

$C = 102\ kg\text{-}m/s$ (單位換算常數，$1\ kW = 102\ kg\text{-}m/s$)

2. 送風機的性能

$$V = \pi DN$$

$$Q = AV = \frac{\pi}{4}D^2 \cdot \pi DN = C_1 D^3 N$$

$$H = \frac{V^2}{2g} = \frac{(\pi DN)^2}{2g} = C_2 D^2 N^2$$

$$kW = Q \cdot H = C_3 D^5 N^3$$

D：風機葉輪直徑(m)

N：風機轉速(rpm)

例 (1)有一水泵浦流量為 $2\ m^3/s$，出口揚程 10 m 水柱，若泵浦效率為80%，試計算其驅動馬力(kW)，若馬達效率為95%，則須選用多大之馬達(kW)，請取整數。

(2)有一離心送風機風量為 $10\ Nm^3/s$，出口全壓為 1.0 kPa，送風機效率為70%，求所需軸馬力為多少(kW)？

$\rho_{\text{air}} = 1.2$ kg/m³，$\rho_{\text{water}} = 1000$ kg/m³，1 kW $= 102$ kg-m/s，Pa $=$ N/m²，1 J $= 1$ N·m，1 kPa $= 0.102$ mAq，利用 kW $= \rho \cdot Q \cdot H / C \cdot \eta_p \cdot \eta_M$ 之公式計算，其中 C 為馬力與功之換算係數。

解 (1) kW pump $= \dfrac{\rho Q H}{C \eta_p \cdot \eta_m} = \dfrac{1000 \text{ kg/m}^3 \times 2 \text{ m}^3/\text{s} \times 10 \text{ m}}{102 \text{ kg-m/s} \times 0.8} = 245$ kW

kW motor $= \dfrac{\text{kW pump}}{0.95} = 258$ kW

(2) kW $= \dfrac{Q \cdot P}{\eta_f} = \dfrac{10 \text{ m}^3/\text{s} \times 1.0 \times 10^3 \text{ N/m}^2}{0.7} = 14.3$ kW

例 有一送風機其流量為 10 m³/s，壓力需求為 1 kPa，若送風機之效率($\eta_F = 60\%$)，馬達效率($\eta_M = 95\%$)。試計算所需馬力(kW)。(註：kW $= \rho \cdot Q \cdot H / C \cdot \eta_F \cdot \eta_M$，$\rho_{\text{air}} = 1.2$ kg/m³，1 kW $= 102$ kg-m/s，1 Pa $= 1$ N/m²，1 J $= 1$ N·m，1 Pa $= 0.102$ mmAq)

解 kW $= \dfrac{Q \cdot \gamma \cdot H}{\eta} = \dfrac{10 \text{ m}^3/\text{s} \times 10^3 \text{ N/m}^2}{60\% \times 95\%} = 17.54$ kW

<另解>　　利用壓力換算成揚程之計算方式

$P = \gamma h = \rho g h$ @空氣

$h = \dfrac{P}{\rho g} = \dfrac{10^3 \text{ N/m}^2}{1.2 \text{ kg/m}^3 \times 9.8 \text{ m/s}^2} = 85$ m@空氣

kW $= \dfrac{\rho Q H}{C \cdot \eta_f \cdot \eta_m} = \dfrac{1.2 \text{ kg/m}^3 \times 10 \text{ m}^3/\text{s} \times 85 \text{ m}}{102 \text{ kg-m/s} \times 0.6 \times 0.95} = 17.54$ kW

兩種解法結果答案均相同，但第一個解法利用單位觀念計算較簡單。

---

3. 送風機風量控制

送風機在風量需求減少時，其控制方式可採取控制出口閥開度、控制入口閥開度、調整進風導流板角度、採用變轉速等四種控制方式，其相關之性能曲線如圖 6.1 所示。

系統阻力 $h_L = f \dfrac{L}{D} \dfrac{V^2}{2g}$

f：(Reynolds No.，ϵ/D)

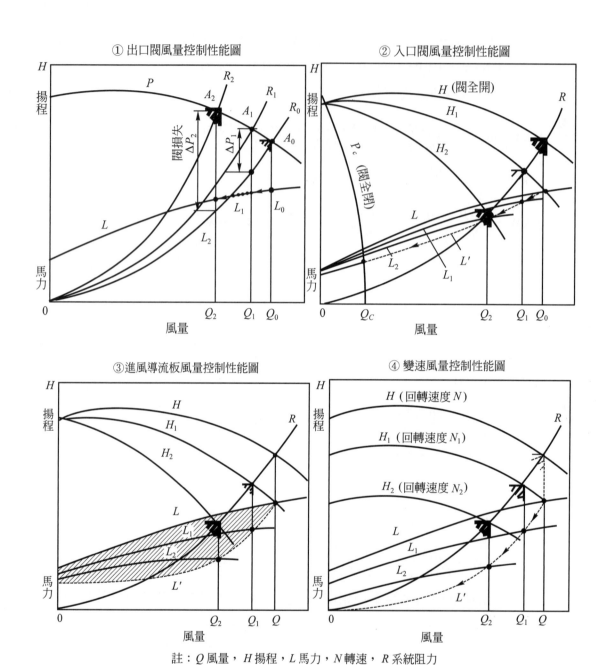

註：Q 風量，H 揚程，L 馬力，N 轉速，R 系統阻力

圖 6.1　馬力消耗與風門開關及變速運轉關係圖

▶ 6.2　泵浦之運轉組合

　　泵浦採串聯或並聯運轉方式已成功地應用於工業界，從泵浦運轉的經濟觀點，不同的運轉組合將影響泵浦在不同設計上之選用，設計者需全盤瞭解泵浦的基本特性，才能做最佳之選擇。

1.　泵浦並聯(Parallel)模式

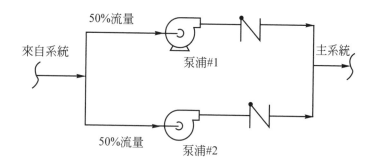

　　如上圖所示為二台相同型式及容量的泵浦並聯在一起運轉，每台泵浦之供應流量各為 50%，優點為若倉庫內沒有庫存的 100% 容量的泵浦，可選用 2 台各 50% 的泵浦並聯運轉，若 50% 泵浦的揚程與 100% 泵浦的揚程相同，則泵浦並聯之運轉曲線(#3)便如圖 6.2 之點 3 所示。任何一台泵浦故障亦可單台運轉，則流量僅 50%。

2.　泵浦串聯(Series)模式

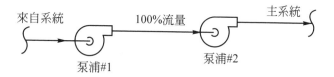

　　如上圖所示為二台相同型式及容量的泵浦串聯在一起運轉，每台泵浦之供應流量均 100%，優點為泵浦尤如加壓效果，兩台泵浦串聯出口曲線(#2)會高於單台泵浦獨立運轉曲線(#1)，即點 2 之揚程高於點 1。缺點為任何一台泵浦故障，則另一台泵浦便無法繼續運轉，若需繼續運轉則管線配置需做下列之修改，即故障泵浦之入口閥需關閉，以利另外一台泵浦繼續運轉。

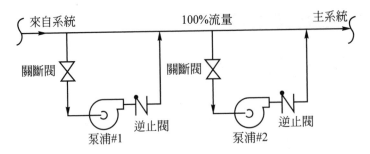

3.　泵浦變轉速與流量及馬力之關係

$$kW = \frac{Q \cdot H}{C \cdot \eta} \quad 為泵浦馬力計算方式$$

$$Q = AV = \frac{\pi D^2}{4} \cdot \pi DN = C_1 \cdot D^3 N$$

$$H = \frac{V^2}{2g} = \frac{(\pi DN)^2}{2g} = C_2 \cdot D^2 N^2$$

$$kW = \frac{Q \cdot H}{C\eta} = C_3 D^5 N^3$$

即泵浦流量與轉速成正比關係，馬力與轉速三次方成正比關係，此關係式對變轉速之能源節約(即馬力消耗)相當重要。

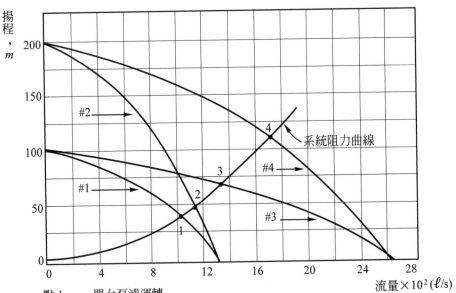

點 1 —— 單台泵浦運轉
點 2 —— 兩台泵浦串聯運轉
點 3 —— 兩台泵浦並聯運轉
點 4 —— 兩台泵浦串聯再組合兩台泵浦並聯運轉

圖 6.2　泵浦並聯和串聯組成後之運轉曲線

4. 淨正吸水頭(Net Positive Suction Head，NPSH)之計算

　(1) 標準大氣壓力(依所泵送流體之比重而調整之)

　　　$10.33 m \div \gamma$(比重)＝_____m　　　　　①

　　　扣減

　(2) 海平面上高程＝_____m　　　　　　　②

　(3) 蒸氣壓力＝_____m　　　　　　　③

　(4) 總動力吸入揚升高度＝_____m　　　④

　　　(淨吸入揚升＋管路壓損)

　(5) 安全係數＝_____m　　　　　　　⑤

　　　(水取 0.6m，石化流體取 0.9m)

　(6) ②至⑤項之總扣除量＝_____m　　　⑥

　(7) 有效淨正吸入水頭(①－⑥)＝_____m　　⑦

　(8) 泵浦需求之淨正吸水頭＝_____m　　⑧

　(9) 系統之淨正吸水頭(⑦－⑧)＝_____m　　⑨

　　　系統之淨正吸水頭需為正數，泵浦才能順利泵送流體。

5. 水力梯度

　　水力梯度(Hydraulic Gradient)水泵吸入端高程為 28 m，水泵輸送水平管長 6 km，末端水槽高程 6 m，離開水泵水平距離 3 km 處地面高程為 40 m，以水泵流量(Flow rate)為 10,000 liter/min，12" 水管流速為 2.5 m/s，管損為 1.3 m/100 m，試計算水泵之出口揚程(Total Discharged Head)以克服地形現況能將水順利輸送到末端水槽，並以水力梯度圖面(以高程)表示水泵輸送水壓及輸送路徑水泵、地形及水槽高程之關係圖。

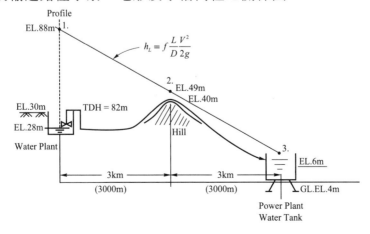

$\theta = 10{,}000 \; \ell/\text{min} = 10 \; \text{m}^3/\text{min} = 0.167 \; \text{m}^3/\text{s (cms)}$

$\phi = 12" \; \phi$，$V = 2.5 \; \text{m/s}$，$\Delta P = 1.3 \; \text{m/100 m}$

$\Delta H = 28 \; \text{m} - 6 \; \text{m} = 22 \; \text{m (Positive)}$

$1.3 \; \text{m/100 m} \times 6{,}000 \; \text{m} = 78 \; \text{m} \; (\Delta P)$ consider 5% margin, select 82 m

Reqnired Pump TDH = 82 m — 22 m = 60 m

Point 1 = 28 m + 60 m = 88 m (Elevation)

Point 2 = 88 m — (1.3 m/100 m × 3,000 m) = 49 m (Elevation)

Point 3 = 88 m — 78 m = 10 m (Elevation) > EL. 6 m (OK)

Check Point 2 EL. 49 m > EL. 40 m (OK)

▶ 6.3　壓縮機功之計算

壓縮機功，$W_{\text{rev,in}} = \int_1^2 vdP + \Delta \cancel{K}E + \Delta \cancel{P}E$　（密閉系統 $W = \int Pdv$）

　　減少壓縮機耗功的方法是盡可能地趨近內部可逆過程(即無摩擦，穩流)，另外是氣體比容小(儘量即將氣體維持在低的溫度，$T \propto v$)，可利用壓縮前先將氣體冷卻。因此等熵過程(無冷卻)、多變過程(有部份冷卻)、等溫過程(需要冷卻)，則所耗的功均不同相。

1.　等熵過程(Isentropic Process) $Pv^k = C$

$$
\begin{aligned}
W_{\text{comp,in}} &= \int_1^2 \left(\frac{C}{P}\right)^{\frac{1}{k}} dP = C^{\frac{1}{k}} \cdot \frac{k}{k-1}\left[P_2^{\frac{k-1}{k}} - P_1^{\frac{k-1}{k}}\right] \\
&= \frac{k}{k-1} \cdot P_1^{\frac{1}{k}} v_1 \cdot P_1^{\frac{k-1}{k}}\left[\left(\frac{P_2}{P_1}\right)^{\frac{k-1}{k}} - 1\right] \\
&= \frac{k}{k-1} RT_1 \left[\left(\frac{P_2}{P_1}\right)^{\frac{k-1}{k}} - 1\right]
\end{aligned}
$$

2.　多變過程(Polytropic Process) $Pv^n = C$

$$
\begin{aligned}
W_{\text{comp,in}} &= \int_1^2 \left(\frac{C}{P}\right)^{\frac{1}{n}} dP = C^{\frac{1}{n}} \cdot \frac{n}{n-1}\left[P_2^{\frac{n-1}{n}} - P_1^{\frac{n-1}{n}}\right] \\
&= \frac{n}{n-1} \cdot P_1^{\frac{1}{n}} v_1 \cdot P_1^{\frac{n-1}{n}}\left[\left(\frac{P_2}{P_1}\right)^{\frac{n-1}{n}} - 1\right]
\end{aligned}
$$

$$= \frac{n}{n-1} R T_1 \left[\left(\frac{P_2}{P_1} \right)^{\frac{n-1}{n}} - 1 \right]$$

3.　等溫過程(Isothermal Process) $Pv = RT = C$

$$W_{\text{comp,in}} = \int_1^2 \left(\frac{C}{P} \right) \cdot dP = C \ln \frac{P_2}{P_1} = R T \ln \frac{P_2}{P_1}$$

　　但壓縮機外殼的適當冷卻相當不易，採用中間冷卻的多段壓縮，所需要的功最小，如圖 6.3 所示

$$P_i = (P_1 P_2)^{1/2}$$

$$W_{\text{comp,in}} = \frac{n R T_1}{n-1} \left[\left(\frac{P_i}{P_1} \right)^{\frac{n-1}{n}} - 1 \right] + \frac{n R T_1}{n-1} \left[\left(\frac{P_2}{P_i} \right)^{\frac{n-1}{n}} - 1 \right]$$

　　壓縮機為需要耗功的機械，採等溫壓縮過程所需功最小，其次為中間冷卻、多變及等熵過程，為了維持壓縮機在等溫下壓縮，壓縮機均裝有內部冷卻器以減少耗功。因此汽輪機為產生動力(發電)的熱機希望所作的功愈大愈好，一般均運轉在幾乎等熵之過程。

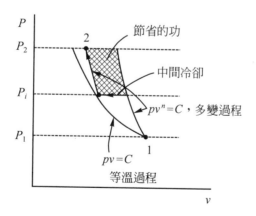

圖 6.3　兩段穩流壓縮的 Pv 圖

例　氮氣(N_2)由狀態 1 ($P_1 = 80$ kPa，$T_1 = 27℃$)經由 10 kW 的壓縮機壓縮至狀態 2 ($P_2 = 480$ kPa)，依據等熵、多變、等溫過程及二段壓縮之過程分別計算氮氣經壓縮機之質量流率。

假設 1. 氮氣爲定比熱之理想氣體

　　　2. 過程爲可逆

　　　3. 動能及位能變化忽略不計

N_2 之氣體常數 $R = 0.297$ kJ/kg·K，$k = 1.4$

(1) 等熵壓縮過程，$k = 1.4$

$$\dot{W}_{\text{comp,in}} = \dot{m}\frac{k}{k-1}RT_1\left\{\left(\frac{P_2}{P_1}\right)^{\frac{k-1}{k}}-1\right\}$$

$$10 \text{ kJ/s} = \dot{m}\frac{1.4}{0.4}\times(0.297 \text{ kJ/kg·K})(300\text{K})\left\{\left(\frac{480}{80}\right)^{\frac{0.4}{1.4}}-1\right\}$$

$$\dot{m} = 0.048 \text{ kg/s}$$

(2) 多變壓縮過程，$n = 1.3$

$$\dot{W}_{\text{comp,in}} = \dot{m}\frac{n}{n-1}RT_1\left\{\left(\frac{P_2}{P_1}\right)^{\frac{n-1}{n}}-1\right\}$$

$$10 \text{ kJ/s} = \dot{m}\frac{1.3}{0.3}\times(0.297 \text{ kJ/kg·K})(300\text{K})\left\{\left(\frac{480}{80}\right)^{\frac{0.3}{1.3}}-1\right\}$$

$$\dot{m} = 0.051 \text{ kg/s}$$

(3) 等溫壓縮過程

$$\dot{W}_{\text{comp,in}} = \dot{m}\int vdP = \dot{m}\int\frac{C}{P}dP = \dot{m}RT_1\ln\frac{P_2}{P_1}$$

$$10 \text{ kJ/s} = \dot{m}(0.297 \text{ kJ/kg·K})(300\text{K})\left(\frac{480}{80}\right)$$

$$\dot{m} = 0.063 \text{ kg/s}$$

(4) 二段壓縮過程

二段壓縮($n = 1.3$)及內部冷卻，中間壓力

$$P_i = \sqrt{P_1P_2} = \sqrt{(80\text{kPa})(480\text{kPa})} = 196 \text{ kPa}$$

壓縮功爲單段壓縮功之二倍

$$\dot{W}_{\text{comp,in}} = 2\dot{m}\,W_{\text{comp,I}} = 2\dot{m}\frac{n}{n-1}RT_1\left\{\left(\frac{P_i}{P_1}\right)^{\frac{n-1}{n}}-1\right\}$$

$$10 \text{ kJ/s} = 2\cdot\dot{m}\frac{1.3}{0.3}\times(0.297 \text{ kJ/kg·K})(300\text{K})\left\{\left(\frac{196}{80}\right)^{\frac{0.3}{1.3}}-1\right\}\dot{m} = 0.056 \text{ kg/s}$$

電廠空調系統

7

　　電廠之空調通風系統，將提供一個可控制溫度、濕度及理想風速之環境，以保證能滿足廠區內各項設備之散熱需求，以及中央控制室及控制設備所放置之場所內電子控制設備之散熱需求及操作人員之舒適。

　　在通風設計方面，在正常運轉之情況下，廠房通風系統將以適度的通風量來排除廠房設備及高溫管路等所產生之熱量，其室內最高設計溫度以不超過室外溫度 6℃或低於 40℃為基準；而空調系統之設計容量需能配合通風系統之操作，提供中央控制室及其它控制設備適當之操作環境，以確保電子控制設備之功能及正常操作。空調箱將處理過之冷卻空氣以風管導送至各個區域及房間，在部份區域並設有排風機，以維持一定程度之換氣量及將部份不適宜再進行循環使用之空氣排出密閉空間，空調系統之室內設計溫度為 24℃±2℃，相對濕度則控制在 50%～60%之間。

▶ 7.1　乾空氣與外界空氣

　　大氣中的空氣正常均含有一些水蒸汽(或水份)，而被稱為大氣空氣(Atmospheric Air)。相對地，不含水蒸汽的空氣稱為乾空氣(Dry Air)。將空氣視為水蒸汽與乾空氣的混合物是適當的。雖然空氣中水蒸汽量很小，但在人類舒適感中它扮演主要的角色。因此，在空調應用中它是一個重要的考量因素，環境溫度的高低將直接影響人體之散熱及吸熱的多寡以維持體溫。

　　空調應用中，乾空氣可被視為具有 1.005 kJ/kg·K 之固定 C_p 值的理想氣體，實際的誤差可忽略(0.2%以下)，以 0℃ 為基準，乾空氣的改變可由下式求得

$$\Delta h_{乾空氣} = C_p \Delta T = (1.005 \text{ kJ/kg·℃}) \Delta T，單位(kJ/kg) \tag{7.1}$$

式中 ΔT 為溫度的改變。在空調過程中，重要的是焓的改變 Δh。

　　將空氣中的水蒸汽亦視勿為理想氣體當然將極為方便，而為了此種方便性也許願意犧牲某些精確度，結果發現犧牲很有限而可擁有此方便性。水在 50℃ 的飽和壓力為 12.3 kPa 以下時，水蒸汽可被視為理想氣體而有可忽略的誤差(0.2%以下)。因此，空氣中的水蒸汽宛如單獨存在而遵循理想氣體關係式 $Pv = RT$。故大氣空氣可被視為一理想氣體混合物，其壓力為乾空氣的分壓 P_a 與水蒸汽的分壓 P_v 之和：

$$P = P_a + P_v \quad (\text{kPa}) \tag{7.2}$$

水蒸汽的分壓經常被稱為蒸汽壓力(Vapor Pressure)。

　　空氣中水蒸汽的焓可被取為等於在相同溫度之飽和汽體的焓。

$$h_v(T，低 P) \cong h_g(T) \tag{7.3}$$

水蒸汽在 0℃ 的焓為 2501.3 kJ/kg；水蒸汽在 −10℃ 至 50℃ 之溫度範圍中之平均 C_p 值可取為 1.82 kJ/kg·℃；則水蒸汽在 −10℃ 至 50℃ 之溫度範圍的焓，可由下式近似求得，忽略誤差：

$$h_g(T) \cong 2501.3 + 1.82T \quad (\text{kJ/kg}) \quad T 為 ℃ \tag{7.4}$$

▶ 7.2　空氣的比濕度與相對濕度

　　在單位質量之乾空氣中存在的水蒸汽質量，此稱為絕對濕度(Absolute Humidity)或比濕度(Specific Humidity)(亦稱為濕度比)而以 ω 表示：

$$\omega = \frac{m_v}{m_a} = \frac{P_v V/(R_v T)}{P_a V/(R_a T)} = \frac{P_v/R_v}{P_a/R_a}$$

$$= 0.622 \frac{P_v}{P_a} = \frac{0.622 P_v}{P - P_v} \quad (\text{kg 水蒸汽／kg 乾空氣}) \tag{7.5}$$

註：m_a：乾空氣分子量 $= 28.96\text{kg/k mole}$，m_v：水蒸汽分子量 $= 18\text{kg/k mole}$，其中 P 為總壓力。

乾空氣不含水蒸汽，比濕度為零。空氣在固定溫度其含有的水蒸汽量有一定極限。在此點，謂空氣飽和於水，而稱之為飽和空氣(Saturated Air)。

空氣中水份的量，對環境舒適度有決定性的影響。然而，舒適程度更決定於空氣保有水份的量(m_v)相對於空氣在相同溫度可保有水份的最大量(m_g)。這兩個量的比稱為相對濕度(Relative Humidity)ϕ。

$$\phi = \frac{m_v}{m_g} = \frac{P_v V/(R_v T)}{P_g V/(R_v T)} = \frac{P_v}{P_g} \tag{7.6}$$

其中　　　　$P_g = P_{\text{sat}@T}$

將方程式(7.5)與(7.6)結合，亦可將相對濕度表示為

$$\phi = \frac{\omega P}{(0.622 + \omega) P_g} \quad 與 \quad \omega = \frac{0.622 \phi P_g}{P - \phi P_g} \tag{7.7}$$

相對濕度的範圍從乾空氣的 0 到飽和空氣的 1。空氣相對濕度之高低，代表空氣吸收水分子之能力，當相對濕度低，空氣吸收水分子之能力越好，反之相對濕度高，則空氣吸收水分子能力越差。空氣可保有水份的量決定於其溫度，因此即使其比濕度維持固定時，空氣的相對濕度會隨溫度而改變。

大氣空氣為乾空氣與水蒸汽的混合物，因而空氣的焓係以乾空氣與水蒸汽的焓表示。

空氣的總焓為乾空氣與水蒸汽之焓的和：

$$H = H_a + H_v = m_a h_a + m_v h_v$$

除以 m_a 可得

$$h = \frac{H}{m_a} = h_a + \frac{m_v}{m_a} h_v = h_a + \omega h_v$$

或因為 $h_v \cong h_g$

$$h = h_a + \omega h_g \quad \text{(kJ/kg 乾空氣)} \tag{7.8}$$

一般大氣空氣的溫度經常是指乾球溫度(Dry-bulb Temperature)，以與將討論的其它形式溫度做區別。

例 房內空氣中的水蒸汽量

　　5m×5m×3m 的房間含有 25℃ 與 100 kPa 在 75% 相對濕度的空氣。試求(1)乾空氣的分壓；(2)比濕度；(3)每單位質量乾空氣的焓；及(4)房內乾空氣與水蒸汽的質量。

解 空氣與水蒸汽均充滿整個房間，因而每一氣體的容積等於房間的容積。

　　假設：房內的乾空氣與水蒸汽均為理想氣體。

　　分析：(1)乾空氣的分壓可由方程式(7.2)求得：

$$P_a = P - P_v$$

　　　　其中，$P_v = \phi P_g = \phi P_{\text{sat}@25℃} = (0.75)(3.169 \text{ kPa}) = 2.38 \text{ kPa}$

　　　　因此，$P_a = (100 - 2.38)\text{kPa} = 97.62 \text{ kPa}$

　　(2)空氣的比濕度係由方程式(7.5)求得：

$$\omega = \frac{0.622 P_v}{P - P_v} = \frac{(0.622)(2.38\text{kPa})}{(100 - 2.38)\text{kPa}} = 0.0152 \text{ kg } H_2O/\text{kg 乾空氣}$$

　　(3)每單位質量乾空氣的焓係由方程式(7.8)所得，

$$h = h_a + \omega h_v \cong C_p T + \omega h_g$$

$$= (1.005 \text{ kJ/kg} \cdot ℃)(25℃) + (0.0152)[2501.3 + 1.82(25)] \text{ kJ/kg}$$

$$= 63.8 \text{ kJ/kg 乾空氣}$$

　　(4)乾空氣與水蒸汽均完全充滿整個房內，因此每一氣體的容積等於房間的容積：

$$V_a = V_v = V_{房間} = (5)(5)(3) = 75 \text{ m}^3$$

　　　　將理想氣體關係式應用於每一氣體，分別求得乾空氣與水蒸汽的質量：

$$m_a = \frac{P_a V_a}{R_a T} = \frac{(97.62\text{kPa})(75\text{m}^3)}{(0.287\text{kPa} \cdot \text{m}^3/\text{kg} \cdot \text{K})(298\text{K})} = 85.61 \text{ kg}$$

$$m_v = \frac{P_v V_v}{R_v T} = \frac{(2.38\text{kPa})(75\text{m}^3)}{(0.4615\text{kPa} \cdot \text{m}^3/\text{kg} \cdot \text{K})(298\text{K})} = 1.3 \text{ kg}$$

　　空氣中水蒸汽的質量亦可由方程式(7.5)求得：

$$m_v = \omega m_a = (0.0152)(85.61 \text{ kg}) = 1.3 \text{ kg}$$

$$\text{註：} R_a = \frac{8.314}{28.96} = 0.287 \text{ kPa·m}^3/\text{kg·k}$$

$$R_v = \frac{8.314}{18} = 0.4615 \text{ kPa·m}^3/\text{kg·k}$$

▶ 7.3　露點溫度

露點溫度(Dew-Point Temperature)T_{dp} 係定義為，當空氣在定壓下被冷卻，開始凝結時的溫度。換言之，T_{dp} 為對應於蒸汽壓水的飽和溫度：

$$T_{dp} = T_{\text{sat}@P_v} \tag{7.9}$$

例 窗戶的結霧

在冷天中，靠近窗戶表面的較低空氣溫度，在窗戶的內表面經常發生凝結。圖 7.1 所示的房子，含有 20℃ 與 75% 相對濕度的空氣。

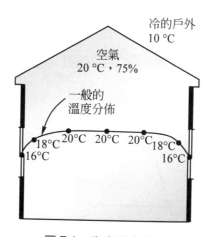

圖7.1　室內溫度分佈

解 分析：房子內的溫度分佈並非均一，每天戶外溫度降低時，靠近牆壁與窗戶的室內溫度也降低。因此，即使整個房子的總壓與蒸汽壓維持固定，但靠近牆壁與窗戶的空氣維持於比房子較內部為低的溫度。結果，靠近牆壁與窗戶的空氣將進行一 P_v = 常數冷卻過程，當空氣達到某露點溫度 T_{dp} 時空氣中的水份開始凝結。露點由方程式(7.9)求得為

$$T_{dp} = T_{\text{sat}@P_v}$$

其中 $P_v = \phi P_{g@20℃} = (0.75)(2.339 \text{ kPa}) = 1.754 \text{ kPa}$

因此 $T_{dp} = T_{\text{sat}@1.754\text{kPa}} = 15.4℃$

因此，若欲避免在窗戶表面上的凝結，應將窗戶的內表面維持於 $15.4℃$ 以上。

▶ 7.4　絕熱飽和溫度與濕球溫度

　　找出絕對或相對濕度的方法與絕熱飽和過程有關，流程圖與 T-S 圖示於圖 7.2。系統由一個裝有一池水的長絕熱通道構成。一般比濕度為 ω_1(未知)而溫度為 T_1 的未飽和空氣流穩定地通過此通道。當空氣流過水的上方時，有些水將蒸發並與空氣流混合。此過程中空氣的水份含量將增加，而其溫度將降低，因為蒸發的水之汽化潛熱的一部份係來自空氣。若通道足夠長，空氣流將以溫度 T_2 的飽和空氣($\phi = 100\%$)流出，該溫度稱為絕熱飽和溫度(Adiabatic Saturation Temperature)。

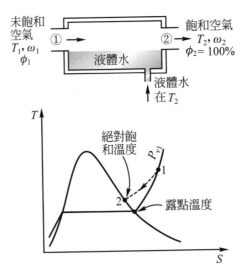

圖 7.2　空氣絕熱飽和過程及其 T-S 圖

　　若補充水係在溫度 T_2 以蒸發率供至通道，則上述的絕熱飽和過程可以穩流過程分析，此過程無熱或功的作用，而動能與位能改變均可忽略。則這個兩個進口、一個出口之穩流系統的質量與能量守恆關係式為：

質量平衡：

$$\dot{m}_{a1} = \dot{m}_{a2} = \dot{m}_a \quad (乾空氣的質量流率維持固定)$$

$$\dot{m}_{w1} + \dot{m}_f = \dot{w}_{w2} \quad (空氣中蒸汽之質量流率的增加量等於蒸發率\dot{m}_f)$$

或　　　　$\dot{m}_a\omega_1 + \dot{m}_f = \dot{m}_a\omega_2$

因此　　　$\dot{m}_f = \dot{m}_a(\omega_2 - \omega_1)$

能量平衡：

$$\dot{m}_a h_1 + \dot{m}_f h_{f2} = \dot{m}_a h_2$$

或　　　　$\dot{m}_a h_1 + \dot{m}_a(\omega_2 - \omega_1)h_{f2} = \dot{m}_a h_2$

除以$\dot{m}_a$可得

$$h_1 + (\omega_2 - \omega_1)h_{f2} = h_2$$

或　　　　$(C_p T_1 + \omega_1 h_{g1}) + (\omega_2 - \omega_1)h_{f2} = (C_p T_2 + \omega_2 h_{g2})$

可得　　　$$\omega_1 = \frac{C_p(T_2 - T_1) + \omega_2 h_{fg_2}}{h_{g_1} - h_{f_2}} \tag{7.10}$$

其中，由方程式(7.7)，因$\phi_2 = 100\%$，

$$\omega_2 = \frac{0.622 P_{g_2}}{P_2 - P_{g_2}} \tag{7.11}$$

因此結論為，量測空氣在絕熱飽和器之進口與出口的壓力與溫度，由方程式(7.10)與(7.11)可求得空氣的比濕度(與相對濕度)。

▶ 7.5　空氣線圖

　　空氣線圖(Psychrometric Chart)的基本圖形示於圖 7.3。乾球溫度被示於水平軸，而比濕度被示於垂直軸(有些圖亦將蒸汽壓示於垂直軸，因為在一固定的總壓P之下，就如方程式 7.5 可看出的，比濕度ω與蒸汽壓P_v之間有一對一的對應性)。在圖的左端有一曲線(稱為飽和線)取代直線，所有飽和空氣狀態均位於此曲線上。因此，它也是 100%相對濕度的曲線，其它等相對濕度曲線有相同的形狀。

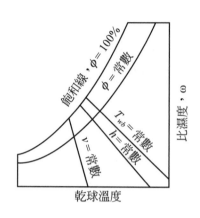

圖 7.3 空氣線圖

等濕球溫度線有向右下降的情況。等容線(以m³/kg 乾空氣表示)外觀相似,只是較陡峭。等焓線(以 kJ/kg 乾空氣表示)幾乎與等濕球溫度線平行,因此在若干圖上,等濕球溫度線被用做等焓線。

例 空氣線圖的使用

考慮在 1 atm,35℃,與 40%相對濕度之空氣的房間,利用空氣線圖,試求空氣的(a)比濕度,(b)焓,(c)濕球溫度,(d)露點溫度及(e)比容。

解 在一已知總壓下,大氣的狀態係由兩個獨立性質完全地定出,如乾溫度與相對濕度。其它性質由指定狀態直接讀取它們的值。

分析:(a)比濕度係從指定狀態向右畫一條水平線直到與ω軸相交而求得,從空氣線圖所示。在交點讀取

$\omega = 0.0142$ kg H_2O/kg 乾空氣

(b)每單位質量乾空氣之空氣的焓,係從指定狀態畫一條線平行於$h=$常數線直到與焓標度相交而求得。在交點讀取

$h = 71.5$ kJ/kg 乾空氣

(c)濕球溫度係從指定狀態畫一條線平行於$T_{wb}=$常數線直到與飽和線相交而求得。在交點讀取

$T_{wb} = 24$℃

(d)露點溫度係從指定狀態畫一條水平線直到與飽和線相交而求得。在交點讀取

$T_{dp} = 19.4°C$

(e)得單位質量乾空氣的比容，係由指定狀態與該點兩側之$v =$常數線之間的距離而求得。以內差法求得比容為

$v = 0.893 \text{ m}^3/\text{kg}$ 乾空氣

人體的需求與環境的情況並非十分配合，因此，經常需要改變生活空間的情況使得它更為舒適。將生活空間或工廠設施維持於希望的溫度與濕度，可能需要簡單加熱(升高溫度)、簡單冷卻(降低溫度)、加濕(加入水份)或除濕(移除水份)。有時需要此等過程中的兩個或更多個，以將空氣導至希望的溫度與濕度水準。

▶ 7.6　空氣調節過程

「人」是空調設計的主要考量對象，良好空調設計得讓人員感到舒適(包括溫度、相對濕度及風速等)，才是空調設計的目的。空調設計的各種過程說明於圖 7.4 的空氣線圖，簡單加熱與冷卻過程在圖上呈現為水平線，因為此等過程中空氣的水份含量維持固定($\omega =$常數)。多天空氣通常被加熱與加濕，而夏天被冷卻與除濕。例如以電熱風機吹頭髮，頭髮較易乾，係空氣加熱後相對濕度降低。以冷風機直接降低室內溫度，由於皮膚不流汗無蒸發散熱，所以不覺得太冷。注意在空氣線圖上此等過程是如何呈現。

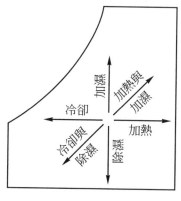

圖 7.4　各種空調過程

大部份的空調過程可被考慮為穩流過程，因而對乾空氣與水的質量平衡關係式 $\dot{m}_{\text{in}} = \dot{m}_{\text{out}}$ 可表示為

乾空氣的質量平衡：$\sum \dot{m}_{a,i} = \sum \dot{m}_{a,e}$ (kg/s)   (7.12)

水的質量平衡：$\sum \dot{m}_{w,i} = \dot{m}_{w,e}$ 或 $\sum \dot{m}_{a,i}\omega_i = \dot{m}_{a,e}\omega_e$ (7.13)

其中下標 i 與 e 分別表示進口與出口狀態。不考慮動能與位能改變，此時穩流能量平衡關係式 $\dot{E}_{in} = \dot{E}_{out}$ 可予表示為

$$\dot{Q}_{in} + \dot{W}_{in} + \sum \dot{m}_i h_i = \dot{Q}_{out} + \dot{W}_{out} + \sum \dot{m}_e h_e \qquad (7.14)$$

空調的室內風速會將人體皮膚表面溫度以熱對流方式散至周界，風速高室溫冷則皮膚表面溫度(37℃)熱傳導率快，使人覺得涼爽，風速高室溫熱人體皮膚流汗，風速可以加速汗水蒸發，人員亦覺得涼快，風速在空調工程設計亦扮演重要的角色。

▶ 7.7　濕式冷卻水塔

　　動力廠、大型空調系統，及一些工廠產生大量的廢熱，經常排放至來自附近湖泊或河流的冷卻水。然而，某些情況中，水的供給受到限制或熱污染為嚴重的關注，則廢熱必須被排放至大氣，以循環的冷卻水做為熱源與熱槽(大氣)之間熱傳遞的傳輸媒質。達到此作用的一個方法為透過濕式冷卻水塔的使用。

　　濕式冷卻水塔(Wet Cooling Tower)實際上為一個半密閉的蒸發式冷卻器。一個抽氣通風相對流濕式冷卻水塔示於圖 7.4。空氣從底部被抽入冷卻水塔而從頂部離開。來自冷凝器的溫水被泵至水塔的頂部並被噴灑入此空氣流。噴灑的目的是將水的大表面面積曝露於空氣。當水滴在重力影響下降落時，一小比例的水(經常為數個百分點)蒸發而冷卻其餘的水。此過程中空氣的溫度與水份含量升高。冷卻的水收集於水塔的底部，被泵回冷凝器以汲取另外的廢熱。補充水必須被加至循環，以取代因蒸發及空氣抽引所損失的水。為了使被空氣帶走的水為最少，在濕式冷卻水塔的噴灑部份上方裝設漂流消除器。

例 以冷卻水塔冷卻一動力廠例

　　冷卻水在 35℃ 以 100 kg/s 的流率離開一動力廠的冷凝器而進入一濕式冷卻水塔。水在冷卻水塔中被空氣冷卻至 22℃，空氣在 1 atm、20℃ 與 60% 相對濕度進入水塔，而在 30℃ 飽和地離開。忽略輸入泵的功率，試求(a)進入冷卻塔之空氣的容積流率；(b)需要補充水的質量流率。

解 取整個冷卻水塔爲系統，示於圖 7.5。冷卻水之質量流率的減少量，等於冷卻過程中在水塔中汽化的水量。經蒸發的水損失，稍後需被補充於循環中以維持穩定的運轉。

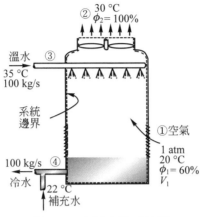

圖 7.5　冷卻水塔系統圖

假設：(1)存在於穩定的情況，因而整個過程中乾空氣的質量流率維持固定；

(2)乾空氣與水蒸汽均爲理想氣體；

(3)動能與位能改變均可忽略；

(4)冷卻塔爲絕熱。

分析：(a)應用質量與能量平衡於冷卻塔可得

乾空氣質量平衡：$\dot{m}_{a_1} = \dot{m}_{a_2} = \dot{m}_a$

水質量平衡：　　$\dot{m}_3 + \dot{m}_{a_1}\omega_1 = \dot{m}_4 + \dot{m}_{a_2}\omega_2$

或　　　　　　$\dot{m}_3 - \dot{m}_4 = \dot{m}_a(\omega_2 - \omega_1) = \dot{m}_{補充}$

能量平衡：　　$\sum \dot{m}_i h_i = \sum \dot{m}_e h_e \rightarrow \dot{m}_{a_1}h_1 + \dot{m}_3 h_3 = \dot{m}_{a_2}h_2 + \dot{m}_4 h_4$

或　　　　　　$\dot{m}_3 h_3 = \dot{m}_a(h_2 - h_1) + (\dot{m}_3 - \dot{m}_{補充})h_4$

解 $\dot{m}_a$ 可得

$$\dot{m}_a = \frac{\dot{m}_3(h_3 - h_4)}{(h_2 - h_1) - (\omega_2 - \omega_1)h_4}$$

由空氣線圖

$h_1 = 42.2$ kJ/kg 乾空氣

$\omega_1 = 0.0087$ kg H_2O/kg 乾空氣

$v_1 = 0.842$ m³/kg 乾空氣

與　　　　　　$h_2 = 100.0$ kJ/kg 乾空氣

$$\omega_2 = 0.0273 \text{ kg } H_2O/\text{kg 乾空氣}$$

從表　　　$h_3 \cong h_{f@35℃} = 146.68 \text{ kJ/kg } H_2O$

$h_4 \cong h_{f@22℃} = 92.33 \text{ kJ/kg } H_2O$

代入　$\dot{m}_a = \dfrac{(100 \text{ kg/s})[(146.68-92.33)\text{kJ/kg}]}{[(100.0-42.2)\text{kJ/kg}]-[(0.0273-0.0087)(92.33)\text{kJ/kg}]}$

$= 96.9 \text{ kg/s}$

則進入冷卻水塔之空氣的容積流率為

$\dot{V}_1 = \dot{m}_a v_1 = (96.9 \text{ kg/s})(0.842 \text{ m}^3/\text{kg}) = 81.6 \text{ m}^3/\text{s}$

(b)需補充水的質量流率由下式求得：

$\dot{m}_{補充} = \dot{m}_a(\omega_2-\omega_1) = (96.9 \text{ kg/s})(0.0273-0.0087) = 1.80 \text{ kg/s}$

討論：此例中，超過98%的冷卻水被節省並再循環。

▶ 7.8　空調系統之設計準則

人體之散熱係藉由皮膚表面熱傳導及蒸發冷卻來達成，當人覺得熱時，則皮膚毛孔將張開而排出汗水，利用汗水蒸發而排出體內之熱，反之當人覺得冷時，則皮膚毛孔收縮避免蒸發冷卻而散熱。人體之散熱機制直接受到空調環境之溫度、濕度及風速之影響。

1. 空調設備條件：
   室外：34℃ DB/29℃ WB
   室內：夏天22℃～27℃，50±15%RH
   　　　冬天19℃～24℃，50±15%RH

2. 通風設計條件：
   室外：36℃ DB
   室內：最高40℃ DB
   地下電纜管道：最高40℃ DB

3. 通風換氣量：
   直流電源室：20ACH
   機械室：15ACH
   茶水間及廁所：20ACH
   進風口速度，$\vec{V}_1 < 4$ m/s，出風口速度，$\vec{V}_2 < 8$ m/s

4. 設備發熱量換算通風量：

$$H = \dot{m}C_\rho \Delta T = \rho \dot{Q} C_\rho \Delta T$$

H：設備發熱量(kW)，$1 \text{ kW} = 860 \text{ kcal/hr} = \dfrac{3600 \text{ kJ/h}}{4.1868 \text{ kJ/kcal}} = 860 \text{ kcal/h}$

$\dot{Q}$：換氣量(m^3/s)

ρ：空氣密度 1.2 kg/m^3(@30℃，60%相對溼度)$1 \text{ kW} = 860 \text{ kcal/hr}$

C_ρ：空氣比熱 $1.0 \text{ kJ/kg} \cdot ℃$

Δt：室內外溫差($t_i = 40℃$，$t_o = 36℃$)

5. 通風量與換氣次數：

$$Q = V \times N/60$$

Q：換氣量(m^3/min)

V：室內容積(m^3)

N：換氣次數(次／hr)

一般室內設計正壓係維持室內之清潔度採機械送風、自然排風；反之若室內維持負壓係針對有害氣體或廁所等場所，採自然進氣、機械排風。另外全熱交換器係考慮通換氣同時兼具能源回收之設計考量。

6. 風管：低速 $7 \sim 15 \text{ m/s}$，高速 $15 \sim 25 \text{ m/s}$

▶ 7.9　風量控制理論

馬力＝揚程×風量

$$\text{kW} = H \times Q = H \times A \times \vec{V}$$
$$= (V^2/2g)(\pi D^2/4)(\pi DN)$$
$$= C(\pi DN)^2(\pi D^2)(\pi DN)$$
$$= C_1 D^5 N^3$$

$$H = C_2 D^2 N^2$$

$$Q = C_3 D^3 N$$

馬力消耗與轉換三次方成正比，壓力與轉速平方成正比，流量與轉速成正比關係。

▶ 7.10 冷凍主機管路設計

1. 冷凍噸(Refrigerant Ton)：1 大氣壓下，1 噸 0℃之水在 24hr 內變為 0℃之冰之冷凍能力。

    $$1000 \text{ kg} \times 79.68 \text{ kcal/kg} \div 24\text{hr} = 3320 \text{ kcal/hr(公制)}$$
    $$3024 \text{ kcal/hr(英制)}$$

2. 空調水管設計

    以 1 冷凍噸(3024 kcal/hr)，冰水及冷卻水溫差均 5℃，冷凍主機性能係數(C.O.P)＝4，計算冷卻水及冰水之流量(ℓ/min)，及個別的管徑大小(mm)。

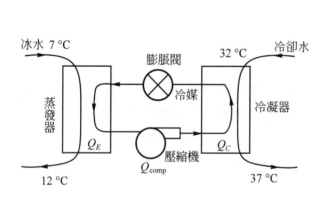

冷凍主機流程圖

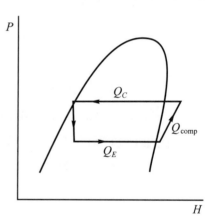

冷媒壓力-焓圖

1. 流量計算

    (1) 冰水

    $$\Delta T = 5℃，C_p = 1 \text{ kcal/kg} \cdot ℃$$
    $$Q_E = \dot{m} \times C_p \times \Delta T$$
    $$3024 \text{ kcal/hr} = \dot{m}(\ell/\text{hr}) \times 1 \text{ kcal/kg} \cdot ℃ \times 5℃$$
    $$\dot{m} = 605 \text{ } \ell/\text{hr} = 0.168 \text{ } \ell/\text{s} = 168000 \text{ mm}^3/\text{s}$$

(2) 冷卻水

$$\Delta T = 5^{\circ}C$$

$$Q_C = \dot{m} \times C_p \times \Delta T$$

$$Q_C = Q_E + Q_{comp} = 3024 \text{ kcal/hr} \times \left(1 + \frac{1}{4}\right) = 3780 \text{ kcal/hr}$$

$$3780 = \dot{m}(\ell/hr) \times 1 \text{ kcal/kg} \cdot {}^{\circ}C \times 5^{\circ}C$$

$$\dot{m} = 756 \ \ell/hr = 0.21 \ \ell/s = 210000 \text{ mm}^3/s$$

2. 管徑計算

假設冰水及冷卻水流速均為 3 m/s

$$\text{冰水管徑} A_1 = \frac{\pi D_1^2}{4} = \frac{Q}{\vec{V}} = \frac{168000 \text{ mm}^3/s}{3000 \text{ mm/s}} = 56 \text{ mm}^2$$

$$D_1 = \left(56 \times \frac{4}{\pi}\right)^{1/2} = 8.4 \text{ mm}$$

$$\text{冷卻水管徑} A_2 = \frac{\pi D_2^2}{4} = \frac{210000 \text{ mm}^3/s}{3000 \text{ mm/s}} = 70 \text{ mm}^2$$

$$D_2 = \left(70 \times \frac{4}{\pi}\right)^{1/2} = 9.4 \text{ mm}$$

3. 名詞定義

$$\text{性能係數} = \frac{\text{冷凍能力(kcal/hr)}}{\text{壓縮機熱當量(kcal/hr)}} \text{, Coefficiency of Performance(COP)}$$

$$\text{能源效率比} = \frac{\text{冷凍能力(kcal/hr)}}{\text{耗電力(kW)}} \text{, Energy Efficiency Ratio(EER)}$$

尖峰用電空調佔31.5%(其中商業用約佔80%，工業用約佔20%)

例 100 USRT 之冷凍主機，其冰水側與冷卻水側之溫差均設定在5℃，假設冷凍機之性能係數為5，1 USRT = 3000 kcal/hr，水 1 liter = 1 kg，試計算該冷凍機之冰水與冷卻水循環量各為多少liter per second？若冰水及冷卻水流速均考慮 2 m/s，試計算管徑大小(以ϕ = 200 mm，150 mm，100 mm，80 mm 等級來考量)。

100USRT ＝ 100USRT×3024 kcal/h/USRT ＝ 302400 kcal/h ＝ 84 kcal/s

蒸發器吸熱能力 ＝ 84 kcal/s

$$H_e = m_e C_p \Delta T \Rightarrow m_e = \frac{H_e}{C_p \Delta T} = \frac{84 \text{ kcal/s}}{1.0 \text{ kcal/kg} \cdot ℃ \times 5℃} = 16.8 \text{ kg/s}$$

$$m_e = \rho V_e \quad V_e = \frac{m_e}{\rho} = \frac{16.8 \text{ kg/s}}{1000 \text{ kg/m}^3} = 0.016 \text{ m}^3/\text{s}$$

$$A_e = \frac{\pi d_e^2}{4} = \frac{V_e}{\vec{V}} \quad d_e = \left(\frac{4V_e}{\pi \vec{V}}\right)^{1/2} = \left(\frac{4 \times 0.0168 \text{ m}^3/\text{s}}{\pi \times 2 \text{ m/s}}\right)^{1/2} = 0.103 \text{ m} = 103 \text{ mm}$$

冷凝器冷卻能力 $= \left(\frac{5+1}{5}\right) \times 84 \text{ kcal/s} = 100.8 \text{ kcal/s}$

$$H_c = m_c C_p \Delta T \Rightarrow m_c = \frac{H_c}{C_p \Delta T} = \frac{100.8 \text{ kcal/s}}{1.0 \text{ kcal/kg} \cdot ℃ \times 5℃} = 20.16 \text{ kg/s}$$

$$m_c = \rho V_c \quad V_c = \frac{m_c}{\rho} = \frac{20.16 \text{ kg/s}}{1000 \text{ kg/m}^3} = 0.02016 \text{ m}^3/\text{s}$$

$$A_c = \frac{\pi d_c^2}{4} = \frac{V_c}{\vec{V}} \quad d_c = \left(\frac{4V_c}{\pi \vec{V}}\right)^{1/2} = \left(\frac{4 \times 0.02016 \text{ m}^3/\text{s}}{\pi \times 2 \text{ m/s}}\right)^{1/2} = 0.113 \text{ m} = 113 \text{ mm}$$

由於流速 2 m/s 屬於低流速，故冰水及冷卻水管徑均可考慮 100 mm(DN100) 較符經濟原則，設備及管路平面配置詳圖 7.6 所示。

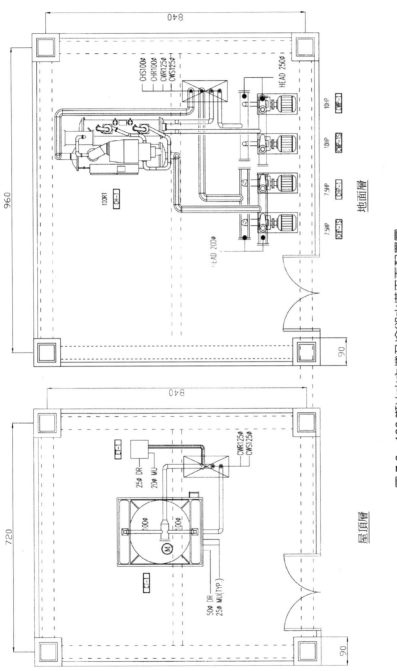

圖 7.6　100 噸水水主機及冷卻水塔平面配置圖

▶ 7.11 空調熱負荷之計算

1. 建築結構熱傳U值(總熱傳係數，Coefficient of Overall Heat Transfer)計算

$$R_T = R_i + R_1 + R_2 + \cdots + R_n + R_o$$
$$U = 1/R_T$$

R_T＝總熱阻(Overall Thermal Resistance)，$m^2 \cdot K/W$

$R_1, R_2, \cdots, R_n$＝個別材料熱阻(Thermal Resistance)，$m^2 \cdot K/W$，可查ASHARE Handbook Chapter 24 相關表格，亦可由下列公式計算：

(1) 對均勻同質的固體材料：$R = x/k$，其中x為材料厚，m；k＝材料熱傳導係數(Thermal Conductivities)，$W/(m \cdot K)$

(2) 對空氣層：$R_{air} = 1/C$，其中C＝熱傳導率(Thermal Conductance)，$W/(m^2 \cdot K)$，一般$R_{air} = 0.16$ $m^2 \cdot K/W$

R_i、R_o＝內、外空氣膜熱阻(Thermal Resistance)，$m^2 \cdot K/W (= 1/h_i$及$= 1/h_o$其中h_i、h_o為對流熱傳係數)，可查ASHARE Handbook Chapter 24，Fig.1 及 Table 1

(在此$R_i = 0.12$ $m^2 \cdot K/W$，$h_i = 8.29$ $W/m^2 \cdot K$)

(在此$R_o = 0.056$ $m^2 \cdot K/W$，$h_o = 18$ $W/m^2 \cdot K$ at $V = 1.73$ m/s)

U＝總熱傳係數(Coefficient of Overall Heat Transfer)，$W/(m^2 \cdot K)$

另對不同材質並聯時，其平均熱阻R_{av}依各材質$R_a, R_b, \cdots, R_n$之面積比例因素$a, b, \cdots, n$，計算如下：

$$U_{av} = aU_a + bU_b + \cdots + nU_n$$
即
$$R_{av} = 1/(a/R_a + b/R_b + \cdots + n/R_n)$$

2. 熱負荷計算

(1) 外部熱獲得(External Heat Gain)

① 經由屋頂、外牆之冷卻負荷

$$Q = UA(\text{CLTD})$$

Q＝冷卻負荷，W

U＝熱傳係數(Coefficient of Heat Transfer)，W/(m^2·K)

A＝表面積，m^2

CLTD＝冷卻負荷溫度差(Cooling Load Temperature Difference)K

[CLTD 修正值＝CLTD＋$(25.5-t_r)$＋$(t_m-29.4)$

其中，t_r＝Inside Temperature

t_m＝Max. Outdoor Temperature－(daily range)/2

daily range 查 ASHARE Chapter 26 的 Table 3B Cooling and Dehumidification

Design Condition-World Locations，在 Kaohsiung/Taiwan 為 6.4K]

② 經由內隔牆、樓板、天花板之冷卻負荷

$Q=UA(t_b-t_{rc})$

Q＝冷卻負荷，W

U＝熱傳係數(Coefficient of Heat Transfer)，W/(m^2·K)

A＝表面積，m^2

t_b＝鄰房溫度，K

t_{rc}＝室內溫度，K

(2) 內熱獲得(Internal Heat Gain)

① 人員(空調負荷人數、外氣需求及人員之顯／潛熱)

$Q_{sensible}=N(q_{sensible\,heat\,gain})\,CLF$

$Q_{latent}=N(q_{latent\,heat\,gain})$

$q_{sensible}$＝顯熱(Sensible Heat Gain)，W

q_{latent}＝潛熱(Latent Heat Gain)，W

N＝人數

CLF＝冷卻負荷因數(在此若高密度人員取 1.0)

② 燈光(燈光發熱值)

$Q_{el}=WF_{ul}F_{sa}(CLF)$

Q_{el}＝燈光熱，W

W＝燈光瓦特數，W

F_{ul}＝燈光使用因數(查 ASHARE Handbook Chapter 28 相關表格)

F_{sa}＝特別允許因數(為產生之熱量和安裝瓦特數之比值，和燈具種類／

　　　　電壓有關，一般日光燈取 1.2)

CLF＝冷卻負荷因數(在此依 24 小時使用之燈光取 1.0)

③　馬達、設備散熱

相關機房之設備散熱量。

$Q_p = q_{em}(\text{CLF})$

Q_p＝馬達、設備散熱量

q_{em}＝馬達、設備額定散熱值(可依廠商提供資料或依相關常用器具種類，

　　　　查 ASHARE Handbook Chapter 28 相關表格)

CLF＝冷卻負荷因數(在此依 24 小時運轉之設備取 1.0)

(3)　通風及洩漏熱(Ventilation and Infiltration Air Heat Gain)

①　顯熱

$Q_{\text{sensible}} = \rho C_p Q(t_o - t_i)$

$Q_{\text{sensible}} = 1.2 Q(t_o - t_i) \cdots\cdots$(若標準空氣，比濕 $\omega = 0.01$ 時)

②　潛熱

$Q_{\text{latent}} = \rho Q(\omega_o - \omega_i) h_{fg}$

$Q_{\text{latent}} = 3010 Q(\omega_o - \omega_i) \cdots\cdots$(為標準空氣)

(冷凝水量＝$\rho Q(\omega_o - \omega_i)$，kg/s 或 ℓ/s)

③　總熱

$Q_{\text{total}} = \rho Q(h_o - h_i)$

$Q_{\text{total}} = 1.2 Q(h_o - h_i) \cdots\cdots$(為標準空氣)

Q_{sensible}＝顯熱(Sensible Heat)，kW

Q_{latent}＝潛熱(Latent Heat)，kW

Q_{total}＝總熱(Total Heat)，kW

ρ＝密度，kg/m³(標準空氣為 1.2 kg/m³)

C_p＝空氣比熱(Specific Heat of Air)，kJ/kg·K

($C_p = C_p$ dry air $+ C_p$ steam $= 1.006 + 1.84\omega$，ω為比濕)

Q＝風量，m³/s

h_{fg}＝蒸發焓值，kJ/kg(約 2500 kJ/kg)

t_o、t_i＝室外、室內溫度，℃

ω_o、ω_i＝室外、室內比濕，kg/kg

h_o、h_i＝室外、室內空氣焓值，kJ/kg

(4) 室內總顯熱與送風量

① 室內總顯熱 RSH

$$RSH = \Sigma\, q_{sensible}$$

(依上述 1～3 顯熱之總和，但不含並不進入室內而直接進入冷卻盤管之通風外氣量及相關外氣風車及回風風車)

② 送風量 Q

$$RSH = \rho C_p Q(t_i - t_c)$$

$$RSH = 1.2Q(t_i - t_c) \cdots\cdots (若標準空氣，比濕 \omega = 0.01 時)$$

t_c＝離開冷卻盤管之溫度，℃

(上述 t_c 和室內條件、顯熱比 SHF 和冷卻盤管之旁路因數 BF 有關，一般約 8～11℃ 左右，依 ASHARE GRP 158 之 Chapter 6 Psychrometric Process Calculations for Equipment Selection 所述，可假設出盤管之離風點相對濕度為 90% RH 來估算)

3. 冰水量／冷卻水量計算

$$Q_{total} = m_w (C_p)_w \Delta T$$

Q_{total}＝總熱量(Total Heat Gain)，kW

m_w＝水的質量流率，kg/s（$\doteqdot Q_w$，水量，ℓ/s）

$(C_p)_w$＝比熱(水)＝4.19 kJ/(kg・K)

ΔT＝水溫度差，℃ (在此冰水溫度差 $\Delta T = 12℃ - 7℃ = 5℃$；
　　　　冷卻水溫度差 $\Delta T = 37℃ - 32℃ = 5℃$)

[在此每 1 kW 空調總熱之冰水量 $Q_w = 1/(4.19 \times 5) = 0.04773$ ℓ/s；另冰水主機冷卻移除熱量視冰水主機性能而定，一般約為 1.25～1.3 總熱(可參考 ASHARE System and Equipment Handbook Chapter 35 之 Heat Rejection Factor)，即每 1 kW 空調總熱之冷卻水量約為 0.0597 ℓ/s～0.062 ℓ/s。]

4. 冷卻水塔補給水量計算

參考 NALCO Water Handbook-Chapter 38 Cooling Water Treatment 之計算方式，如下：

(1) 蒸發損失(Evaporation Loss)，E

$$E = Q_c \times (C_p)_w \times (T_i - T_o)/L = 0.866\% \ Q_c$$

$E =$ 蒸發損失，ℓ/s

$Q_c =$ 冷卻水循環量，ℓ/s

$(C_p)_w =$ 比熱(水)$= 4.19 \ kJ/(kg \cdot K)$

$T_i =$ 冷卻水入口溫度，℃ $= 37℃$

$T_o =$ 冷卻水出口溫度，℃ $= 32℃$

$L =$ 水蒸發潛熱，$kJ/kg = 2417.91 \ kJ/kg$，at 35℃

(2) 飛濺損失(Drift Loss)，B_D

$$B_D = 0.005\% \ Q_c$$

$B_D =$ 飛濺損失(Drift Loss)，ℓ/s

取一般廠商合理保守之數據，參考 ASHARE System and Equipment Handbook Chapter 36 Cooling Tower 飛濺損失約為 0.002%～0.2%冷卻水循環量。

(3) 排洩損失(Blowdown Loss)，B

$$B = E/(CR - 1) - B_D = 0.212\% \ Q_c$$

$B =$ 排洩損失(Blowdown Loss)，ℓ/s

CR $=$ 濃縮倍數(Concentration Ratio)$= 5$

一般 CR $= 2$～10 視水質而定，取合理之中間數據如上。

(4) 總補給水量(Total Makeup Water)，M

總補給水量為上述蒸發損失、飛濺損失和排洩損失之總和，另考量安全因素做為可能之管路等洩漏損失即為補給水量(Makeup Water)，M。

$M = (E + B_D + B) \times (1 + F)$

$M = 1.25\% Q_c$

$M =$ 補給水量(Makeup Water Flow Rate)，ℓ/s

安全係數(Safety Margin)$F = 15\%$

5. 膨脹水箱尺寸(Expansion Tank)

依 ASHARE System and Equipment Handbook Chapter 12，開放式膨脹水箱之計算方式，計算如下：

$$V_t = 2V_s \times [(v_2/v_1 - 1) - 3\alpha\Delta t]$$

$V_t =$ 膨脹水箱體積，m^3

$V_s =$ 系統水體積，m^3

(如主機房平均約以 1300 m × 100 mmϕ 管路，即 $V_s = 1300$ m × 0.0082 m^2 = 10.66 m^3)

$v_1 =$ 低溫水比容，m^3/kg ($v_1 = 0.001$ m^3/kg at 7℃)

$v_2 =$ 高溫水比容，m^3/kg ($v_2 = 0.001006$ m^3/kg at 35℃)

$\alpha =$ 管材線性熱膨脹係數(Linear Coefficient of Thermal Expansion)，m/(m·K)

($\alpha = 11.7 \times 10^{-6}$ m/(m·K)為鋼材)

$\Delta t =$ 水溫差，K ($\Delta t = (35 - 7) = 28$℃)

代入上式

$V_t = 0.0100344V_s$

6. 空調箱除水板(Gas-Liquid Separator)

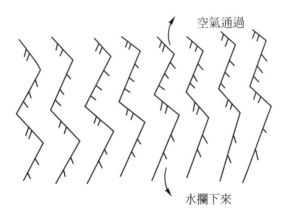

空氣通過

水攔下來

除水板示意圖

此除水板為提升濾水功效的氣水分離器，適用於新鮮空氣加濕或廢氣洗滌，其功能在除水板之迎風面附有多數個倒勾，大幅提高除水功能，當含有水

滴顆粒之空氣，進入除水板區內，水滴附著於各迎風面的板上，再集中於倒勾處，且順勢落至底部，回收循環使用。

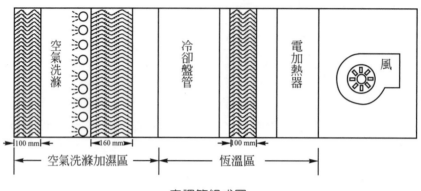

空調箱組成圖

7. 空氣過濾設備(Air Filters)用於潔淨室(Clean Room)之設計

　　公式：進入的空氣流率(Q_o or RQ_r)×進入之空氣污染物濃度(C_o)＋空間生成之污染物濃度($\dot{N}$)＝離開的空氣流率(Q_t)×空間平均的污染物濃度(C_s)

$$Q_t \times C_o + \dot{N} = Q_t \times C_s$$

等號左邊放 C_o ←　　　　　→ 等號右邊放 C_s

除 $\dot{N}$ 以外，有進出空間之氣流皆要乘以 E_v

(1)　部份室內空氣經空氣過濾器A

$$Q_o E_v C_o + RQ_r(1 - E_f)E_v C_s + \dot{N} = RQ_r E_v C_s + Q_o C_s E_v$$

$$Q_o E_v C_o + \dot{N} = RQ_r E_f E_v C_s + Q_o C_s E_v$$

$$Q_o = \frac{\dot{N} - RQ_r E_f E_v C_s}{E_v(C_s - C_o)} \quad (\text{有過濾器}A\text{之情況})$$

(2)　進入空氣及部份室內空氣經空氣過濾器B

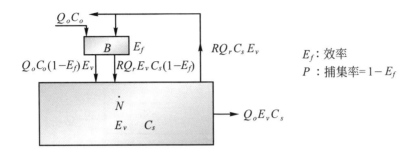

$$Q_oC_o(1-E_f)E_v + RQ_rE_vC_s(1-E_f) + \dot{N} = Q_oE_vC_s + RQ_rE_vC_s$$

$$Q_oC_o(1-E_f)E_v + \dot{N} = Q_oE_vC_s + RQ_rE_vC_sE_f$$

$$Q_o = \frac{\dot{N} - RQ_rE_vC_sE_f}{E_v[C_s - C_o(1-E_f)]}$$

例 1：　$(C_oQ_o + RQ_rC_r) \times P + C_oQ_{ns} + \dot{N} = Q_rC_r + Q_{nr}C_r$

$$P = \frac{C_r(Q_r + Q_{nr}) - \dot{N} - C_oQ_{ns}}{C_oQ_o + RQ_rC_r}$$

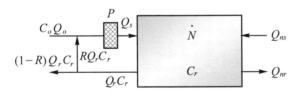

外部過濾器(部份內部循環)

例 2：　$(C_oQ_oP_f + RQ_rC_r) \times P + C_oQ_{ns} + \dot{N} = C_rQ_{nr} + C_rQ_r$

$$P = \frac{C_rQ_r + C_rQ_{nr} - \dot{N} - C_oQ_{ns}}{R_fC_oQ_o + RQ_rC_r}$$

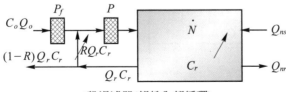

二段過濾器(部份內部循環)

例 3：　$C_o Q_o P_f + C_r R Q_r P + C_o Q_{ns} + \dot{N} = C_r Q_{nr} + C_r Q_r$

$$P = \frac{C_r Q_r + C_r Q_{ns} - \dot{N} - C_o Q_o P_f - C_o Q_{ns}}{C_r R Q_r}$$

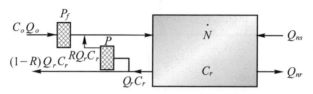

外部過濾器部份+部分內部循環過濾器

例 4：　$(Q_o C_o + R Q_r C_r) P + C_o Q_{ns} + \dot{N} + Q_r' C_r P_c = Q_r C_r + Q_{nr} C_r + Q_r' C_r$

$$P = \frac{Q_r C_r + Q_{nr} C_r + Q_r' C_r (1 - P_c) - \dot{N} - C_o Q_{ns}}{Q_o C_o + R Q_r C_r}$$

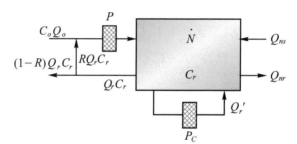

外部過濾器+內部循環過濾器

例 5：　$(C_o Q_o P_f + R Q_r C_r) \times P + \dot{N} + C_o Q_{ns} + C_r Q_r' P_c$
$= C_r Q_{nr} + C_r Q_r + C_r Q_r'$

$$P = \frac{C_r Q_r + C_r Q_{nr} + C_r Q_r' (1 - P_c) - \dot{N} - C_o Q_{ns}}{C_o Q_o P_f + R Q_r C_r}$$

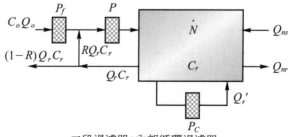

二段過濾器+內部循環過濾器

例 6：　$C_o Q_o R_f + R Q_r C_r P + C_o Q_{ns} + \dot{N} + C_r Q_r' P_c$

$= C_r Q_r + C_r Q_{nr} + C_r Q_r'$

$$P = \frac{C_r Q_r + C_r Q_{nr} + C_r Q_r'(1-P_c) - \dot{N} - C_o Q_{ns} - C_o Q_o P_f}{R Q_r C_r}$$

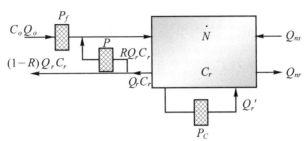

外部過濾器＋二組內部循環過濾器

例 7：　$C_r Q_r' P_c + C_o Q_{ns} + \dot{N} = C_r Q_{nr} + C_r Q_r'$

$C_o Q_{ns} + \dot{N} - C_r Q_{nr} = C_r Q_r'(1-P_c)$

$$Q_r' = \frac{C_o Q_{ns} + \dot{N} - C_r Q_{nr}}{C_r(1-P_c)}$$

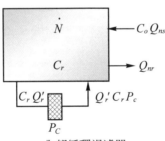

內部循環過濾器

例 8：　$(C_o Q_o P_f + R Q_r C_r)P + \dot{N} = C_r Q_{nr} + C_r Q_r$

$$P = \frac{C_r(Q_r + Q_{nr}) - \dot{N}}{C_o Q_o P_f + R Q_r C_r}$$

$C_o Q_o R_f P + \dot{N} = C_r(Q_{nr} + Q_r) - C_r R Q_r P = C_r[Q_{nr} + Q_r(1-RP)]$

$$C_r = \frac{C_o Q_o P_f P + \dot{N}}{Q_{nr} + Q_r(1-RP)}$$

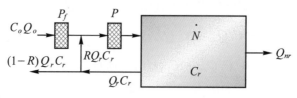

二段過濾器(含部份內部循環)

潔淨室(Clean Room)污染物平衡式

$$(C_o Q_o P_p P_m P_f) + Q_r C_s P_f + \dot{N} = C_s(Q_r + Q_{EA})$$

$$C_s = \frac{C_o Q_o P_p P_m P_f + \dot{N}}{Q_r + Q_{EA} - Q_r P_f}$$

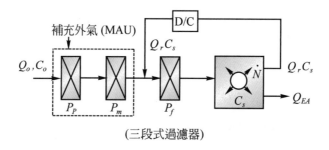

(三段式過濾器)

8. 冷凍機與熱泵

    冷凍循環的四個主要組件有蒸發器、壓縮機、冷凝器及膨脹閥,如下圖所示。

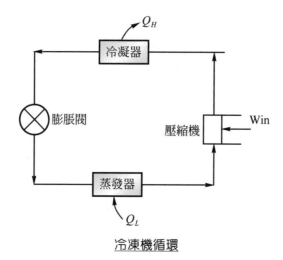

冷凍機循環

冷凍機的效率以性能係數(Coefficient of Performance，COP)表示，以COP_R標示。

$$COP_R = \frac{Q_L}{W_{in}}$$

$$W_{in} = Q_H - Q_L$$

$$\therefore COP_R = \frac{Q_L}{Q_H - Q_L} = \frac{T_L}{T_H - T_L}$$

9.　熱泵(Heat Pump)

　　從低溫傳熱至高溫的另一裝置稱熱泵(Heat Pump)。冷凍機與熱泵以相同的循環作用，但其目的不同。冷凍機之目的從冷凍空間移走熱而予以維持於低溫，而熱泵之目的係將受熱的空間維持於高溫，例如從井水或冬天冷的空氣等低溫熱源吸收熱，再將此熱供應至屋內維持於高溫。

　　熱泵的性能以性能係數COP_{HP}表示，

$$COP_{HP} = \frac{Q_H}{W_{in}} = \frac{Q_H}{Q_H - Q_L} = \frac{T_H}{T_H - T_L}$$

$$COP_{HP} = COP_R + 1$$

$$\therefore COP_{HP} > 1$$

　　冷凍機與空調機性能經常以能源效率評比(Energy Efficiency Rating，EER)表示

$$EER = \frac{冷房能力(kcal/h)}{使用電力(W)}，單位\ kcal/h \cdot W$$

EER 值愈高，則冷氣機愈省電，一般而言提高 0.1，就可節約 4%用電。目前之窗型冷氣機 EER 值約 2.2～2.6，冰水機 EER 值約 2.5～4.5，箱型冷氣機 EER 約 2.5～3.2。

▶ 7-12 熱泵

　　從低溫媒質傳送熱至高溫媒質的另一個裝置為熱泵(Heat Pump)。冷凍機之目的為從冷凍空間移走熱而予以維持於低溫，將此熱排放至較高溫的媒質。然而，熱泵之目的係將受熱的空間維持於高溫，從例如井水或冬天冷的外氣等低溫源吸收熱，再將此熱供應至如房子的高溫媒質而達成如圖 7.7 所示。

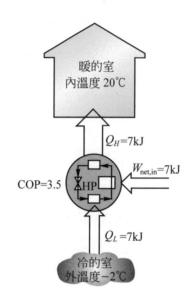

圖 7.7　供給熱泵的功用以從冷的室外抽取熱並帶至暖的室內

熱泵的性能以性能係數 COP_{HP} 表示，係定義爲

$$\text{COP}_{HP} = \frac{Q_H}{W_{\text{net,in}}} \qquad\qquad (7.15)$$

亦可表示爲

$$\text{COP}_{HP} = \frac{Q_H}{Q_H - Q_L} = \frac{1}{1 - Q_L/Q_H} \qquad\qquad (7.16)$$

$$\text{COP}_R = \frac{Q_L}{W_{\text{net,in}}} \qquad\qquad (7.17)$$

對固定值的 Q_L 與 Q_H，比較方程式(7.15)與(7.17)可得

$$\text{COP}_{HP} = \text{COP}_R + 1 \qquad\qquad (7.18)$$

(7.18)式意指熱泵的性能係數總是大於 1，因爲 COP_R 爲正的。目前使用中的大部分熱泵，有 2 至 3 的合理 COP 平均值。

　　大部分現在的熱泵多天時係使用冷的外氣爲熱源，而稱爲空氣源熱泵。在設計情況下，此種熱泵的COP約爲3.0。空氣源熱泵並不適合於冷的氣候，因爲當溫度低於凝固點時，其效率降低得極爲嚴重。此等情況下，可使用地熱(亦稱地源)熱泵，係以土地爲熱源。地熱熱泵需將管路埋入地下 1 至 2 m 深，故此種熱泵的安裝較昂貴，但也較有效(比空氣源熱泵高達45%)。地源熱泵的 COP 約爲4.0。

　　空調機(Air-conditioner)基本上即爲冷凍機，其冷凍空間爲房間或建築物而非食物室。窗型空調機將房間冷卻，係從房內空氣吸收熱再排放至室外。同一空調機予以逆向循環，則冬天時作爲熱泵使用。在此模式中，空調機將從冷的室外汲取熱再予以輸送至房間。裝有適當的控制器與逆向閥的空調系統，夏天以空調機作用，而冬天以熱泵作用。

例 冷凍機的熱排放

　　從圖 7.8 所示的冰箱之食物室以 360 kJ/min 的熱移除率而予以維持於 4℃，若輸入冰箱之功率爲 2 kW，試求：(1)冰箱的性能係數，(2)傳至擺放冰箱之空間的熱排放率。

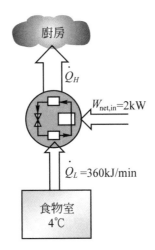

圖 7.8　冷凍機的熱排放

解 已知冰箱的功率消耗，欲求 COP 及熱排放率。

　　分析：(1)冰箱的性係數爲

$$\mathrm{COP}_R = \frac{\dot{Q}_L}{\dot{W}_{\mathrm{net,in}}} = \frac{360\,\mathrm{kJ/min}}{2\,\mathrm{kW}}\left(\frac{1\,\mathrm{kW}}{60\,\mathrm{kJ/min}}\right) = 3$$

即供給 1 kJ 的功從冷凍空間移走 3 kJ 的熱。

　　(2)傳至擺放冰箱之空間的熱排放率係由循環裝置的能量平衡關係求得

$$\dot{Q}_H = \dot{Q}_L + \dot{W}_{\mathrm{net,in}} = 360\,\mathrm{kJ/min} + (2\,\mathrm{kW})\frac{60\,\mathrm{kJ/min}}{1\,\mathrm{kW}}$$

$$= 480\,\mathrm{kJ/min}$$

例 以熱泵將房子加熱

一熱泵被用以符合房子的暖房需求而予以維持於 20℃。某天當外氣溫度降至 −2℃，預估房子有 80000 kJ/h 的熱損失率。若熱泵在此等情況下有 2.5 的 COP，試求：⑴熱泵消耗的功率，⑵從冷的室外空氣的熱吸收率。

解 已知熱泵的 COP，欲求功率消耗及熱吸收率。

分析：⑴如圖 7.9 所示，此泵消耗的功率由性能係數之定義求得為

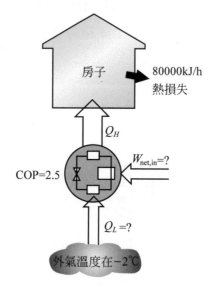

圖 7.9　熱泵加熱房子

$$\dot{W}_{\text{net,in}} = \frac{\dot{Q}_H}{\text{COP}_{HP}} = \frac{80000\ \text{kJ/h}}{2.5} = 32000\ \text{kJ/h}\ (\text{或 } 8.9\ \text{kW})$$

⑵房子以 80000 kJ/h 的速率損失熱。若房子欲維持於 20℃ 的固定溫度，則熱機需以相同的速率將熱輸送至房子，即 80000 kJ/h 的速率。故從室外的熱傳率為

$$\dot{Q}_L = \dot{Q}_H - \dot{W}_{\text{net,in}} = (80000 - 32000)\ \text{kJ/h} = 48000\ \text{kJ/h}$$
$$= 13.3\ \text{kJ/s}$$

▶ 7.13 空調管路之支撐設計

　　空調管路在冷卻水側及冰水側均須利用管路來輸送流體，管路支撐(Pipe Supports)設計對空調工程便顯得特別重要。管路支撐之設計準則需符合美國鋼構協會(AISC)之鋼結構手冊及管路組件之製造標準ASME B31.1，空調管路支撐設計亦屬空調工程設計之重要工作。

1. 管材之設計規範

組件	材質	適用溫度
碳鋼鈑	A283 Gr.C(熱輥軋)	$-29℃\sim399℃$
碳鋼桿	A36 Gr.C(熱輥軋)	$-29℃\sim399℃$
碳鋼鍛件	A668 Gr.B(退火)	$-29℃\sim399℃$
碳鋼螺栓	A307 Gr.B/A563 Gr.A	$-29℃\sim260℃$
碳鋼管	A53 Gr.B	$-29℃\sim399℃$
合金鈑	A387 Gr.22(退火)	$-29℃\sim621℃$
合金螺栓	A193 Gr.B7/A194 Gr.2H	$-29℃\sim538℃$
合金管	A335 Gr.22	$-29℃\sim621℃$
不鏽鋼鈑	A240 Type 304	$-254℃\sim649℃$
不鏽鋼螺栓	A193 Gr.B8/A194 Gr.8	$-254℃\sim649℃$
不鏽鋼管	A312 TP304	$-254℃\sim649℃$
鋼構螺栓	A325	$-29℃\sim343℃$
碳鋼鈑	A516 Gr.60	$-45℃\sim399℃$
鋼構	A36 或同等品	

2. 管路支撐型式

(1) 滑動(Sliding)或導鈑(Guide)－軸向滑動

(2) 軸向止推(Axial Stop)

(3) 支柱(Stanchion)

(4) 錨定(Anchor)

(5) 彈簧(Springer)

依結構支撐型式可分為天花板下懸吊及由地面往上支撐之方式二種。所使用結構鋼可分為 L 型角鋼、C 型鋼、I 字鋼及方型鋼等。種類繁多，但理論和原理均一致，一般採用碳鋼之鋼結構 A-36，其容許彎曲應力(Bending Stress)為 1500 kg$_f$/cm^2，剪應力(Shear Stress)為 1200 kg$_f$/cm^2，需利用材料力學或鋼結構之應力理論加以計算，以評估鋼結構設計是否在容許應力範圍(詳表 7.1 所示)。

3. 管架支撐應力計算

計算管架之承受荷重(Dead Weight)包括來自水管(含冷卻水或冰水)或風管本身，在管架支撐段所需承擔之荷重，一般須考慮管子本身自重、流體重量及吊支架重量，地震力依工程工址所規範之震區水平加速度係數。若管路位於屋外仍需依建築技術規則考慮風壓力(kg/m^2)等。依所選定之鋼構(I字鋼、L型角鋼、C型鋼等)，計算其鋼構架本身所承受之彎曲應力(Bending Stress)及剪應力(Shear Stress)。

$$\sigma = \frac{MC}{I} \cdots\cdots (1)$$

σ：彎曲應力(A36，容許值 = 1500 kg$_f$/cm^2)

M：彎曲應力(kg$_f$-cm)，由結構力學公式計算

C：鋼構形心尺寸(cm)，由鋼結構表查得

I：鋼構慣性矩(cm^4)，由鋼結構表查得

$$\tau = \frac{F}{A} \cdots\cdots (2)$$

τ：剪應力(A36，容許值 = 1200 kg$_f$/cm^2)

F：垂直剪力(kg$_f$)

A：平行剪力截面積(cm^2)

同一支鋼構有二支管子以上之水管架在上方，其水管之負荷需全部考量，所計算結果若超過容許應力值，則鋼結構尺寸需加大，或改變原設計方式，以符合安全原則。有螺栓、鉚釘或銲接亦需分別評估計算，以確保在容許安全範圍。

表 7-1　受靜負荷之各種梁其反作用力與彎曲力矩表

F：集中負荷，kg$_f$　W：單位長度分佈負荷，kg/cm　R：反作用力，kg　M：彎曲力矩，kg$_f$-cm

梁之種類	反作用力(kg$_f$)	最大彎曲力矩(kg$_f$-cm)
	$R=F$	$M=Fl$
	$R=\omega l$	$M=\dfrac{\omega l^2}{2}$
	$R_1=\dfrac{Fl_2}{l}$ $R_2=\dfrac{Fl_1}{l}$	$M=\dfrac{Fl_1 l_2}{l}$
	$R_1=R_2=\dfrac{\omega l}{2}$	$M=\dfrac{\omega l^2}{8}$
	$R_1=\dfrac{Fl_2^2(3l_1+l_2)}{l^3}$ $R_2=\dfrac{Fl_1^2(l_1+3l_2)}{l^3}$	$M=\dfrac{2Fl_1^2 l_2^2}{l^3}$
	$R_1=R_2=\dfrac{\omega l}{2}$	$M=\dfrac{\omega l^2}{24}$

(續前表)

梁之種類	反作用力(kg)	最大彎曲力矩(kg-cm)
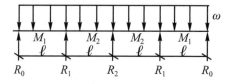	$R_1 = \dfrac{\omega l_2}{2l^3}(2l_2^2 + 6l_1 l_2 + 3l_1^2)$ $R_2 = \dfrac{\omega l_1^2}{2l^3}(3l_2 + 2l_1)$	$M_o = \dfrac{\omega l_2 l_1^2}{3l^3}(3l_2 + 2l_1)$ $M_{R1} = \dfrac{\omega l_1 l_2}{2l^2}(2l_2 + l_1)$
	$R_1 = \dfrac{5}{8}\omega l$ $R_2 = \dfrac{3}{8}\omega l$	$M = \dfrac{\omega l^2}{8}$

以下為受平均負荷及相等且等距集中負荷之連續梁其反作用力與彎曲力矩表

1. 平均負荷之連續梁

		支點數目		
		3	4	5
各支點之反作用力	R_0	$0.375\omega l$	$0.4\omega l$	$0.3929\omega l$
	R_1	$1.25\omega l$	$1.1\omega l$	$1.1428\omega l$
	R_2	—	—	$0.9286\omega l$
各支點之彎曲力矩	M_1	$0.125\omega l^2$	$0.1\omega l^2$	$0.107\omega l^2$
	M_2	—	—	$0.0714\omega l^2$
	M_3	—	—	—

2. 三處支點受相等且等距集中負荷之連續梁

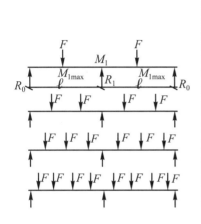

支點之反作用力		彎曲力矩	
R_0	R_1	$M_{1\max}$	M_1
$0.312F$	$1.376F$	$0.156Fl$	$-0.188Fl$
$0.667F$	$2.667F$	$0.222Fl$	$-0.333Fl$
$1.04F$	$3.92F$	$0.27Fl$	$-0.46Fl$
$1.4F$	$5.2F$	$0.36Fl$	$-0.6Fl$

3. 四處支點受相等且等距集中負荷之連續梁

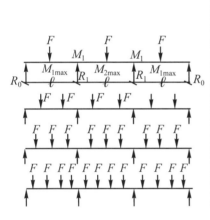

支點之反作用力		彎曲力矩		
R_0	R_1	$M_{1\max}$	$M_{2\max}$	M_1
$0.35F$	$1.15F$	$0.175Fl$	$0.1Fl$	$-0.15Fl$
$0.734F$	$2.27F$	$0.245Fl$	$0.067Fl$	$-0.267Fl$
$1.125F$	$3.375F$	$0.317Fl$	$0.125Fl$	$-0.375Fl$
$1.52F$	$4.48F$	$0.41Fl$	$0.122Fl$	$-0.478Fl$

8

電廠消防系統

　　消防系統之功能在於提供電廠內各建築物、各系統及其相關設備之監視、火警偵測及警報、火災抑制及滅火設施，以期使火災發生時之風險與損失降至最低。消防系統將依據最新版之國內消防法規及其施行細則、中國國家標準(Chinese National Standards，CNS)及國內消防及建築之相關法規"各類場所消防安全設備設置標準"及美國國家防火規範(National Fire Protection Association，NFPA)的規定予以規劃，並參考電廠內各危險區域之性質及消防需求程度之異同而設計，主要之目的在於能夠提供運轉人員之安全及廠區內設備之保護。

　　火災產生的三要素：燃料、溫度、氧氣，如下圖三角關係。

燃料

溫度　　　氧氣

▶ 8.1　消防滅火設備

消防系統主要之滅火設施至少須包括下列各項：
- 消防水池
- 消防水泵及穩壓泵(Jockey Pump)
- 閉環管路(Ring Loop)及消防栓箱系統(含室內消防栓箱及室外消防栓箱)
- 自動灑水系統
- 水霧系統
- 消防主管及水帶箱
- 二氧化碳系統
- 手提式滅火器(含乾粉)
- 火災警報系統
- 阻火隔間
- 輕油及潤滑油漏油外罩
- 泡沫消防系統
- 其它

燃燒三要素為可燃物、空氣(O_2)、溫度，移除其中之一項便可阻止火災繼續燃燒。設置適當的防火及滅火系統可使結構體、系統及設備之火災減低到最小的程度，在防火區內之結構體及設備，表面噴塗防火泥漿及被覆，可避免火災之波及。

▶ 8.2　消防水系統

全廠區可考慮採用一支消防管環狀管路，再由主消防管引支管到主發電設備區(大水量、高水壓)、煤場區(中水量、高水壓)或其他設備區(小水量、低水壓)，實際上可視廠區大小及消防水壓之設計需求分為二或三區消防環路規劃。消防管平常需維持穩壓，由壓力開關啟動消防泵，另區間制水閥(PIV)平常為開，維修時才視需求開或關閉，非用來控制不同區域的消防泵組，且若要設置區域消防泵組，必須每一區域要設置 Pump Room 及消防水池。

消防泵採(2 或 3 台消防泵＋持壓泵＋1 台緊急柴油發電機消防泵)並聯設計＋緊急柴油發電機，如此可藉由泵的運轉台數解決不同流量的需求，另目前只有消防栓

系統要減壓(規定 1.7 至 6 kg$_f$/cm^{2}間)，但其可用減壓型消防栓或加消防專用減壓閥即可，消防管走"地下管溝"方式設計。

　　有關消防水泵系統之部分，包括電動泵、備用電動泵、緊急柴油發電機及穩壓泵所組成，並從生水儲槽中經閉環管路將生水(Fresh Water)輸送至下列之滅火系統：

- ・水霧系統
- ・自動灑水系統
- ・室內消防栓箱系統
- ・室外消防栓箱系統
- ・泡沫及水消防系統

　　閉環管路中之水壓係利用穩壓泵及相關穩壓設備來維持。穩壓系統係利用安裝在穩壓泵出口端之壓力開關來檢測水壓，系統水壓若有發生下降之情況時，系統將自行啟動穩壓泵以維持系統之壓力。

　　水滅火系統至少須將消防用水輸送至下列區域：

- ・配電變壓器區
- ・汽輪機潤滑油冷卻器區
- ・輸煤系統及儲存區
- ・建築物內之消防管架
- ・廠房區附近之消防栓

▶ 8.3　消防安全設計

　　電廠內各種建築物、機組及設備的消防安全防護系統除須符合國內最新消防安全設備設置標準和公共危險物品及可燃性高壓氣體設置標準的規定外，亦遵循NFPA 850的標準規劃設計。

一、消防設備

1. 室內外消防栓系統

　　電廠之室內消防栓設置於主設備區(如氣渦輪機房及汽輪機房)及一般大樓、倉庫等區域，其餘建築物或為免設或設有自動滅火設備毋須設置，室外消防栓設備設於各建築物外，提供建築物外側之防護，消防水源均取自環廠消防主管線，消防主管線採地下埋管或管溝方式施工並設有指示型隔離閥，

若有意外洩漏時可進行區間隔離避免水源供應全面失效。每座室內消防栓防護半徑 25 m，各消防栓瞄子放水壓力不得小於 1.7 kg_f/cm^2，放水量不得小於 130 公升／分鐘。每座室外消防栓防護半徑 40 m，各消防栓瞄子放水壓力不得小於 2.5 kg_f/cm^2，放水量不得小於 350 公升／分鐘。

2. 馬達及輔助柴油發電機驅動消防泵

電廠設馬達及輔助柴油發電機驅動消防泵，藉環廠之消防主管線提供室內消防栓系統、室外消防栓系統、水砲塔、自動撒水系統、水霧滅火系統及泡沫滅火系統使用，並設有穩壓泵提供所有系統小洩漏之水量補充。消防主泵浦的設計均應符合 CNS 及 NFPA 的要求，其中包含控制盤、閥件等附件都是 CNS 認證核可及 UL/FM 之產品。

3. 自動撒水系統

輕油槽區設置撒水冷卻系統及其他重要機房區域設置自動撒水系統，其中警報逆止閥組及撒水頭等附件應是 CNS 認證核可及 UL/FM 之產品。

4. 水霧滅火系統

天然氣壓縮機房、氣渦輪機之主／輔助變壓器、汽輪機主變壓器、氣渦輪機 EHC 潤滑油槽區、汽輪機潤滑油槽區、消防用柴油發電機室及汽輪機軸承部等區域設置水霧滅火系統，所須之水源由環廠消防主管提供，水霧系統設有手動及自動啟動裝置，在自動火警探測器或感知撒水偵測火災發生後啟動系統(除汽輪機軸承部外)，當人員發現火災發生在自動啟動系統尚未作動，則可利用手動啟動裝置啟動系統迅速滅火減少損失，而汽輪機軸承部設有自動火警探測器，當偵測到火災發生時，火警訊號傳輸至受信總機，由控制室人員啟動系統。水霧滅火系統的設計遵循NFPA 850的要求，其中一齊開放閥、水霧噴頭及閥件等附件都應是CNS認證核可及UL/FM之產品。

5. 泡沫滅火系統

輕油儲槽內設置泡沫滅火系統，以最新消防安全設備設置標準及 NFPA 為設計之依據。

6. 消防水砲塔系統

儲煤場、卸煤站及其附屬設施區應在消防水砲塔系統的防護範圍內，水砲塔的設置依循NFPA之相關規範要求設計。

7. 氣體自動滅火系統

輔助鍋爐機房、緊急發電機房、電氣室、儀器室及電纜室等平時無人出入之區域可設置CO_2氣體自動滅火系統。新修正之消防設置準則規定"有特定或不特定人員使用之場所，不得使用CO_2滅火系統"，只能用海龍替代品滅火系統，故控制室等居室類區域設置必須選用FM-200(HFC-227ea)或煙烙燼(Inergen)或NOVEC1230等低污染氣體自動滅火系統。CO_2氣體自動滅火系統的設計需符合最新消防安全設備設置標準，低污染氣體自動滅火系統的設計符合NFPA2001之相關規定。

8. 警報系統

電廠採用 R 型受信總機，設置於中央控制室，監控全廠之火警探測回路，各棟建築物之火警探測器採用可定址式探測器，經受信總機顯示，可迅速判定起火區及起火位置，以採取必要之因應措施，並接受自動滅火設備啟動之訊號進行報知連動等動作，監控自動滅火設備，消防泵浦啟動狀況，同時亦提供各建築物警示燈號、警鈴及啟動緊急廣播系統等功能。警報偵測器包括光電偵煙感知器、定溫式偵測器、差動式偵測器及火煙式偵測器等。警報系統的火警綜合盤、火警受信總機都是CNS認證核可及UL/FM之產品。

9. 滅火器

電廠各建築物均設置ABC型乾粉滅火器於緊急發電機用油槽及汽輪機潤滑油槽各設置一具150磅輪架型 ABC 乾粉滅器，而於 C 類火災或有貴重設備之場所，例如：電氣室、控制室等處，手提式滅火器則採用CO_2藥劑手提滅火器或低污染氣體手提滅火器。

10. 消防專用蓄水池

消防專用蓄水池容量依照最新消防安全設備設置標準及 NFPA 之相關規定設置，採水口應標明「採水口」或「消防專用蓄池採水口」字樣，須設置在消防車能接近至其 2 m 範圍內易於抽取處。消防專用蓄水池至建築物各部份之水平距離應在 100 m 以下。

11. 緊急排煙系統

電廠各建築物依照最新消防安全設備設置標準設計緊急排煙系統。樓地板

面積每 500 平方公尺以防煙垂壁區劃，排煙機排煙量不小於 120 m³/min，在一區防煙區劃時每平方公尺 1 m³/min 排煙量，在二區以上之防煙區劃時，不小於最大防煙區劃面積每平方公尺 2 m³/min。

12. 避難逃生設備

全廠區遵照安全防護計畫的程序及逃生路徑設置出口標示燈、避難方向指示燈、避難指標及緊急照明燈等避難逃生設備。

13. 緊急電源

緊急電源須為蓄電池設備或緊急柴油發電機，其容量依最新消防安全設備設置標準設計，應能使消防設備、警報設備、廣播設備及排煙設備等有效動作二十分鐘以上，緊急照明燈兼避難方向指示燈應在三十分鐘以上。

二、設計準則

1. 消防栓壓力規定

室內消防栓壓力：$1.7 \, kg_f/cm^2 \sim 7.0 \, kg_f/cm^2 (No.1)$，$2.5 \, kg_f/cm^2 \sim 7.0 \, kg_f/cm^2$ (No.2)

室外消防栓壓力：$2.5 \, kg_f/cm^2 \sim 6.0 kg_f/cm^2$

No.1 室內消防栓

立管 ≧ 63 mmφ，$1.7 \, kg_f/cm^2$，130 ℓ/mm，防護半徑 25 m，13 mm 瞄子

No.1 室內消防栓配製：

$$\begin{cases} 38mm \text{屋頂消防栓} + 38mm \times 15m \times 2 + \text{水帶架} + 13mm \text{瞄子} \\ 50mm \text{屋頂消防栓} + 50mm \times 15m \times 2 + \text{水帶架} + 13mm \text{瞄子} \end{cases} < 25 \, m$$

$$Q \, (\ell/min) = 0.653D^2 \, (mm)\sqrt{P} \, kg_f/cm^2$$
$$= 0.653 \times 13^2 \times \sqrt{1.7} ≒ 143 \, \ell/min > 130 \, \ell/min$$

No.2 室內消防栓

立管 ≧ 50 mmφ，$2.5 \, kg_f/cm^2$，60 ℓ/mm

No.2 室內消防栓配製：

25 mm 屋頂消防栓 + 25 mm × 10 m × 2 + 水帶架 + 13 mm 瞄子

◎室內消防栓立管要獨立，如同一樓層五個消防栓要五根立管

室外消防栓配製：

63 mm 屋頂消防栓 + 63 mm × 20 m × 2 + 消防栓閥開關 + 19 mm 瞄子

2.　水源容量(最多以兩支)計算

$$\text{No.1}\ 130\ \ell/\text{min} \times 20\ \text{min} \times N(\leq 2) = 2600\ \ell \times 2 = 5.2\ \text{m}^3$$

$$\text{No.2}\ 60\ \ell/\text{min} \times 20\ \text{min} \times N(\leq 2) = 1200\ \ell \times 2 = 2.4\ \text{m}^3$$

必要落差(H)　h_1 ＋ h_2 ＋ h_3 ＋　　　17 m 室內 No.1，25 m，室內 No.2
　　　　　　　水帶　配管　(落差、重力)　　25 m 室外

　　　　　　　　　　　　　　　　　　　　10 m　　　　開放式撒水頭 80 ℓ/min
　　　　　　　　　　　　　　　　　　　　撒水　　　　密閉式撒水頭 90ℓ/min

　　　　　　　　　　　　　　　　　　　　27 m　　　　飛機修理廠，室內停車場等
　　　　　　　　　　　　　　　　　　　　水霧　　　　　　20 ℓ/min×m^2×a
　　　　　　　　　　　　　　　　　　　　　　　　　　　　a≒50 m^2

　　　　　　　　　　　　　　　　　　　　25 m 泡沫

	室外	撒水	水霧	泡沫
必要落差(H)＝ h_1 ＋ h_2 ＋17 m or 25 m 水管　配管	25 m	10 m	27 m	25 m
必要壓力(P)＝ P_1 ＋ P_2 ＋ P_3 ＋1.7 kg$_f$/m^2 or 2.5 kg$_f$/cm^2 水管　配管　落差				
必要揚程(H)＝h_1＋h_2＋h_3＋17 m or 25 m 消防泵(H&Q)，H如上所述之計算方式	25 m	10 m	27 m	25 m

　No.1　　　　　泵浦≧150 ℓ/min→法規要求放水量 130 ℓ/min(已考慮安全係數)
　No.2　　　　　泵浦≧70 ℓ/min→法規要求放水量 60 ℓ/min(已考慮安全係數)
室外消防栓　　　350 ℓ/min×30 min×2 ＝ 21 m^3

▶ 8.4 消防泵之性能規定

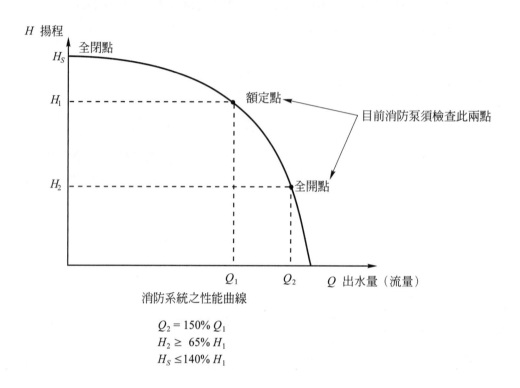

消防系統之性能曲線

$Q_2 = 150\% \, Q_1$
$H_2 \geq 65\% \, H_1$
$H_S \leq 140\% \, H_1$

例如： 消防泵(Fire Pumps)之銘牌標示流量$(Q) = 1000 \; \ell/\text{min}$，揚程$(H) = 100 \; \text{m}$
則$Q_2 = 1500 \; \ell/\text{min}$，$H_2 \geq 65 \; \text{m}$，$H_s \leq 140 \; \text{m}$

▶ 8.5　消防水系統設計

　　消防水系統之主要組件包括消防泵、灑水系統、水霧系統、泡沫系統、室內消防栓箱、室外消防栓箱等，圖面標示如下：

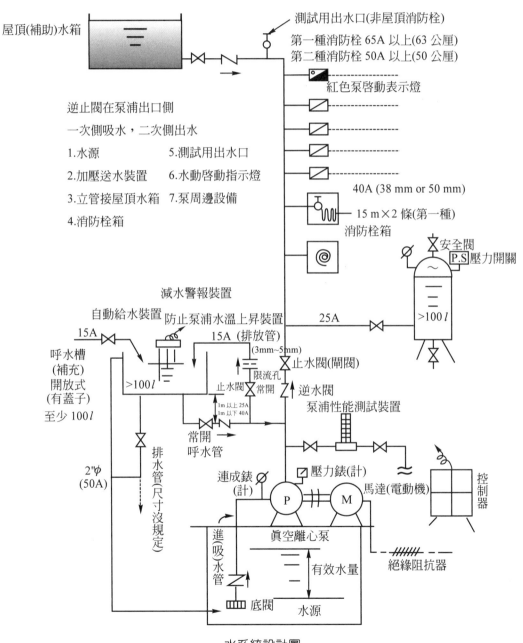

逆止閥在泵浦出口側

一次側吸水，二次側出水

1.水源　　　　　5.測試用出水口

2.加壓送水裝置　6.水動啟動指示燈

3.立管接屋頂水箱　7.泵周邊設備

4.消防栓箱

水系統設計圖

▶ 8.6 　合格之海龍替代品

海龍 1211 及 1301 均為極佳之滅火藥劑，但因破壞臭氧層於 2000 年已被嚴格禁用，NFPA 列舉合格之海龍替代品取代海龍藥劑，茲分析海龍替代品如下：

1. 海龍替代品特性分析

   NFPA 2001 承認之替代藥劑種類共有 8 種，分別說明於後

   (1) FC3-1-10：CEA-410 (C_4F_{10})

   3M 公司產品，不導電、毒性低、具良好之滅火效能、不含氯或溴原子，ODP 值為 0。CEA-410 效能與海龍 1301 類似，滅火濃度 5.9%，在大氣壓力下其沸點為 −2.0℃。

   (2) HBFC-22B1：FM-100 (CHF_2Br)

   大湖化學公司(Great Lakes Chemical Corporation，簡稱 GLC)產品，FM-100 又稱為海龍 1201 或海龍 22B1(HBFC-22B1)，可取代海龍 1301 及 1211。其 ODP 值為 0.5，滅火濃度 3.9 %，沸點為 −15.5℃。然而 HBFC 已於 1996 年 1 月 1 日起依蒙特婁議定書的規定停止生產。

   (3) HCFC 混合物 A：NAFS-III

   North American Fire Guardian 公司產品，混合物 A 包含① HCFC-123 (4.75%)，$CHCl_2CF_3$；② HCFC-22(82%)，$CHClF_2$；③ HCFC-124(9.5%)，$CHClFCF_3$ 及④ Isopropeny1-1-methylcyclohexene(3.7%)，以上為重量百分比，分子量 92.9 g/mole，沸點 −38.3℃。NAFS-III 系不含溴原子之混合物質，可取代 Halon 1301 系統，藥劑放射後不留殘渣，無金屬腐蝕性，不導電。ODP 值為 0.044，NOAEL 在 2 分鐘內為 10%，滅火濃度為 8.6%～11%。

   (4) HCFC-124：FE-241 ($CHClFCF_3$)

   FE-241 為杜邦公司產品，沸點 −11.0℃，ODP 為 0.022，經 Fenwal 公司測試滅火濃度為 6.4%，遠高於其 NOAEL(1%)，對於人員有安全上的顧忌。

(5) HFC-125：FE-25 (CHF_2CF_3)

杜邦公司產品，FE-25 不含氯及溴原子，可用來取代海龍 1301 系統，因心臟靈敏度試驗無法證明對人員無害，建議使用於人員不常駐之區域。滅火濃度 10 %，沸點－48.5℃，25℃下之蒸汽壓為 1.31MPaA，屬於低壓滅火劑。

(6) HFC-227ea：FE-227 & FM-200 (CF_3CHFCF_3)

杜邦化學公司及大湖化學公司產品，FE-227 & FM-200 屬於低壓系統，ODP 值為零對人員安全無虞。滅火濃度 5.8 %，沸點為－16.4℃，可用來取代海龍 1211 及 1301。

(7) HFC-23：FE-13 (CHF_3)

杜邦公司產品，FE-13，用做冷凍劑為時多年，不含氯及溴原子，ODP 值等於零，且對人員安全無虞。滅火濃度 14 %，相當於 1.6 倍海龍 1301 滅火劑之重量。沸點為－82℃，概略致死濃度(LC_{50})大於 650000 ppm，在 21℃時氣體壓力為 4.2MPaG，需用類似高壓二氧化碳之鋼瓶儲存，可取代海龍 1301。

(8) IG-541：Inergen

Wormald 公司產品，盛行於歐洲及英國地區，含氮氣之體積濃度為 52%，氬氣為 40%，二氧化碳為 8%。工作壓力為 15MPaG，能有效窒息火災，將氧濃度由 21% 降至 13%。安裝時鋼瓶數量較多需注意空間是否足夠。

2. 海龍替代品滅火效能性分析比較

藥劑	NAFS-III	HFC-227ea	CEA-410	FE-13	Inergen	CO_2
組成	HCFC Blend A	C_3HF_7	C_4F_{10}	CHF_3	$N_2/Ar/CO_2$	CO_2
滅火原理	抑制反應	抑制反應	抑制反應	抑制反應	窒息作用 $[O_2] < 14\%$	窒息作用 $[O_2] < 14\%$
設計濃度(%)	10.3	7	6.24	14.4	37.5	34.2
放射時間	10 秒內	10 秒內	10 秒內	10 秒內	1 分鐘以上	1 分鐘 3.5 分鐘
滅火速度	快	快	快	快	慢	慢

3. 海龍替代品環保分析比較

特性 ╲ 藥劑	Halon 1301	NAFS-III	HFC-227ea	CEA-410	FE-13	Inergen	CO_2
特性	無色無臭不導電						
ODP	16*	0.044*	0	0	0	0	0
GWP(100y)	5600	1450	2900	7000*	11700	—	1
ALT(yr)	78～107	7	31～42	2600*	264		120
毒性LC_{50}(%)	> 80	> 64	> 80	> 80	> 65	—	致死濃度 10%
設計濃度(%)	5	10.3	7	6	16	37.5	34.2
放射後 O_2濃度 (%)	20	18.8	19.6	19.7	17.6	13.1	13.9
燃燒產生之熱分解生成物(毒性)	HF	HF	HF	HF	HF	4%的CO_2使呼吸快 3 倍，導致呼吸困難	CO_2滅火濃度會致人於死

*Halon 1301 已停產，NAFS-III於 2020 停產，CEA-410 已停用。

4.　海龍替代品經濟效益分析比較

藥劑	NAFS-III	HFC-227ea	CEA-410	FE-13	Inergen	CO_2
系統壓力 (MPa)	2.48 (低壓系統)	2.48 (低壓系統)	2.48 (低壓系統)	4.2 (高壓系統)	15.0 (特高壓系統)	5.17 (高壓系統)
系統硬體	SCH.40 配管			SCH.80 配管		
防護區	無過壓情況			過壓情況較低，限定 500m² 以下無其他藥劑可選擇時才可配製該系統	因藥劑量多放射壓力高達 148 atm，須設洩壓口，調適區內過壓狀況以免牆壁或設備受損	過壓情況較低
鋼瓶區	無須專用鋼瓶室，可置於區內			須專設鋼瓶區，置於防護區外		
藥劑排放	檢討設置			檢討設置		須設排放裝置
藥劑單價成本	便宜	1	2	1.12	0.35	低廉
硬體成本	鋼瓶少 成本低	鋼瓶最少 成本低	鋼瓶少 成本低	鋼瓶少 成本高	鋼瓶多 成本高	鋼瓶多 成本高
系統成本	便宜	1.0	1.2	1.2	1.42	便宜
使用普遍化	低	高	已停用	低	中	中
商品普遍化	NAFGT	FIKE，HYGOOD，KIDDLE，FENWAL，CERBERUS，CHEMETRON，PEM-ALL	3M	DuPont	ANSUL TOTAL	歐美日皆有
維護成本	中	低	中	高	高	具致命毒性，致死案例多

5.　海龍替代品場所適用性分析比較

藥劑	NAFS-III	HFC-227ea	CEA-410	FE-13	Inergen	CO_2
允許人員駐守	佳	佳	佳	佳	可	不可
適用場所	•電腦機房 •中央監控室 •變電站 •變壓器室 •油槽室 •機械設備室 •船隻、航空引擎、車輛	•電腦機房 •中央監控室 •變電站 •變壓器室 •油槽室 •機械設備室 •船隻、航空引擎、車輛	•電腦機房 •中央監控室 •變電站 •變壓器室 •油槽室 •機械設備室 •船隻、航空引擎、車輛	•電腦機房 •中央監控室 •變電站 •變壓器室 •油槽室 •機械設備室 •船隻、航空引擎、車輛	•電腦機房 •中央監控室 •變電站 •變壓器室 •油槽室 •機械設備室 •船隻、航空引擎、車輛	•停車場 •電信機械室 •汽車修理廠 •引擎測試區

6.　選擇海龍替代品之考量因素

環境保護	(1) ODP 愈低愈好 (2) GWP 愈低愈好 (3) 大氣滯留時間愈短愈好
人員安全	(1) 替代品本身毒性 (2) 滅火後分解物之二次毒害與腐蝕性
經濟效益	(1) 與原系統相容性 (2) 教育工程技術人員之成本 (3) 藥劑成本 (4) 硬體成本
滅火效能	(1) 滅火濃度值 (2) 滅火速率
法規	(1) 符合 NFPA 2001 清淨滅火藥劑標準 (2) 通過國際間公信力機構之認證 (3) 經消防屬審查通過之替代品

7.　整體評估

藥劑	NAFS-III	HFC-227ea	CEA-410	FE-13	Inergen	CO$_2$
滅火效能	○	○	○	○	○	○
環境保護		○			○	○
安全性		○	○	○	○	
經濟效益	○	○				○
評估	尚可	佳	停用	尚可	可	尚可

評估僅供參考。

9

電廠環境保護與
污染防制設備

　　台灣經濟持續成長，用電需求不斷增加，但在水資源稀少及非核家園政策下，電力需求仍以火力發電為主，面對火力發電產生二氧化碳排放量增加的問題，積極建立環境管理系統，加強污染防制措施與改善工作，環保改善指標中之粒狀污染物、硫氧化物、氮氧化物等均已大幅度降低或已低於法規容許值甚多，顯見電廠執行環保改善決心與努力績效。由於京都議定書於 2005 年 2 月開始生效，我國雖非締約國，但為善盡地球村之責任，積極推動包括機組效率提升、推廣節約能源、溫室氣體盤查、再生能源發電、植栽與綠美化等無悔策略，並將持續蒐集相關資訊，俾妥善因應及提供政府擬定政策之參考，為平衡能源開發與環境保護貢獻心力。

　　溫室氣體排放及熱效率為發電廠之績效管理指標，選擇其一或者兩者兩兼採用。目前新機組的最佳淨廠熱效率如下：

　　燃煤超臨界機組(> 600 MW)　　　41.7%

　　煤碳氣化循環 IGCC　　　　　　49.4%

　　天然氣 CCGT 機組(> 1050 MW)　60%

　　火力電廠環保工程之規劃方向將朝著電廠公園化，融入廠區附近的環境為原則，茲分述如下：

1. 整體環境規劃

　　對於電廠的環保標準，將以符合環境影響評估報告之承諾值為最低要求。為了維護大氣的清潔，煙氣中含有的微塵和造成酸雨的硫氧化物、氮氧化物，通過排煙脫硝裝置，靜電集塵器和排煙脫硫裝置脫除後，經煙囪再排入大氣。

2. 環保規劃目標

　(1) 保護美麗的海洋

　　　冷卻用的循環海水，儘量控制溫排水的擴散範圍，以減少對周圍海域的影響。

　(2) 與周遭環境取得協調

　　　與廠區環境取得協調，電廠建築物的景觀與環境相互匹配和廠區綠化措施。

　(3) 控制粉塵飄散

　　　在運輸燃煤和煤灰過程，採用密閉的運輸設備，以防止粉塵的飄散。

　(4) 控制噪音及振動

　　　發電設備配置於廠房內部，安裝在堅固的基礎上，以降低噪音和振動對周圍環境的衝擊。

　(5) 煤灰的有效利用

　　　燃燒煤所產生之煤灰，有效地用於水泥等的添加原料，避免造成二次公害。

▶ 9.1　環保法規

一、電力設施相關環保法規及排放標準

1. 空氣污染物排放標準

　　近年來由於民眾對環境品質的要求日益提高，以及行政院環保署分階段公告日趨嚴格的排放標準，電廠應裝設空氣污染防制設備，務期能達成法規的要求。污染物排放濃度與含氧量之換算公式為 $C = \dfrac{21 - O_n}{21 - O_s} \times C_s$，其中 O_n 為排氣中含 $O_2\%$ 之基準值，O_s 為排氣中含 $O_2\%$ 之實測值，C_s 為實測之濃度

(ppm)，C 則爲含 $O_2\%$ 基準值之相對濃度(ppm)。其中火力發電廠空氣污染物的排放標準如下表所示：

表一：汽力機組空氣污染物排放標準

空氣污染物	排放標準		施行日期		備註
			新設污染源	既存污染源	
粒狀污染物	目測判煙： 不得超過不透光率 20%		自發布日施行。		
	粒狀污染物不透光率連續自動監測設施監測： 每日不透光率 6 分鐘監測值超過 20% 之累積時間不得超過 4 小時。				
	排氣量 (Nm³/min)	濃度 (mg/Nm³)	標準(3)自發布日施行。	一、標準(1)自發布日施行。 二、標準(2)自中華民國一百零五年十二月一日施行。	一、標準(1)之未表列者以下式計算之： $C = 1860.3Q^{-0.386}$ 二、中華民國七十四年十二月三十一日前設立之汽力機組，自發布日起適用標準(4)。
	30 以下 50 100 200 300 500 800 1000 2000 3000 5000 8000 10000 20000 30000 50000 70000 以上	(1) 500 411 314 241 206 169 141 129 99 85 70 58 53 41 35 29 25			
	(2) 20 mg/Nm³ (3) 10 mg/Nm³ (4) 40 mg/Nm³				

表一：汽力機組空氣污染物排放標準(續)

空氣污染物	排放標準		施行日期		備註
			新設污染源	既存污染源	
硫氧化物〈SO_x，以SO_2表示〉	氣體燃料	(1) 60 ppm (2) 30 ppm	標準(2)自發布日施行。	標準(1)自發布日施行。	一、混合燃料以下式計算之： 排放標準＝AX＋BY＋CZ A：氣體燃料之SO_x排放標準 B：液體燃料之SO_x排放標準 C：固體燃料之SO_x排放標準 X：氣體燃料占總熱輸入量之百分率 Y：液體燃料占總熱輸入量之百分率 Z：固體燃料占總熱輸入量之百分率 以乾燥排氣體積計算 二、中華民國六十二年十月三十一日前設立之汽力機組，以液體燃料作為燃料者，自發布日起至一百零五年七月三十一日適用標準(1)；自一百零五年八月一日起適用標準(2)。 三、中華民國七十四年十二月三十一日前設立之汽力機組，以液體燃料作為燃料者，自發布日起適用標準(1)，且自一百零七年一月一日起應符合下列規定： ㈠單一機組之年排放總量不得超過2,362.5公噸。 ㈡同一公私場所有二以上符合適用條件之機組，得合併計算年排放總量，不受前款限制。但不得超過4,725公噸。
	液體燃料	(1) 250 ppm (2) 60 ppm (3) 30 ppm	標準(3)自發布日施行。	一、標準(1)自發布日施行。 二、標準(2)自中華民國一百零五年十二月一日施行。	
	固體燃料	(1) 200 ppm (2) 60 ppm (3) 30 ppm			

表一：汽力機組空氣污染物排放標準(續)

空氣污染物	排放標準		施行日期		備註
			新設污染源	既存污染源	
氮氧化物（NO_x，以NO_2表示）	氣體燃料	(1) 100 ppm (2) 70 ppm (3) 30 ppm	標準(3)自發布日施行。	一、標準(1)自發布日施行。 二、標準(2)自中華民國一百零五年十二月一日施行。	一、混合燃料以下式計算之： 　排放標準＝AX＋BY＋CZ 　A：氣體燃料之NO_x排放標準 　B：液體燃料之NO_x排放標準 　C：固體燃料之NO_x排放標準 　X：氣體燃料占總熱輸入量之百分率 　Y：液體燃料占總熱輸入量之百分率 　Z：固體燃料占總熱輸入量之百分率 　以乾燥排氣體積計算
	液體燃料	(1) 200 ppm (2) 70 ppm (3) 30 ppm			二、中華民國六十一年十二月三十一日前設立之汽力機組，以固體燃料作爲燃料者，自發布日起至一百零五年一月三十一日適用標準(1)；自一百零五年二月一日起適用標準(2)。 三、中華民國六十二年十月三十一日前設立之汽力機組，以液體燃料作爲燃料者，自發布日起至一百零五年七月三十一日適用標準(1)；自一百零五年八月一日起適用標準(2)。
	固體燃料	(1) 250 ppm (2) 70 ppm (3) 30 ppm (4) 85 ppm	標準(3)自發布日施行。	一、標準(1)自發布日施行。 二、標準(2)自中華民國一百零五年十二月一日施行。	四、中華民國七十四年十二月三十一日以前設立之汽力機組，以液體燃料作爲燃料者，自發布日起適用標準(1)，且一百零七年一月一日起應符合下列規定： ㈠單一機組之年排放總量不得超過 1,165 公噸。 ㈡同一公私場所有二以上符合適用條件之汽力機組，得合併計算年排放總量，不受前款限制。但不得超過 2,330 公噸。

表一：汽力機組空氣污染物排放標準(續)

空氣污染物	排放標準		施行日期		備註
			新設污染源	既存污染源	
					五、中華民國七十五年六月一日至八十六年十二月三十一日期間設立之汽力機組應符合下列規定： ㈠自發布日起至一百零五年十二月三十一日適用標準(4)。 ㈡自一百零六年一月一日至一百零九年十二月三十一日，適用標準(4)，且同一公私場所符合適用條件之汽力機組年排放總量合計不得超過 16,472 公噸。 ㈢自一百十年一月一日起適用標準(2)。
汞及其化合物	固體燃料	(1) 5 μg/Nm³ (2) 2 μg/Nm³	標準(2)自發布日施行。	標準(1)自發布日施行。	

表二：氣渦輪機組及複循環空污染物排放標準

空氣污染物	排放標準		施行日期		備註
			新設污染源	既存污染源	
粒狀污染物	目測判煙： 不得超過不透光率20%		自發布日施行。		
	粒狀污染物不透光率連續自動監測設施監測： 每日不透光率6分鐘監測值超過20%之累積時間不得超過4小時。				
	排氣量 (Nm³/min)	濃度 (mg/Nm³)	標準(2)自發布日施行。	一、標準(1)自發布日施行。 二、標準(2)自中華民國一百零四年十二月一日施行。	標準(1)之空氣污染物濃度以含氧百分率百分之六為參考基準，未表列者以下式計算之： $C = 1860.3Q^{-0.386}$
	30 以下	(1) 500			
	50	411			
	100	314			
	200	241			
	300	206			
	500	169			
	800	141			
	1000	129			
	2000	99			
	3000	85			
	5000	70			
	8000	58			
	10000	53			
	20000	41			
	30000	35			
	50000	29			
	70000 以上	25			
	氣體燃料	(2) 10 mg/Nm³			
	液體燃料	(2) 30 mg/Nm³			

表二：氣渦輪機組及複循環空污染物排放標準(續)

空氣污染物		排放標準		施行日期		備註
				新設污染源	既存污染源	
硫氧化物（SO_x，以SO_2表示）	氣體燃料	(1) 20 ppm (2) 8 ppm		標準(2)自發布日施行。	一、標準(1)自發布日施行。 二、標準(2)自中華民國一百零四年十二月一日施行。	混合燃料以下式計算之： 排放標準＝AX＋BY A：氣體燃料之SO_x排放標準 B：液體燃料之SO_x排放標準 X：氣體燃料占總熱輸入量之百分率 Y：液體燃料占總熱輸入量之百分率 以乾燥排氣體積計算
	液體燃料	(1) 100 ppm				
		排氣量＞6250 Nm³/min	(2) 24 ppm			
		排氣量≦6250 Nm³/min	(2) 100 ppm			
氮氧化物（NO_x，以NO_2表示）	氣體燃料	(1) 10 ppm (2) 40 ppm (3) 80 ppm		標準(1)自發布日施行。	標準(2)自發布日施行。	一、燃燒設備熱量輸入2.64×10^6 Kcal/hr以上者。 二、混合燃料以下式計算之： 排放標準＝AX＋BY A：氣體燃料之NO_x排放標準 B：液體燃料之NO_x排放標準 X：氣體燃料占總熱輸入量之百分率 Y：液體燃料占總熱輸入量之百分率 以乾燥排氣體積計算 三、中華民國七十二年三月三十一日前設立之機組，以氣體燃料作為燃料者，自發布日起至一百零六年四月三十日適用標準(3)；自一百零六年五月一日起適用標準(2)。 四、中華民國八十一年五月三十一日前設立之氣渦輪機組及複循環機組，於天然氣短缺或功能測試之操作期間以液體燃料作為燃料者，適用標準(3)。
	液體燃料	(1) 120 ppm (2) 100 ppm (3) 250 ppm		標準(2)自發布日施行。	一、標準(1)自發布日施行。 二、標準(2)自中華民國一百零四年十二月一日施行。	

2. 放流水標準

電廠的放流水可分為溫排水和一般排水兩種。根據現行「放流水標準」，水溫方面之規定如下：

(1) 放流水排放至非海洋之地面水體者：

放流水排放至非海洋之地面水體者：

攝氏三十八度以下(適用於五月至九月)

攝氏三十五度以下(適用於十月至翌年四月)

(2) 放流水直接排放海洋者，其放流口水溫不得超過攝氏四十二度，且距排放口五百公尺處表面水溫差不得超過攝氏四度。

表三：發電廠放流水水質項目及限值

項目		限值		備註
水溫	排放於非海洋之地面水體者	攝氏三十八度以下（適用於五月至九月）		
		攝氏三十五度以下（適用於十月至翌年四月）		
	直接排放於海洋者	放流口水溫不得超過攝氏四十二度，且距排放口五百公尺處之表面水溫差不得超過攝氏四度		
氫離子濃度指數		6.0~9.0		
氟鹽		15		
硝酸鹽氮		50		
氨氮	排放於自來水水質水量保護區內者	10		
	排放於自來水水質水量保護區外者	中華民國一百零六年十二月二十五日前完成建造、建造中或已完成工程招標之發電機組	150	自中華民國一百十年一月一日施行。
			100	自中華民國一百十三年一月一日施行。
			60	自中華民國一百十六年一月一日施行。
		中華民國一百零六年十二月二十五日前尚未完成工程招標之發電機組	20	
正磷酸鹽（以三價磷酸根計算）	排放於自來水水質水量保護區內者	4.0		

表三：發電廠放流水水質項目及限值(續)

項目		限值	備註
酚類		1.0	
陰離子界面活性劑		10	
油脂（正己烷抽出物）		10	
溶解性鐵		10	
溶解性錳		10	
鎘		0.03	
鉛		1.0	
總鉻		2.0	
六價鉻		0.5	
總汞	中華民國一百零六年十二月二十五日前完成建造、建造中或已完成工程招標之發電廠	0.005	
	中華民國一百零六年十二月二十五日前完成建造、建造中或已完成工程招標之燃煤發電機組，且產生排煙脫硫廢水進入廢水處理設施者	0.002	自中華民國一百十年一月一日施行。
	中華民國一百零六年十二月二十五日前尚未完成工程招標之燃煤發電機組，且產生排煙脫硫廢水進入廢水處理設施者	0.002	
銅		3.0	
鋅		5.0	
銀		0.5	
鎳		1.0	
硒	中華民國一百零六年十二月二十五日前完成建造、建造中或已完成工程招標之發電廠	0.5	
	中華民國一百零六年十二月二十五日前完成建造、建造中或已完成工程招標之燃煤發電機組，且產生排煙脫硫廢水進入廢水處理設施者	0.3	自中華民國一百十年一月一日施行。
	中華民國一百零六年十二月二十五日前尚未完成工程招標之燃煤發電機組，且產生排煙脫硫廢水進入廢水處理設施者	0.1	

表三：發電廠放流水水質項目及限值(續)

項目		限值	備註
砷	中華民國一百零六年十二月二十五日前完成建造、建造中或已完成工程招標之發電廠	0.5	自中華民國一百十年一月一日施行。
	中華民國一百零六年十二月二十五日前完成建造、建造中或已完成工程招標之燃煤發電機組，且產生排煙脫硫廢水進入廢水處理設施者	0.1	
	中華民國一百零六年十二月二十五日前尚未完成工程招標之燃煤發電機組，且產生排煙脫硫廢水進入廢水處理設施者	0.1	
硼	排放於自來水水質水量保護區內者	1.0	
	排放於自來水水質水量保護區外者	5.0	
硫化物		1.0	
生化需氧量		30	
化學需氧量		100	
懸浮固體		30	
總餘氯（或氯生成氧化物）		0.5	一、總餘氯適用放流水鹽度小於十 psu（Practical salinity unit）。 二、氯生成氧化物適用放流水鹽度大於等於十 psu（Practical salinity unit），應以氯生成氧化物檢測方法檢測。但氯生成氧化物檢測方法未公告前仍以總餘氯檢測方法檢測。

3.　噪音管制

　　電廠的噪音管制適用「工廠噪音管制標準」，係依管制區和時段而有不同的管制標準，內容如下表：

工廠噪音管制標準　　　單位：分貝，dB(A)

頻率 時段 音量 管制區	20Hz 至 200Hz			20Hz 至 20kHz		
	日間	晚間	夜間	日間	晚間	夜間
第一類	39	39	36	50	45	40
第二類	39	39	36	57	52	47
第三類	44	44	41	67	57	52
第四類	47	47	44	80	70	65

註明：1.時段區分：
　　　㈠日間：指各類管制區上午七時至晚上七時。
　　　㈡晚間：第一、二類管制區指晚上七時至晚上十時；
　　　　　　　第三、四類管制區指晚上七時至晚上十一時。
　　　㈢夜間：第一、二類管制區指晚上十時至翌日上午七時；
　　　　　　　第三、四類管制區指晚上十一時至翌日上午七時。
　　　2.管制區分類：
　　　第一類噪音管制區：環境亟需安寧之地區。
　　　第二類噪音管制區：供住宅使用為主且需要安寧之地區。
　　　第三類噪音管制區：以住宅使用為主，但混合商業或工業等使用，
　　　　　　　　　　　　且需維護其住宅安寧之地區。
　　　第四類噪音管制區：供工業或交通使用為主，且需防止噪音影響附
　　　　　　　　　　　　近住宅安寧之地區。

二、固定污染源煙氣排放監測

電廠之煙囪皆裝設煙氣連續排放監測系統(Continuous Emission Monitoring System，CEMS)，監測空氣污染物排放狀況，以了解污染防制設備處理後的空氣污染物濃度，作為採取適當防制措施的依據。

加強電廠附近地區環境空氣品質監測系統，以隨時掌握電廠附近地區之空氣品質狀況。

1. 環境監測
   監測項目：不透光率、二氧化硫、氮氧化物、稀釋氣體(氧氣)、排放流率。
   監測方法：(1)現址式光學量測法(OP/SO_2/NO_x)，(2)氧化鋯電位法(O_2)，(3)超音波法(Supersonic)

2. 水質監測
   (1) 一般放流水質監測：
       放流水監測資料均依據環保署公告之「水質檢驗方法」辦理並依規定向環保主管機關陳報，且為提昇監測品質，並推行各電廠放流水分析數據

的追蹤與品質查核工作，以建立品質保證制度，確保數據的可信度與可靠度。

(2) 溫排水水溫監測：

溫排水水溫監測係監測電廠冷卻水水溫的擴散狀況，目前國內電廠均已進行溫排水水溫監測作業，包括距離溫排水排放口五百公尺處水溫監測及在放流口設置水溫連續監測系統。

(3) 水質監測方法及原理

水質監測主要是依據行政院環保署公告之水質檢測方法來執行分析作業，其各項分析方法如下所述

分析項目	方法編號	方法名稱
水溫	水溫檢測方法(溫度計)	NIEA W217.51A
氫離子濃度指數	電極法	NIEA W424.53A
氟鹽	氟選擇性電極法	NIEA W413.52A
硝酸鹽氮	分光光度計法	NIEA W419.51A
氨氮(mg/L)	靛酚法 靛酚比色法	NIEA W437.52C NIEA W448.52B
正磷酸鹽	比色法	NIEA W443.51C
酚類	比色法	NIEA W520.52A
陰離子界面活性劑	甲烯藍比色法	NIEA W525.52A
油脂(正己烷抽出物)	索氏萃取重量法 液相萃取重量法	NIEA W505.54B NIEA W506.23B
溶解性鐵	火焰式原子吸收光譜法	NIEA W305.53A
溶解性錳	火焰式原子吸收光譜法	NIEA W305.53A
鎘	火焰式原子吸收光譜法	NIEA W306.55A
鉛	火焰式原子吸收光譜法	NIEA W306.55A
總鉻	--	--
六價鉻	比色法 離子層析法	NIEA W320.52A NIEA W342.50C
總汞	冷蒸氣原子吸收光譜法 熱分解汞齊原子吸收光譜法	NIEA M317.04B NIEA M318.01C
銅	火焰式原子吸收光譜法	NIEA W306.55A
鋅	火焰式原子吸收光譜法	NIEA W306.55A
銀	火焰式原子吸收光譜法	NIEA W306.55A
鎳	火焰式原子吸收光譜法	NIEA W306.55A

分析項目	方法編號	方法名稱
硒	自動化連續流動式氫化物原子吸收光譜法	NIEA W341.51B
	批次式氫化物原子吸收光譜法	NIEA W340.52A
砷	連續流動式氫化物原子吸收光譜法	NIEA W434.54B
	批次式氫化物原子吸收光譜法	NIEA W435.53B
	二乙基二硫代氨基甲酸銀比色法	NIEA W310.51A
硼	薑黃素比色法	NIEA W404.53A
硫化物	甲烯藍/分光光度計法	NIEA W433.52A
生化需氧量	水中生化需氧量檢測方法	NIEA W510.55B
化學需氧量	重鉻酸鉀迴流法	NIEA W515.55A
	密閉式重鉻酸鉀迴流法	NIEA W517.53B
	含高濃度鹵離子水中化學需氧量檢測方法－重鉻酸鉀迴流法	NIEA W516.56A
懸浮固體	103~105℃乾燥	NIEA W210.58A
總餘氯(或氯生成氧化物)	分光光度計法	NIEA W408.51A

註：NIEA 為中華民國行政院環保署公告之水質檢方法

3. 監測項目及方法

分析項目	方法編號	方法名稱
粒狀污染物	排放管道中粒狀污染物採樣及其濃度之測定方法(實施日：111/03/15)	NIEA A101.77C
硫氧化物	排放管道中二氧化硫自動檢測方法-非分散性紅外光法、紫外光法、螢光法	NIEA A413.75C
	空氣中二氧化硫自動檢驗方法-紫外光螢光法	NIEA A416.13C
氮氧化物	排放管道中氮氧化物自動檢測方法-氣體分析儀法	NIEA A411.75C
	空氣中氮氧化物自動檢驗方法	NIEA A417.12C
汞	排放管道中汞檢測方法	NIEA A303.70C

4. 噪音監測方法及原理

  (1) 測定點：依監測地點及監測目的之不同，慎選測定點並避免受到溫度、電氣、磁場等外界之影響地點。

  (2) 監測方法：

    ① 噪音之各監測儀器進行量測工作前，必須經過暖機之工作，於暖機結束後進行儀器校正。

    ② 使用之噪音計須符合 CNS 7129 精密聲度表標準，其儀器之校正共有儀器內部校正及外部標準音位校正兩種。

③ 儀器校正僅對噪音計內部電子訊號感應之校正，在每次現場量測前後均需執行檢查儀器內部電子訊號是否正常。標準音位校正，則包括音源感應器及電子訊號傳輸綜合系統之校正。音位校正器每年定期送至度量衡國家標準實驗室進行標準追溯，容許誤差值為 0.5 dB，超出此範圍則校正器應送回原廠維修調整。

5. 環境影響評估(Environmental Impact Assessment，EIA)之內容

(1) 開發計畫介紹。

(2) 替代計畫(投資、地點、製程)。

(3) 環境現況描述：空氣、噪音、水文、水質、地質、人文、社會、經濟、生態等。

(4) 環境影響預測及評估。

(5) 環境影響減低對策。

(6) 環境品質監測資料。

(7) 民眾意見。

(8) 綜合評估。

▶ 9.2　因應及防制氣候變遷的京都議定書

科學研究證實「排放溫室氣體」與「全球氣候變遷」有關，使全球氣候的變化，變得日益遽烈及不可預測。

1. 溫室氣體(Greenhouse Gases)與溫室效應

大氣中有些氣體含量極微小，卻會對氣候造成相當程度影響的氣體，這些氣體擅長吸收長波輻射、但不吸收短波輻射。它們會造成約 50%太陽輻射能量穿過地球大氣，這些能量會被地表吸收；地表在吸收這些能量後，本身會放出長波輻射。但這些由地表或大氣放出的長波輻射，卻會被剛才提到的那些氣體攔截，並且再將之放射出來，使得地表之對流層溫度升高。在夜晚，這些氣體繼續放射長波輻射，地表就不會由於因為缺乏太陽的加熱而變得太冷。這是溫室花房的暖化作用，這些氣體為「溫室氣體」，它們的影響則稱為「溫室效應」。

溫室氣體包括了最常聽到的二氧化碳(CO_2)及氧化亞氮(N_2O)、甲烷(CH_4)、氟氯碳化物(CFC)等。溫室效應自古就有，也出現在其他行星上；溫室氣體的存在不但暖化地表，也降低了日夜溫差。

溫室氣體的另一個特性是它們在大氣中的生命期相當長，二氧化碳為 50～200 年，甲烷 12～17 年，氧化亞氮為 120 年，CFC-12 為 102 年。這些氣體一旦進入大氣，幾乎無法回收，只有靠自然的過程讓它們逐漸消失。

由於溫室氣體的長生命期，它們的影響是長久的而且是全球性的。即使人類立刻停止排放所有的人造溫室氣體，從工業革命之後累積下來的溫室氣體仍將繼續影響地球的氣候。

2. CO_2導致平衡溫度增加之計算

$$\Delta T = \frac{\Delta T_d}{\ln 2} \times \ln \left[\frac{(CO_2)}{(CO_2)_0} \right] \tag{9.1}$$

ΔT：平衡時地球表面空氣溫度的平均變化值(℃)

ΔT_d：CO_2加倍時，平衡溫度變化的預測值(℃)，一般預期值為 3℃

CO_2：未來某時CO_2的濃度(ppm)

$(CO_2)_0$：CO_2的最初濃度(ppm)

例 自 1850 年至 1984 年，CO_2濃度由 280 ppm 增加到 345 ppm，若預期CO_2濃度提高一倍時溫度上升 3℃，則 1984 年溫度變化如何？

解 $\Delta T = \dfrac{3}{\ln 2} \times \ln \dfrac{345}{280} = 0.9$℃

3. 溫室效應的衝擊

(1) 採取自然生態循環的觀念

造成溫室效應、地球暖化的主要元凶為CO_2，它來自煤、石油、天然氣等化石能源，為了讓地球降溫，全球刮起了CO_2減量風，現階段之CO_2減量或再利用措施，由於減量有限甚至減量過程而產生更大量CO_2或成本過高，目前均處於起步階段，考量地下封存為兼具技術及經濟可行的方式，一切回歸到化石能源原來生成的地底深處。

(2) 溫室氣體的產生

地球被約 500 公里厚之大氣層所包圍，大氣層白天吸收太陽輻射、晚間阻擋地球散去輻射熱，日夜溫差因而不會太大。產生上述功能之氣體主要是水氣(> 60%)，其次是二氧化碳($CO_2 \cong 26\%$)，其他還有臭氧(O_3)、甲烷(CH_4)、氧化亞氮(N_2O；又稱笑氣)、氟氯碳化物(CFCs)、全氟碳化物(PFCs)、氫氟碳化物(HFCs)、含氯氟烴(HCFCs)、全氟碳化物(PFCs)及六氟化硫(SF_6)等。

近年來全球氣溫快速上升，主要源自人為作用，使大氣中部分氣體濃度急遽上升所致。「京都議定書」(Kyoto Protocol)正是為了採取措施減少此類氣體排放、由聯合國發起並經世界主要國家達成之協議，所規範溫室氣體(Greenhouse Gases)包括：二氧化碳、甲烷、氧化亞氮、氫氟碳化物、全氟碳化物及六氟化硫等 6 種氣體，其中以前 3 種為最主要。

(3) 溫室效應造成地球暖化的影響程度

在地球歷史上，氣溫或碳濃度本有許多變化，但近年來最引人注意的反常全球氣溫快速上升，主要係源自工業革命以來，人類燃燒化石燃料而使CO_2含量急劇增加(大氣中每年約增加 3100～3500 百萬公噸CO_2)，加強了溫室效應，形成全球變暖的主因；若不加以管制，預估至 2100 年時，全球平均氣溫將上升 2℃以上，屆時海平面將上升 50 cm，勢必造成地球氣候與環境之劇烈變化，甚而危及人類文明與發展。如何抑制溫室氣體的過度排放，為人類共同的責任。

4. 京都議定書內容

「京都議定書」於 2005 年 2 月 16 日起生效目標在於：將大氣中的「人為溫室氣體」濃度穩定在不危及氣候系統的水平。第一階段由以工業國為主的「締約國家」於 2008 年至 2012 年期間，將 6 類溫室氣體的排放量(CO_2、CH_4、N_2O、HFCs、PFCs 與 SF_6)回歸至 1990 年水準，平均再削減 5.2%，各國採差異性減量目標，現階段並未訂定開發中及新興國家的減量目標。為能兼顧各國經濟發展需要，提供各國「經濟有效」及「最低成本」的方式防制氣候變遷，議定書訂有「共同執行」、「清潔發展」、及「排放交易」三種機制，供不同締約國彈性採行。

5. 台灣溫室氣體排放量

目前國際統計及估算溫室氣體排放，係以各國政府氣候變化專家委員會的「溫室氣體統計初步準則」為參考基準，參酌當地實測的排放通量資料，按能源、工業製程、農業、土地使用變化及林業、廢棄物及溶劑使用等六個部門，計算重要溫室氣體的排放與吸收量。目前台灣有關溫室氣體排放量的估算，以二氧化碳(CO_2)排放量估算具有較高的可信度及準確度，甲烷(CH_4)及氧化亞氮(N_2O)估算結果的可信度及準確度較低，其他溫室氣體目前缺乏完整的統計資料；此外，我國近年已開始監測溫室氣體排放通量及估算森林與近海吸收二氧化碳之涵容能力。

6. 台灣溫室氣體排放量統計

因應聯合國氣候變化綱要公約「國家通訊」內容所示，台灣1992年起統計HFCs排放量，1998年起加入PFCs及SF_6。若不計入土地使用及林業的CO_2吸收量，台灣總溫室氣體排放量，自1990年起呈現上升的趨勢，至2000年達271.6百萬噸CO_2當量，其中CO_2佔大部分約所有排放量的88.0%，其次是CH_4佔4.6%，再其次是N_2O佔4.3%。若按排放部門分類，台灣2000年總溫室氣體排放量，能源佔大部分約佔所有排放量的85.8%，其次是工業製程佔6.5%，再其次是農業佔4.5%。各類溫室氣體排放中，以CO_2為最大宗，其中又以能源的燃料燃燒為最主要來源，顯示各國未來溫室氣體減量工作，應以節約能源及發展為首要對象。

在其他溫室氣體方面，甲烷排放以廢棄物掩埋場為最大來源，惟隨我國廢棄物逐漸改以焚化為主要處理方式，甲烷排放量未來將逐漸降低。氧化亞氮的排放主要來自農業部門，隨著台灣農業生產持續萎縮，氧化亞氮排放量預期亦將逐漸降低。此外，隨著台灣半導體工業近年來的快速成長，氫氟碳化物(HFCs)、全氟化物(PFCs)及六氟化硫(SF_6)的排放量也隨之快速成長，由於此類物質的溫暖化潛勢甚高(約為CO_2之數百倍至數萬倍)，半導體工業之溫室氣體排放問題值得重視。在森林及土地等CO_2吸收源方面，由於我國森林面積並無明顯變動趨勢，森林的CO_2吸收量已呈現穩定趨勢。

溫室氣體減量目標：全國2007年CO_2排放量為268百萬噸，於2016年至2020年間回到2008年排放量，於2025年回到2000年排放量(214百萬噸)，2050年回到2000年排放量之一半，並視後京都時期協議後續發展調整減量目標。

7. 台灣溫室氣體減量面臨的問題

　　以「經濟有效」及「最低成本」達到減量目標，溫室氣體排放與能源使用息息相關，台灣自產能源少，絕大多數能源需仰賴進口，1998 年台灣能源供應中進口之石油及煤炭即佔了 80%。在既有產業之能源使用架構下，面臨CO_2排放減量及維持產業生存競爭力之雙重壓力，此為台灣溫室氣體減量問題之一。估算台灣地區CO_2人均排放量，1990 年約 5.57 公噸，1995 年約 7.59 公噸，2000 年約 9.83 公噸，年平均成長率約 7.5%，台灣經濟明顯仍在新興發展階段。若台灣要仿效締約國家在 2010 年將CO_2減量至 1990 年水準，則減量幅度將高達 227%，如此將對台灣穩定之經濟成長產生極大之衝擊，且亦違反公約之公平原則，此為我國面臨溫室氣體減量問題之二。加上我國地窄人稠，高山及山坡地佔 74%，多數人口及工廠集中在僅佔 26% 之平原區，各項「環境負荷」高居世界前幾名，此為台灣面臨溫室氣體減量問題之三。

8. 台灣的立場與對策

　　台灣現階段尚未接受定位為締約國家的二個原因：(1)已開發國家應優先承擔歷史責任。(2)若比照締約國家將溫室氣體排放量回歸至 1990 年排放水準，勢將對台灣經濟發展造成重大衝擊且不公平。惟由於國際社會亦無法接受台灣定位與低度開發中國家承擔相同責任。由於台灣目前係已具工業基礎的開發中國家，因此當以新興工業國自居，承擔合理對等之溫室氣體減量責任。在前述考量下，政府認為應對新興工業國訂定不同溫室氣體排放之管制目標，即以公元 2000 年為基準年，2020 年為減量期程。目前台灣對京都議定書的因應，最重要的政府行動可以 2005 年 6 月 20 日及 21 日召開的「全國能源會議」為代表，該會議經過產、官、學界共同研討，提出數項氣候變化綱要公約因應策略的結論：(1)積極參與全球對抗氣候變遷行動，善盡國際社會的責任，積極回應推動溫室氣體減量措施，提升國家競爭力。(2)依據公約原則，承擔合理且與各國溫室氣體減量成本相當之責任。(3)溫室氣體排放基線資料及推估情景，應完整考量經濟、環境及能源之關係，並建立經濟成長與減量成本分析模型。(4)暫以 2020 年CO_2排放量降到 2000 年水準，或每人每年平均排放量 10 公噸，為我國CO_2排放量減量參考值，視國際發展趨勢及各項減量策略成效，應每 2～4 年檢討一次。(5)由能

源局擬定具體的減量時程及可行措施據以推動。(6)將CO_2排放增量納入環境影響評估，配合建立溫室氣體排放權交易制度。此外，「全國能源會議」中，也進一步提出能源政策遵循「溫室氣體減量策略」的重點：(1)積極推動節約能源、提升能源效率。(2)持續提升液化天然氣、汽電共生、再生能源、水力發電及其他淨潔能源容量。(3)至 2020 年核能在台灣總電力裝置容量中所占比例以不超過 1998 年現值為限。(4)訂定未來能源與電源結構配比。

9. 努力目標

全球氣候變遷的防制，目前已由「環保」議題，演變為 3E 問題(能源、經濟及環保)彼此具有密不可分的關係，京都議定書生效的結果，對台灣能源使用與經濟發展，無可避免地將造成相當程度的影響。台灣最直接受到衝擊的，將會是含碳能源的使用，使台灣付出經濟成長減緩的代價。惟台灣若能從調整中間投入要素與最終能源需求結構的角度著眼，藉由產業政策與產業結構的調整、技術的更新與升級、透過教育及宣導引導消費習慣的轉變、提昇能源的轉換與使用效率，除可獲得更佳的溫室氣體減量成效，亦可將溫室氣體減量的成本與衝擊降至最小。

議定書現階段雖未針對開發中及新興國家訂定具體減量目標，惟無論係基於國際社會成員義務或國際政治現實的考量，台灣應及早對議定書的精神與內容，作積極正面的回應與準備。在邁向成熟經濟體的轉型過程中，台灣如何在良性的國際互動情勢下，將各項溫室氣體減量措施妥適整合於國家長期發展策略中，規劃適宜的溫室氣體減量目標與措施，承擔「公平」、「合理」的防制責任，以「經濟有效」及「最低成本」的發電方式來達成目標，將是台灣因應「聯合國氣候變遷綱要公約」亟待釐清與解決的課題。台電公司預估至 2016～2018 年間，CO_2 排放強度可望自 2006 年之 0.556 kg CO_2/kWh 降至 0.51 kg CO_2/kWh，在 2018 年 CO_2 排放強度相較於 2006 年 CO_2 排放量減少 8.3%(燃煤電廠 0.839 kg/kWh，燃氣電廠 0.389 kg/kWh，燃油電廠 0.736 kg/kWh)。

10. 調適與減緩氣候變遷之架構

隨著溫室氣體排放量及濃度增加引發氣候變遷，全球氣溫上升，海平面上升之問題，人類因應氣候變遷所帶來的種種衝擊，提升各項的調適能力，包括人類及自然生態系統之平衡，社會及經濟潛力之突破，進而提升相關減量技術，減緩溫度氣體之排放(如圖 9.1)。

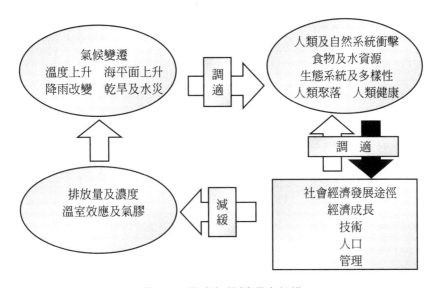

圖 9.1　因應氣候變遷之架構

我國溫室氣體總排放量之成長趨勢，從 1990 年 132.516 百萬公噸二氧化碳當量，上升至 2006 年 277.645 百萬公噸二氧化碳當量，約計成長 109.51%。若按照氣體別而言，二氧化碳(CO_2)為我國所排放溫室氣體中最大宗(約90%)，其次分別為N_2O(約 3.5%)、CH_4 排放量減少 60.91%，N_2O 排放量減少 4.12%，兩者均呈現負成長。

台灣自產能源貧乏，99% 仰賴進口，能源供給平均年成長率約 6.2%，是造成溫室氣體排放量持續成長的主因。1990～2006 年能源燃燒排放CO_2 排放成長率以較為趨緩：我國能源燃燒 CO_2 排放量年成長率自 1991 年 8.8%、1998 年 6.9%，逐步減緩至 2006 年 3.1%，排放量業已受到控制。台灣溫室氣體總量如表 9.1，且 CO_2 逐年上升，為未來優先採取減量的氣體(圖 9.2)。

表 9.1　台灣 1990～2002 年各種溫室氣體排放量

年	CO_2	CH_4	N_2O	HFCs	PFCs14	SF_6	總排放量 (千公噸)
1990	132516.25	13928.67	13999.60	N.E.	N.E.	N.E.	160444.52
1991	140968.32	15116.43	14886.20	N.E.	N.E.	N.E.	170970.95
1992	151272.04	17575.32	14827.30	702.00	N.E.	N.E.	184376.66
1993	164235.44	18821.88	15190.00	1638.00	N.E.	N.E.	199885.32
1994	173336.51	20043.87	15543.40	1521.00	N.E.	N.E.	210444.78
1995	179410.03	17995.95	15500.00	1755.00	N.E.	N.E.	214660.98
1996	189556.52	18292.68	15927.80	2808.00	N.E.	N.E.	226585.00
1997	203435.67	19193.58	14064.70	3276.00	N.E.	N.E.	239969.95
1998	216086.44	19312.44	13649.30	17454.63	607.76	61.42	267171.99
1999	218131.70	20160.21	13528.40	16712.27	1367.52	98.95	269999.04
2000	238935.97	12492.90	11739.70	5584.10	2736.15	114.48	271603.30
2001	246556.64	52063.41	12967.30	18776.85	1371.86	98.95	331835.01
2002	261722.94	58613.52	12784.40	18216.65	1371.86	98.95	352808.32
百分比	74.2%	16.6%	3.6%	5.2%	0.4%	0.03%	100%

單位：千公噸(Gg)CO_2當量
在 1997 年以前尚未有 PFCs 與 SF_6 之排放量推估調查，1991 年前尚未有 HFCs 之排放量推估調查。

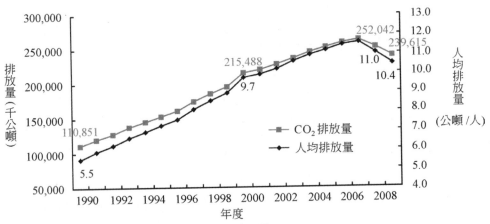

資料來源：經濟部能源局，2010 年 7 月
註：1990～2009 年燃料燃燒CO_2排放量年平均成長率4.1%

圖 9.2　台灣溫室氣體歷年排放趨勢

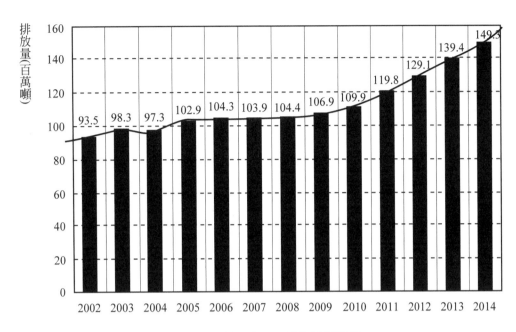

圖 9.3　台灣電廠CO_2排放量預估值

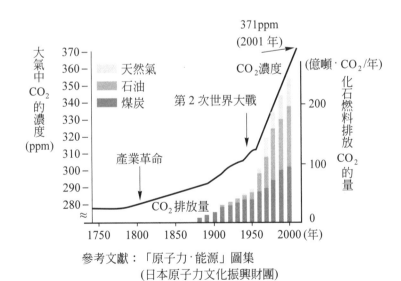

參考文獻：「原子力・能源」圖集
（日本原子力文化振興財團）

圖 9.4　世界化石燃料排放CO_2的量與大氣中CO_2濃度的關係

11. 可行之處理技術－地下封存

　　地下封存，係將CO_2注入地下水層、舊油氣田或深層煤層等地下構造，藉由地層之封閉與吸附，予以長期封存。目前包括美國、加拿大、英、法、德、

荷蘭、挪威等國均投入相當龐大的資源進行CO_2地下封存的準備及相關研究工作，而最早將概念付諸實行的則是北歐的挪威。挪威是最早實施課徵碳稅的少數國家之一，挪威國家石油公司(Statoil)為規避支付為數相當龐大的碳稅，於1996年首度嘗試將CO_2注入北海一深度800～1000公尺之地下水層，年注入量約 100 萬公噸。此一地下封存計畫成功之後，在美國、加拿大、荷蘭、德國、澳洲等多處均有不同規模的地下封存計畫進行。

表 9.2　國外CO_2地下封存潛能

地區		儲存潛能	評估機構	備註
北海		約 800×10^9噸	英國地調所	可供儲存全歐洲之電廠 800 年所排放之CO_2
美國	地下水層	約 500×10^9噸	美國能源部	以目前全美電廠所排放之CO_2計算，可供儲存全美國之電廠約 340 年所排放之CO_2
	舊油氣田	約 100×10^9噸		
全球	地下水層	$320 \sim 10000 \times 10^9$噸	國際能源總署潔淨氣體研發中心	
	舊氣田	$500 \sim 1100 \times 10^9$噸		
	舊油田	$150 \sim 700 \times 10^9$噸		

資料來源：國際能源總署潔淨氣體研發中心

表 9.3　CO_2回收及地下封存之成本預估

項目	費用(US$)
煙氣中CO_2回收	20～60 美元／公噸
CO_2加壓及管線輸送	8～11 美元／公噸(以 100 公里為基準)
CO_2注入	廢油氣層：0.5～3 美元／公噸
	地下水層(1500 公尺深)：2～7 美元／公噸
合計	30～78 美元／公噸

資料來源：1. OGJ, May, 2000
　　　　　2. SPE 39686.
　　　　　3. 荷蘭政府 2000 年CO_2地下封存經濟可行性評估報告。
　　　　　4. 美國 Bettele Memorial Institute 2000 年公佈之資料。

在國外，CO_2地下封存已相當廣泛且深入研究，在石油工業界不論是「強化採油」或「地下儲氣」，在技術上與CO_2地下封存有相當的共通性，主要將氣體注入地下構造中，嚴密監控注入氣體之動向即可。

位於俄亥俄州Mountaineer電廠附近，該燃煤電廠每年排放700萬噸CO_2，利用二維震測技術確認地下儲氣之構造形狀，在2003年探勘井評估儲氣層之岩性如圖9.5所示。

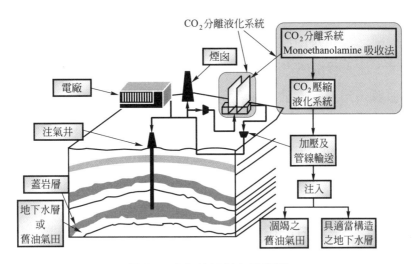

圖 9.5　CO_2地下封存示意圖

1997 年台灣CO_2排放量約 203×10^6公噸，在所統計 137 個國家中佔第 23 名，2000 年排放量約 238×10^6公噸，為 1990 年之 132×10^6公噸約增加一倍，成長率居世界之冠，2000 年以後經濟成長趨緩，產業大量外移，但CO_2排放量持續增加。

台灣四面環海，東部海域海底陡峭，數公里即可到達深海，海底封存方法儲存量最大，惟目前仍處於研究階段，CO_2是否可在深海長期且穩定封存、其對環境之影響程度等，尚待日後研究證實。相對於海底封存，廢礦坑、舊氣田與水層封存之技術可行性則早已獲得證實，惟台灣缺乏完整且具規模之廢礦坑，此項暫不考慮。

以地質觀點而言，注入與原產量相近之CO_2，地層壓力承擔應無問題，至於是否可注入更大量CO_2，尚須就儲集層深度、壓力、孔隙率、滲透率、厚度及可注儲量等配合注儲地點進一步評估。台灣地區CO_2封存其蓋層以錦水頁岩為主，注儲層則為其下之砂岩層之條件觀之，以平鎮構造，湖口－楊梅構造及坑子口構造等值得勘測，海域雖探勘費用高，但若能發現較大構造仍有其價值。

據美國貝泰公司研究推測，CO_2存在地層中約 100 年後即可完全溶入地層；確切之溶入速率與地層特性、岩性及其中流體性質有關，此方面亦須持續進行研究。

依據荷蘭政府所作費用分析，顯示CO_2回收再注入地下封存，主要費用係發生在分離、純化及回收階段，約占 70% 以上，其餘 30% 費用又以管線設施為大宗，注入費用僅占 10% 以下，尚包括操作費用與封存地層之開發費用；依此估算，每一立方公尺封存容量之探勘與開發投資約 0.1～0.25 元。

縱使CO_2封存所需探勘與開發之投資占整體費用比例不高，然而地底下的世界深不可測，自地下水層之調查、探勘、施工至注儲費時長達 6～10 年，係一長期性工作，實需及早規劃。

▶ 9.3　空氣污染防制設施概述

維持環境空氣品質為地球村內每位成員的責任，在使用優質電力的同時，更應該想到高級能源轉換是何等艱辛，對於火力電廠產生之三種主要空氣污染物，在考慮技術及經濟可行性後採取最佳之可行技術，分述如下：

1.　硫氧化物(SO_x)

為減少硫氧化物的產生，一方面擴大採用不含硫份之天然氣為燃料；另一方面燃油及燃煤電廠均採用低含硫量之燃料，且裝設排煙脫硫設備(Flue Gas Desulfurization，FGD)，以除去 90% 以上之硫氧化物。

2.　氮氧化物(NO_x)

為減少氮氧化物之排放，新機組均採用最先進之低氮氧化物燃燒器，從源頭減少氮氧化物的產生；同時依環境影響評估結果及相關法規的要求，裝設除氮效率可達 80% 之煙氣脫硝設備(如選擇性觸媒還原法，Selective Catalytic Reduction，SCR)來大幅減低氮氧化物的排放量。既有發電機組則改善燃燒製程以減少氮氧化物之產生。

3.　粒狀污染物(Particulate Matter)

粒狀污染物包括電廠燃燒產生的煙塵和煤場附近的煤塵兩種，各有不同的防制方式。

火力電廠的汽力機組均裝設高效率的靜電集塵器(Eletrostatic Precipitator)，除塵效率達 90～99.8%，燃油機組並另加裝油灰焚化爐來處理收集下來的油灰；此外燃煤機組裝設的排煙脫硫系統亦具有相當的除塵效果。

煤場的煤塵控制方面，採用密閉式輸卸煤設施(如筒狀、圓頂、棚式煤倉等)、設置防風防塵柵網、在煤場周圍種植防風林及裝置噴灑水系統，並經常壓實煤堆並清理路面和輸煤設備下方煤屑，長期存放的煤堆則使用化學藥劑安定表面等方式來加強抑制煤塵產生量。

▪ 空氣污染防制設備介紹

一、排煙脫硫設備

根據「電力設施空氣污染物排放標準」的規定，燃煤電廠的硫氧化物排放標準於 90 年 7 月起由 500 ppm 降為 200 ppm，欲符合新的排放標準，可燃用低硫燃料或裝設高效率的排煙脫硫設備(FGD)，但低硫燃料來源有限且燃料規範將偏離原鍋爐及靜電集塵器的設計範圍，故無法僅考慮燃用低硫燃料來達成，需裝設排煙脫硫設備才能符合最新的排放標準。

排煙脫硫技術自 1950 年代發展以來，在美、日、歐及世界各地已廣為使用，至目前為止，已研發成功的製程超過二、三十種，經過可靠性、除硫效率、運轉經驗、副產品利用、經濟效益等評估後，選出下列五種在技術及經驗方面較成熟之脫硫系統再進一步研究選用：

1.　石灰石／石膏法(濕式)
2.　半乾式法(半乾式)
3.　氫氧化鎂法(濕式)
4.　海水洗滌法(濕式)
5.　活性炭吸收法(乾式再生)

目前燃煤火力發電廠均選擇世界上公認最成熟可靠的石灰石／石膏法或海水洗滌法製程。

(一)「石灰石－石膏法」脫硫系統包括下列三種設備：

1.　煙氣冷卻／加熱－煙氣熱交換器

(1)　鍋爐燃燒之熱煙氣經過靜電集塵器已移除大部分之粒狀污染物。

(2)　熱煙氣經過煙氣熱交換器，將熱傳出，此舉一方面降低熱煙氣本身的溫度，減少 FGD 系統內反應所需之水量，另一方面亦可提昇經吸收塔除硫

處理後乾淨冷煙氣之溫度，使其經由煙囪排放至大氣後利於擴散，避免煙氣中之水蒸汽凝結成白煙，是一種廢熱回收及能源利用之設備。

2. 煙氣除塵－前置洗滌槽

降溫後的煙氣進入前置洗滌槽內以水沖洗，除去殘留的粒狀污染物和可溶解的酸性氣體(例如氯化氫和氟化氫等)，沖洗後之廢水則經由廢水處理後排放。此設備可提高副產品石膏的品質，但若是新建電廠，其靜電集塵器除塵效率很高，殘留之粒狀污染物很少時，可不必經前置洗滌過程，而直接進入吸收塔中。

3. 煙氣除塵－吸收塔

(1) 經冷卻與除塵後，煙氣進入噴灑式吸收塔，接受分佈均勻的高濃度石灰石溶液之沖洗。此時煙氣中的二氧化硫(SO_2)會和石灰石起作用，產生亞硫酸鈣留在吸收槽中，而除硫後的乾淨冷煙氣則流經煙氣熱交換器加熱，經煙囪排放至大氣中，如圖9.6所示。

(2) 吸收塔內的亞硫酸鈣需打入空氣，強制氧化成硫酸鈣(石膏)；這種內部強制氧化的技術，較傳統之槽外強制氧化效果好，不但可簡化設備，且產生之石膏結晶及形狀較為一致，較適於做為建材。

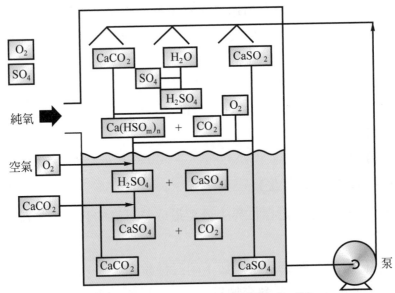

吸收：$2SO_2 + H_2O + CaCO_2 \rightarrow Ca(HSO_m)_n + CO_2$
中和：$CaCO_2 + H_2SO_4 \rightarrow CaSO_4 + CO_2$
氧化：$Ca(HSO_m)_n + O_2 \rightarrow CaSO_4 + H_2SO_4$
結晶：$CaSO_4 + 2H_2O \rightarrow CaSO_4 \cdot 2H_2O$

圖9.6　排煙脫硫反應方程式

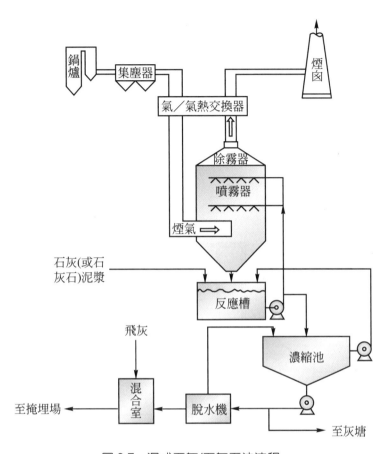

圖 9.7　濕式石灰/石灰石法流程

　　濕式石灰／石灰石法(FGD)流程主要裝置在集塵器之後，如圖 9.7 所示，石灰或石灰石被調製成泥漿後，送至反應槽與迴流之泥漿混合。反應槽之吸收劑(泥漿)由泵浦送往噴霧器噴灑。在滌氣塔(Scrubber)中，煙氣由下往上流，與吸收劑接觸，SO_2 則被吸收。作用後的泥漿排至反應槽繼續反應。

　　反應槽一部份的泥漿被送往濃縮池濃縮。濃縮池之上層澄清被泵回反應槽，下層之濃縮污泥則被送往灰塘棄置或脫水機脫水。經脫水後的污泥與飛灰在混合室固化和穩定化；此一混合物可進行衛生掩埋。

　　滌氣塔是此一系統中的主要部份。在過去很多種滌氣塔(如填充、文氏、噴霧、平板等)都被採用過，其中以逆流式噴霧塔(見圖 9.36)最受歡迎；原因是它可避免他設計所造成的結垢(Scaling)、阻塞、腐蝕等問題；而其主要的缺點是所需之液氣比(Liquid-to-Gas Ratio)較其他之設計高。

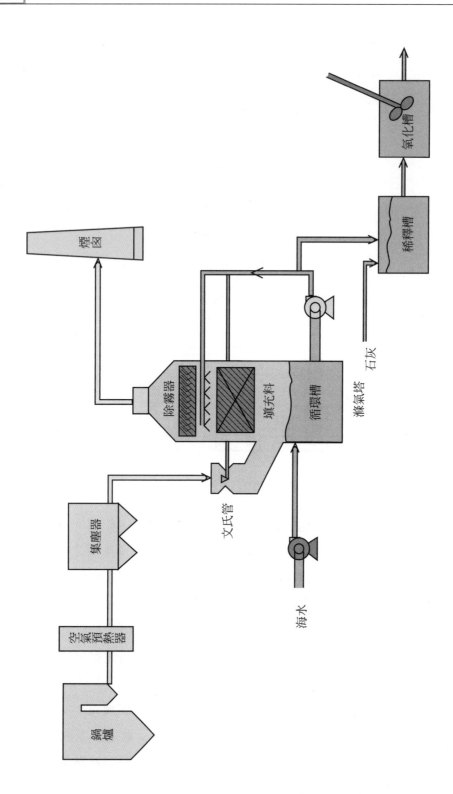

圖 9.8 海水 FGD 系統流程圖

　　海水吸收法之流程詳上圖所示，除塵後之煙氣先經驟冷段(文氏管)，使之降至絕熱飽和溫度，再進入滌氣塔。冷卻後之煙氣由下往上流經填充料，海水則由噴霧器灑下，在填充料區吸收 SO_2。乾淨之煙氣則經除霧器除去水份後，排至煙囪。

　　作用後之海水，先至循環槽使反應進行完全。一部份之海水被排至稀釋槽與來自其它製程之冷卻水(海水)混合後送至氧化槽 SO_3^{2-} 氧化成 SO_4^{2-}。

　　此種 FGD 系統最大優點是製程簡單，沒有廢棄物之問題。另外，此種 FGD 系統僅能適於靠近海邊之電廠或工廠。而其排出之廢水是否會造成附近海域生態環境之影響，尚須做進一步之探討。

二、脫硝設備

(一)氮氧化物的生成

　　空氣中的氮氧化物(NO_x)是造成酸雨及人類呼吸道疾病的重要原因之一，其成因主要是由於高溫燃燒時，空氣中之氮氣氧化而成，以及燃料中含氮化合物氧化而成，其產生機制說明如下：

1. 熱形成的氮氧化物(Thermal NO_x)：在燃燒過程中，當溫度達 1200°C 以上時，空氣中之氮分子氧化成 NO 主之氮氧化物，由於其反應為吸熱反應，因此溫度越高其生成量越多。但在煙氣排出煙囪後溫度逐漸下降時，而逐漸轉換成 NO_2 之氮氧化物。

2. 燃料的氮氧化物(Fuel NO_x)：燃料中之含氮有機物在燃燒過程中會與氧結合生成氮氧化物，其生成對燃燒區的溫度較不敏感，但在燃料濃度低，且完全燃燒時，氮氧化物的生成量越多。

(二)降低氮氧化物方法

1. 減少燃料中之含氮量

　　選擇含氮量低的燃料(例如天然氣以及低含氮量之油或煤)，或減少燃料中之含氮量(例如加氫脫氮處理)，均可減少氮氧化物的生成，但此種方法成本高昂，且僅能減少燃料中的氮氧化物，無法減少熱形成的氮氧化物，因此效果有限，且會受燃料品質的影響。

2. 燃燒製程的改善

　　在燃燒過程中，將空氣或燃料分段注入鍋爐內，以降低燃燒時之溫度、減少燃燒區的氧濃度，減慢熱釋放速率來減少氮氧化物的生成，為最經濟有

效的氮氧化物控制方法，雖然其改善效果有限(去除效率僅 30～50%)，且可能影響發電效率，但不致產生二次污染，是優先考慮採用的改善方法。

3.　煙道尾氣的處理

燃燒後產生的NO_x，在排放至大氣前，可裝設處理設備使其NO_x濃度降低，其方式基本上可分乾式及濕式兩大類，乾式法包括 SCR 及 SNCR 等，溼式法則有氧化／吸收法、吸收／還原法、及氧化／吸收／還原法等；濕式法吸收NO_x後會產生水污染物質，須進一步處理，設備複雜且成本較高；乾式之 SNCR 應用在大型鍋爐中，因溫度分佈不均勻，不易達到預期之效果，且有較高的NH_3洩漏，不適用於大型鍋爐；濕式的SCR技術，不但NO_x去除效率高，可達 70～90%，且系統相當穩定，無副產物產生，NH_3的洩漏量也較少，因此應用的較普遍，惟初設成本較高，且有觸媒更新及廢棄之問題，是成本高昂的設備，但可達成最好的處理效果。

綜合考慮上述三種處理方法後，一般火力機組均採用燃燒製程改善的方式裝設；另外裝設 SCR 以全面改善NO_x的排放問題。

(三)選擇觸媒還原設備

選擇性觸媒還原設備(簡稱SCR)的脫氮效率最高，可達70～90%，其原理是利用NH_3、H_2、CO 或碳氫化合物等還原劑，藉由適宜的觸媒將氮氧化物選擇性地還原成氮氣，再排入大氣。其中以NH_3為還原劑之應用最為普遍，其主要反應如下：

$$4NO + 4NH_3 + O_2 \xrightarrow{\text{觸媒}} 4N_2 + 6H_2O \text{(主要反應)}$$

$$2NO_2 + 4NH_3 + O_2 \xrightarrow{\text{觸媒}} 3N_2 + 6H_2O$$

SCR 技術發展於日本，其去除率雖高，但相對地成本也極高，使用之觸媒為貴金屬、金屬氧化物或沸石等，其適合之溫度並不相同，使用最多的主要為$V_2O_5 - TiO_2$，再添加其他特殊成份製成。觸媒型態以蜂巢式及平板式為主流；平板式所需之空間較大，蜂巢式所需空間較小，但不論何種形式之觸媒均易受粉塵磨蝕而降低使用年限，且長期使用後，觸媒之活性降低必須更新。

SCR安裝之位置依其相關位置可在 ESP 前、ESP 後或 FGD 後三種；若安裝於 ESP 後(高溫低飛灰側)，須使用高溫ESP，ESP容量大且造價高昂；而安裝於FGD

後(低溫低飛灰側)，則須增設再熱器加熱煙氣以達到SCR所要求之反應溫度，造成能源的大量浪費；因此一般流程中以裝設於ESP前(高溫高飛灰側)，即鍋爐之省煤器與空氣再熱器之間最為普遍，惟因大量飛灰易使觸媒之活性衰減，且飛灰中殘留之NH_3會影響飛灰之再利用，洩漏之NH_3亦會造成惡臭之問題，因此必須妥善控制NH_3之洩漏量，如圖9.9所示。

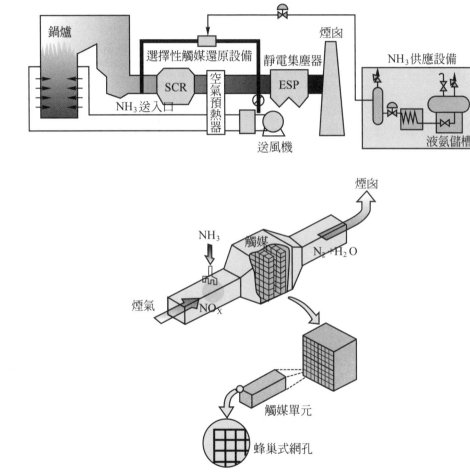

圖9.9　選擇性觸媒還原設備

三、靜電集塵器

　　移除火力發電廠煙氣中排放的粒狀污染物，常用的集塵器設備有重力沉降室、旋風除塵器、濕式洗滌塔、濾袋集塵器及靜電集塵器等，而由於靜電集塵器構造簡單、運轉方便、維護容易、不受燃料油煤之限制及具有極高除塵效率等優點，而裝有排煙脫硫設備之機組更可利用濕式洗滌塔進一步除塵。

(一)靜電集塵器(Electrostatic Precipitator 簡稱 ESP)

利用高壓直流電賦予電極放電產生電暈(Corona)使其附近之煙氣離子化,此時粉塵帶負電而往帶正電的集塵板移動並被吸附其上。集塵板上的粉塵累積到一定厚度時,會因自重或敲擊方式而落入集塵器底部的灰斗,再藉由出灰系統送至灰倉,俾作進一步處理或利用。

(二)煤灰靜電集塵器(Electrostatic Precipitator)

燃煤火力電廠,其靜電集塵器均與發電機組同時建造,老舊電廠靜電集塵器則須改善,使集塵效率提高至99.7%以上,其改善計畫包括:

1. 加大集塵室面積,提高集塵效率。
2. 更換集塵板、放電極改為框架式。
3. 控制系統由自動控制改為更進步之微電腦控制。

(三)油灰靜電集塵器(Electrostatic Precipitator)

油灰靜電集塵器之原理構造與煤灰靜電集塵器相同,其設計上之主要不同點分述如下:

1. 進口濃度:油灰約 $0.1 \sim 0.2$ g/Nm³,煤灰則約高出 100 倍。
2. 比集面積(SCA,有效總集塵面積與煙氣流量之比值):煤灰 ESP 的 SCA 值比油灰 ESP 約大 $1 \sim 2$ 倍,故油灰 ESP 的體積較小。
3. 注氨系統:油灰注氨主要目的在防止腐蝕及改善灰電阻以提高集塵效率。
4. 油灰焚化爐:油灰比煤灰約輕 $4 \sim 6$ 倍,體積龐大,且含有高價金屬,需焚化減容處理,以利回收。

四、環保法規與排放標準

火力發電廠各項設備適用的環保法規與排放值於下(但不侷限於下列):

(一)空氣方面規定

1. 固定污染源設置許可

    根據「固定污染源設置與操作許可證管理辦法」第九條規定之空氣污染防制計畫可合併於環境影響評估審查;依環境影響說明書審查結論辦法並獲得申請核可後,取得固定污染源設置許可。

2. 電力設施空氣污染物排放標準

依據 103 年 12 月 1 日環保署修正之電力設施空氣污染物排放標準，80 萬瓩汽力機組需符合之法規排放值如表 9.4 所示

表 9.4　空氣污染物排放標準(新設固體燃料)

空氣污染物	粒狀污染物	硫氧化物	氮氧化物
排放值@6%O_2	10 mg/Nm^3	30 ppmv	30 ppmv

3. 固定污染源最佳可行控制技術

依據 105 年 5 月 12 日環保署修正公告之固定污染源最佳可行控制技術，鍋爐蒸汽量在 80 噸／小時以上，其最佳可行控制技術需符合表 9.5 要求：

表 9.5　空氣污染物最佳可行控制技術

污染物	最佳可行控制技術
硫氧化物	1. 可行控制技術： 　(1)使用低污染性氣體或含硫份 0.1%以下之燃料；或 　(2)排煙脫硫技術。 2. 採行技術應使空氣污染物符合排放濃度≤50 ppm 或排放削減率≥90%規定。 3. 控制或處理前排放濃度達 2000 ppm 以上者僅適用排放濃度規定。
氮氧化物	1. 可行控制技術： 　(1)使用低污染性氣體及選擇性觸媒還原技術；或 　(2)低氮氧化物燃燒器及火上空氣噴注技術；或 　(3)選擇性觸媒還原技術；或 　(4)低氮氧化物燃燒器及選擇性觸媒還原技術。 2. 所採行技術應使空氣污染物符合排放濃度≤50 ppm 或排放削減率≥80%規定。 3. 控制或處理前排放濃度達 1250 ppm 以上者僅適用排放濃度規定。
粒狀污染物	1. 可行控制技術： 　(1)使用低污染性氣體為燃料；或 　(2)濾袋集塵器；或 　(3)靜電集塵器。 2. 所採行技術應使空氣污染物符合「固定污染源空氣污染物排放標準」附表之粒狀污染物(重量濃度)標準(2)規定。
條件說明	符合下列條件之一者，但廢熱鍋爐不在此限： 一、鍋爐蒸汽量 80 噸／小時以上。 二、輸入熱值 61.5 百萬千卡／小時以上。

4. 空污費之規定

電廠運轉期間，必須於每年一、四、七、十月之月前，自行至中央主管機關指定金融機構代收專戶繳納前季空氣污染防制費，並依規定之格式填具空氣污染防制費申報書，向中央主管機關申報。繳納費用將視污染源產生量而定，並依據民國 101 年 9 月 6 日環保署修正發布之空氣污染防制費收費辦法計算。

(二)水污染方面

1. 廢水排放許可

根據「事業水污染防制措施計畫申請，審查辦法」第十四條「應實施環境影響評估之事業，得依第四條至第十三條規定檢具申請文件，合併於環境影響評估審查。於環境影響評估審查通過後，逕向直轄市、縣(市)主管機關或中央主管機關委託之機關申請核准水污染防制措施計畫。前項水污染防制措施計畫，依審查通過之環境影響說明書或環境影響評估報告書所載內容及審查結論核准。」。空氣污染防制計畫，可合併於環境影響評估審查，依環境影響說明書審查結論辦理並取得申請核可後，取得核准函。

2. 相關排放標準

(1) 設置污水處理廠

自行依下水道法及水污染防制法等相關規定辦理廢(污)水專管排放或接管至工業區規劃之廢水排放管進行海放，如表 9.6 所示。

(2) 溫排水排放

溫排水排放需符合 108 年 4 月 29 日修正發布之放流水標準，溫排水排放溫度不超過 42℃，且距排放口 500 公尺之表面水溫差不得超過 4℃。

表 9.6　發電廠放流水水質項目及限值

項目		限值	備註
水溫(℃)	排放於非海洋之地面水體者	38℃以下(適用於 5~9 月)；35 度以下(適用於 10~4 月)	
	直接排放於海洋者	放流口水溫≦42℃，且距排放口 500 公尺處之表面水溫差≦4℃	
氫離子濃度指數		6.0~9.0	
氟鹽(mg/L)		15	
硝酸鹽氮(mg/L)		50	

表 9.6　發電廠放流水水質項目及限值(續)

項目		限值		備註
氨氮(mg/L)	排放於自來水水質水量保護區內者	中華民國 106 年 12 月 25 日前完成建造、建造中或已完成工程招標之發電機組	150	自中華民國 110 年 1 月 1 日施行。
			100	自中華民國 113 年 1 月 1 日施行。
			60	自中華民國 116 年 1 月 1 日施行。
	排放於自來水水質水量保護區外者	中華民國 106 年 12 月 25 日前尚未完成工程招標之發電機組	20	
正磷酸鹽(以三價磷酸根計算)(mg/L)	排放於自來水水質水量保護區內者	4.0		
酚類(mg/L)		1.0		
陰離子界面活性劑(mg/L)		10		
油脂(正己烷抽出物)(mg/L)		10		
溶解性鐵(mg/L)		10		
溶解性錳(mg/L)		10		
鎘(mg/L)		0.03		
鉛(mg/L)		1.0		
總鉻(mg/L)		2.0		
六價鉻(mg/L)		0.5		
總汞(mg/L)	中華民國 106 年 12 月 25 日前完成建造、建造中或已完成工程招標之發電廠	0.005		
	中華民國 106 年 12 月 25 日前完成建造、建造中或已完成工程招標之燃煤發電機組,且產生排煙脫硫廢水進入廢水處理設施者	0.002		自中華民國 110 年 1 月 1 日施行。
	中華民國 106 年 12 月 25 日前尚未完成工程招標之燃煤發電機組,且產生排煙脫硫廢水進入廢水處理設施者	0.002		
銅(mg/L)		3.0		
鋅(mg/L)		5.0		
銀(mg/L)		0.5		

表 9.6 發電廠放流水水質項目及限值(續)

項目		限值	備註
鎳(mg/L)		1.0	
硒(mg/L)	中華民國 106 年 12 月 25 日前完成建造、建造中或已完成工程招標之發電廠	0.5	
	中華民國 106 年 12 月 25 日前完成建造、建造中或已完成工程招標之燃煤發電機組,且產生排煙脫硫廢水進入廢水處理設施者	0.3	自中華民國 110 年 1 月 1 日施行。
	中華民國 106 年 12 月 25 日前尚未完成工程招標之燃煤發電機組,且產生排煙脫硫廢水進入廢水處理設施者	0.1	
砷(mg/L)	中華民國 106 年 12 月 25 日前完成建造、建造中或已完成工程招標之發電廠	0.5	
	中華民國 106 年 12 月 25 日前完成建造、建造中或已完成工程招標之燃煤發電機組,且產生排煙脫硫廢水進入廢水處理設施者	0.1	自中華民國 110 年 1 月 1 日施行。
	中華民國 106 年 12 月 25 日前尚未完成工程招標之燃煤發電機組,且產生排煙脫硫廢水進入廢水處理設施者	0.1	
硼(mg/L)	排放於自來水水質水量保護區內者	1.0	
	排放於自來水水質水量保護區外者	5.0	
硫化物(mg/L)		1.0	
生化需氧量(mg/L)		30	
化學需氧量(mg/L)		100	
懸浮固體(mg/L)		30	

表 9.6　發電廠放流水水質項目及限值(續)

項目	限值	備註
總餘氯(或氯生成氧化物)(mg/L)	0.5	一、總餘氯適用放流水鹽度＜10psu (Practical salinity unit)。 二、氯生成氧化物適用放流水鹽度≧10 psu (Practical salinity unit)，應以氯生成氧化物檢測方法檢測。但氯生成氧化物檢測方法未公告前仍以總餘氯檢測方法檢測。

註：1.本表未列項目同放流水標準。
　　2.上項限值得視處理廠之實際操作能力，定期修正。此外，污水中不得含有高濃度有色物質，避免引起民眾抗爭。

(三)噪音方面

　　目前我國對於噪音之管制法令，分為兩部份：一是整廠周界外之管制標準；另一為勞工安全衛生法令。對於整廠周界外之管制標準，依噪音管制法施行細則第七條規定，廠址若位於第四類管制區，依其規定日間最大不得超過 80 分貝，夜間最大不得超過 70 分貝，早晚間最大不得超過 75 分貝。

(四)廢棄物方面

　　根據廢棄物清理法第三十一條「第一項事業依規定應實施環境影響評估者，於提報環境影響評估相關文件時，得一併檢具事業廢棄物清理計畫書，送直轄市、縣(市)主管機關審查。俟環境影響評估審查通過後，由直轄市、縣(市)主管機關逕予核准。」，因此事業廢棄物清理計畫書，可於環境影響評估階段一併送審。

五、環保排放值

空氣及水的污染排放值規定如下(但不侷限於下列)：

(一)空氣方面

80萬瓩汽力機組空氣污染物排放值將依據下列數值據以設計：

表 9.7　80萬瓩汽力機組空氣污染物排放值

空氣污染物	粒狀污染物	硫氧化物	氮氧化物
排放值@6%O_2	≦10 mg/Nm^3	≦30 ppmv	≦30 ppmv

1. 計算煙囪高度與通風力

$$h = 355 \times H \times \left(\frac{1}{T_1} - \frac{1}{T_2} \right)$$

其中　h　：煙囪所產生之理論通風力(kg_f/cm^2)

H　：煙囪高度(m)

T_1　：大氣溫度(K)

T_2　：煙囪平均排氣溫度(K)

2. 煙囪直徑計算

配合空氣品質控制系統模擬所訂之煙囪高度(由環評做最後確認)，以增加排煙之擴散稀釋能力，並符合環境空氣品質標準。就煙囪直徑作探討，其可以下式作計算

$$d_1 = \frac{B_j n V_y (t_c + 273)}{3600 \times 273 \times 0.785 \, W_C}$$

其中　d_1　：煙囪出口直徑(m)

B_j　：鍋爐燃料消耗量(kg/hr)

n　：同一煙囪的鍋爐數量

V_y　：煙囪出口煙氣量(Nm^3/kg)

t_c　：煙囪出口溫度(℃)

W_c：煙囪出口煙氣流速(m/s)

基本上，80萬瓩鍋爐機組，在燃料 HHV = 5500 kcal/kg 全負載操作情形下，煙氣量為 2216×10^6 Nm³/h，在機械通風全負載操作情形下，煙氣出口流速介於 15 至 25 m/s 間，若以台中 5～8 號機之實測值 20～22 m/s 計算，另排氣溫度假設為 90℃，則一部機組煙囪所須內徑在排氣出口速度 20 m/s 的情況下，煙囪內徑為 7.2 m，若煙氣出口速度高達 22 m/s，則煙囪內徑約 6.8 m。

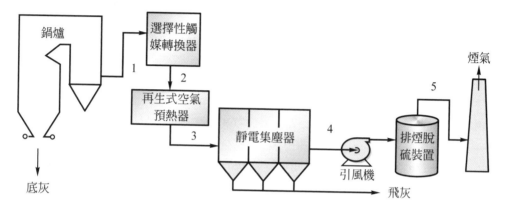

圖 9.10　煙氣品質控制設備

(二)水污染方面

廢水處理採製程廢水及生活廢水分流處理。

(三)溫排水

溫排水排放口絕對水溫低於 42℃，距放流口五百公尺表面水溫昇不超過 4℃。

表9.8　80萬瓩機組煙氣側流量(參考值)

氣流	1	2	3	4	5
體積流率 (Nm³/hr)	2158474.05	2158474.05	2158474.05	2158474.05	2158474.05
質量流率 (kg/hr)	2825787.83	2825787.83	2825787.83	2825787.83	2825787.83
氮氧化物　Nm³/hr	377.73	107.92	107.92	107.92	107.92
ppm，6%O_2	175.00	50.00	50.00	50.00	50.00
硫氧化物　Nm³/hr	871.42	871.42	871.42	871.42	107.92
ppm，6%O_2	403.72	403.72	403.72	403.72	20.19
懸浮固粒　kg/hr	23975.60	23975.60	23975.60	23.98	23.98
mg/Nm³，6%O_2	9230.00	9230.00	9230.00	25.00	25.00

註：各點相對位置參考圖 9.10

▶ 9.4　空氣品質控制設備的技術

　　燃煤電廠燃煤後產生的煙氣，含有氮氧化物(NO_x)，硫氧化物(SO_x)及煙塵等污染物，若不經空氣品質控制系統(Air Qualily Control System，AQCS)處理直接隨煙氣排放至大氣中，勢必造成環境污染問題。

　　電廠空氣污染物之排放承諾值為氮氧化物(以NO_x表示)≦30 ppmv(乾基，6%氧為基準)，灰塵粒狀污染物≦10 mg/Nm³，硫氧化物(以SO_x表示)≦30 ppmv，均遠低於鍋爐出口煙氣中預估的相對應含量(氮氧化物：150 ppmv，灰塵粒狀污染物11.77 g/Nm³，硫氧化物515 ppmv，詳表9.9)。為此必需設置適當處理裝置，去脫除煙氣中的氮氧化物、硫氧化物及粒狀污染物。

1. 污染物濃度計算

以重量計算，$1 \text{ mg}/\ell = 1 \text{ g/m}^3 = \dfrac{1 \text{ g}}{1000 \text{ kg}} = 10^{-6} = \text{ppm}$

$$1 \text{ μg}/\ell = 1 \text{ mg/m}^3 = \dfrac{10^{-3} \text{ g}}{10^6 \text{ g}} = 10^{-9} = \text{ppb}$$

以體積計算，$\dfrac{氣體污染物體積}{10^6 空氣體積} = 1 \text{ ppm}$

用質量／體積：μg/m³或mg/m³ vs. ppm(與 P，T 及分子量有關)

0℃，1 大氣壓，1 莫耳的理想氣體佔 22.4 ℓ(22.4×10^{-3} m³)

$$\text{mg/m}^3 = \text{ppm} \times \dfrac{1 \text{ m}^3 污染物/10^6 \text{ m}^3 空氣}{\text{ppm}} \times \dfrac{\text{mole weight(g/mole)}}{22.4 \times 10^{-3} \text{ m}^3/\text{mole}}$$

$$\times 10^3 \text{ (mg/g)} \quad \text{mg/m}^3 = \dfrac{\text{ppm} \times \text{mole weight}}{22.4} \text{ (在 0℃，1 大氣壓)}$$

考慮溫度及壓力的影響

$$\text{mg/m}^3 = \dfrac{\text{ppm} \times \text{mole weight}}{22.4} \times \dfrac{273}{T(\text{K})} \times \dfrac{P(\text{atm})}{1 \text{ atm}} \text{ (在 0℃，1 大氣壓)}$$

例 CO標準為 9 ppm，換算為 1 atm，25℃為多少 μg/m³

解 $\text{CO} = \dfrac{9 \times 28}{22.4} \times \dfrac{273}{298} = 10.3 \text{ mg/m}^3$

1 大氣壓，25℃之mg/m³換算成ppm

$$\text{mg/m}^3 = \dfrac{\text{ppm} \times 分子量}{24.45}(在 1 大氣壓，25℃)$$

表 9.9　電廠空氣污染物排放值與法規標準

	粒狀污染物	硫氧化物(SOₓ)	氮氧化物(NOₓ)	備註
鍋爐省煤器出口濃度	11.77 g/Nm³	515 ppmv	150 ppmv	依煤質與鍋爐容量計算(乾基，6%O₂)
法規排放標準	33 g/Nm³ (依80萬瓩煙氣量計算)	200 ppmv	250 ppmv	電力設施空氣污染物排放標準

　　圖9.11為電廠所採用的空氣品質控制設備示意流程圖，包括脫硝(脫除氮氧化物)、靜電集塵器及排煙脫硫等設備。

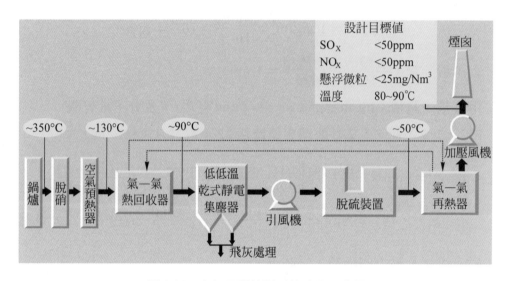

圖 9.11　空氣品質控制系統流程示意圖

▪ 9.4.1　煙氣中氮氧化物(NOₓ)的移除–(脫硝)

　　煙氣中氮氧化物(NO_x)是來自燃燒空氣中的氮(熱NO_x)和燃料(煤)中氮份的轉化(燃料NO_x)，其含量約為 150～460 ppmv。利用裝設低氮氧化物燃燒器(Low NO_x Burner)與火上空氣風口(OFA)及額外空氣風口(Additional Air-Port)等方式，以降低鍋爐煙氣的氮氧化物含量。預估鍋爐煙氣出口中(未經 SCR 脫硝)NO_x的含量為 150 ppmv。

　　新設電廠設計目標值，氮氧化物之排放值為 30 ppmv，故必須裝置脫除NO_x設備以符合要求。

　　由於選擇性觸媒還原法(SCR)可在 250～425℃溫度下運轉，與鍋爐省煤器出口煙氣溫度相當並可得到較高的脫硝效率(～90%)；與濕法式相比，不需排水處理，煙氣不需再加熱，其方法簡單、運轉容易、故障少、可靠性高及有較多的大型燃煤鍋爐廠運轉實績；除廢棄觸媒需處理外，幾無二次污染之問題，因此被廣泛應用在燃煤鍋爐煙氣脫硝裝置。

一、SCR 之脫硝原理，觸媒選擇及反應器的設計：

1. SCR(Selective Catalytic Reduction)之脫硝原理

　　SCR系統之示意圖及控制流程圖如圖 9.12 及圖 9-13 所示。其原理為採用氨或尿素作為還原劑，使其與煙氣中的氮氧化物反應，生成N_2和水。此反應在觸媒存在下，約在 250℃～400℃下進行，視觸媒之成份而定。其主要反應式如下：

$$4NO + 4NH_3 + O_2 \xrightarrow{\text{觸媒}} 4N_2 + 6H_2O + 放熱反應$$

$$6NO_2 + 8NH_3 \xrightarrow{\text{觸媒}} 7N_2 + 12H_2O + 放熱反應$$

$$NO + NO_2 + 2NH_3 \xrightarrow{\text{觸媒}} 2N_2 + 3H_2O + 放熱反應$$

$$2NO_2 + 4NH_3 + O_2 \xrightarrow{\text{觸媒}} 3N_2 + 6H_2O + 放熱反應$$

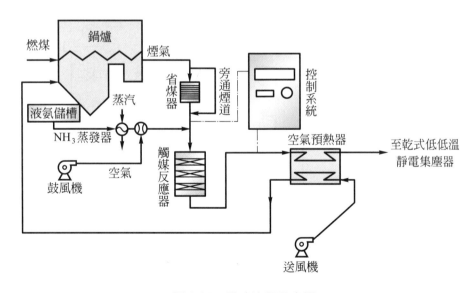

圖 9.12　脫硝流程示意圖

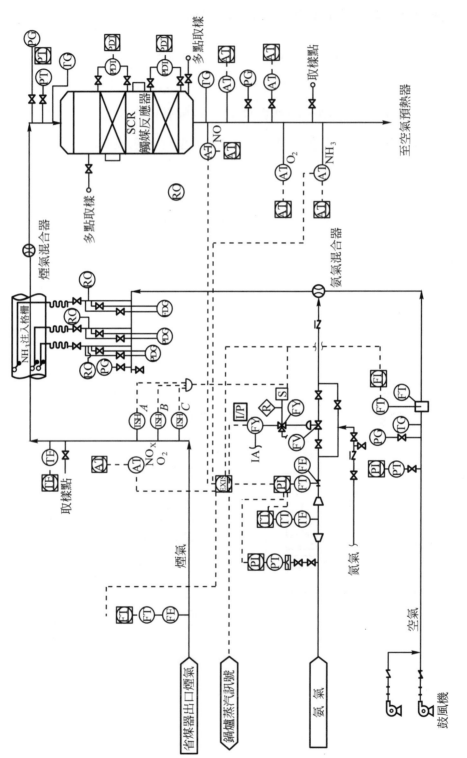

圖 9.13　選擇性觸媒還原設備控制流程圖

2. 有關觸媒的選擇及反應器的設計

由於運轉環境與製程上的限制，對於 SCR 系統會有不同的要求與限制，例如煙氣中粉塵含量、靜電集塵器(ESP)之排列位置等(若選定低－低溫ESP，SCR將裝置於ESP之前，而將採用高灰脫硝流程)、煙氣流量之大小、氨氣容許逸漏值(NH_3 Slip)、SO_2的氧化情況、系統容許壓降之限制、運轉溫度、NO_x的濃度及脫除率等均會影響到觸媒的選擇與系統的設計。因此需配合系統的需求，選擇適當的觸媒，方可達到最佳的性能。

SCR 脫硝製程的觸媒，可分為貴金屬(鉑/Al_2O_3)，金屬氧化物和沸石等觸媒。最常用的商用觸媒以V_2O_5/TiO_2型最為普遍，因它具有較高的活性，不易受到硫化物(SO_2)之毒化，其運轉溫度介於$300{\sim}425℃$。

煙氣的成份、流量、粉塵含量及系統對壓降之要求，是選擇觸媒型式(幾何形狀)的主要考慮因素。觸媒的型式包括有球形顆粒、圓柱形顆粒、環狀顆粒、板狀及蜂巢狀等。顆粒狀觸媒壓降較大，對高粉塵氣體易發生堵塞，建議採用板狀(Plate-Type)或大孔隙蜂巢狀(Honeycomb Type)觸媒。

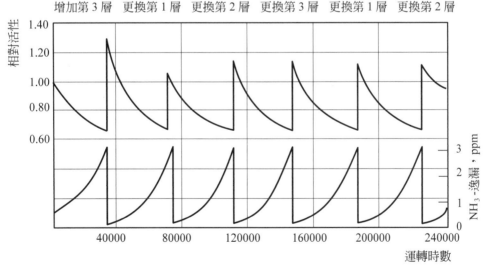

圖 9.14　SCR 觸媒更換週期

觸媒長期在高溫煙氣的作用下，煙氣中的粉塵、飛灰會磨蝕觸媒表面的活性物質，甚至堵塞觸媒表面的孔洞，而煙氣中的SO_3、鹼金屬、鉛、砷和磷等物質與觸媒作用，在表面形成穩定的化合物，將觸媒的活性基覆蓋，使觸媒活性隨著使用時間增加而不斷下降，無法達到原定的脫硝效率要求。

此時需考量增添新觸媒於原有的觸媒上，待若干年後，再進行全面更新觸媒(圖 9.14)。為了便於裝卸觸媒，把催化元件裝成催化劑(觸媒)組件，組件排列在觸媒反應器的框架內，構成催化劑層。這樣使得更換失效的觸媒組件比較方便。

一般V_2O_5/TiO_2型的廢觸媒含有重金屬，屬於有毒廢棄物，不得任意丟棄或掩埋。應在購買新觸媒之合約中規定，由提供觸媒之廠家負責廢觸媒的回收，加以再生或處理。

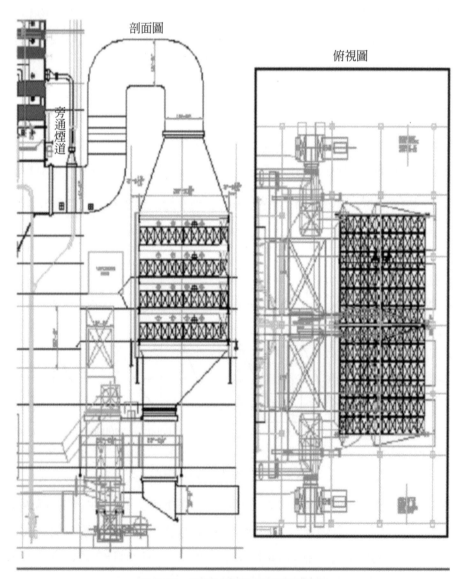

圖 9.15 SCR 觸媒反應器配置圖

觸媒反應器按所要求的脫硝率、煙氣量、空間速度、線速度等計算出需要
之觸媒體積、反應器的直徑與高度及反應器的阻力降等。

觸媒反應器佈置可以水平或垂直排列。在現場空間許可條件下，應儘可能
採用垂直排列(圖 9.15)，因此種佈置方式的氣流由上往下，可以減少粉塵之
堆積。

二、影響 SCR 運轉性能因素及控制

1. 溫度

V_2O_5/TiO_2 型觸媒的運轉溫度為 300℃～400℃，圖 9.16 為其運轉溫度與 NO_x
轉化率(%)之關係曲線。其最佳運轉溫度約為 350℃。當反應器入口溫度太
低時(一般設定在 300℃)將使脫硝效率降低，並且造成過高的氨逸出，產生
大量的硫酸氫銨，此時應停止噴氨，避免造成設備堵塞及更大的污染。

其反應式如下：

$$NH_3 + SO_3 + H_2O \rightarrow NH_4HSO_4$$

此化學反應一般發生於 200～290℃，主要與溫度，煙氣中的 NH_3、SO_3 及
H_2O 濃度有關。

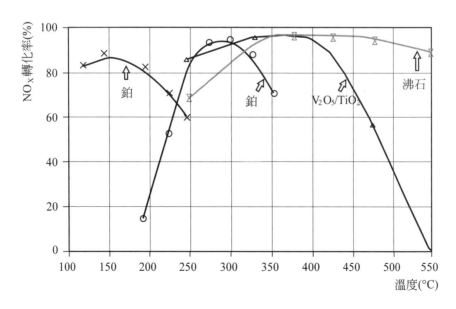

圖 9.16 不同化學成分之選擇性觸媒及最佳反應溫度範圍的比較

　　圖 9.17 顯示煙氣中SO_3含量與 SCR 反應器操作溫度關係。從圖中可以看出，其運轉溫度宜在 300℃以上。由於硫酸氫銨會與煙氣中之飛灰粒子相結合，並沈積於 150～190℃之金屬表面，因此會有空氣預熱器的熱交換元件上形成融鹽狀的積灰，造成空氣預熱器的壓降增加、傳熱效率降低、腐蝕速度增加等不良現象。

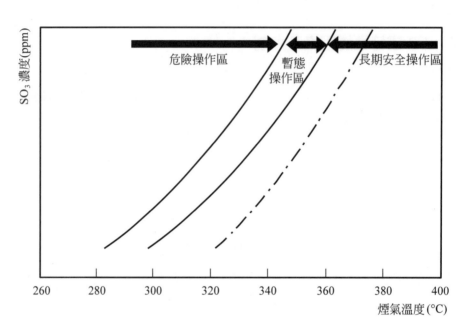

圖 9.17　煙氣中SO_3含量與 SCR 反應器運轉溫度關係圖

　　當反應器入口溫度太高時(一般設定在 400℃)，因觸媒最高耐溫約為 450℃，為了確保觸媒不致燒壞，故當溫度超過設定值後，即關閉控制閥，停止噴氨並發出警告訊號，提醒運轉人員執行緊急處理程序，以避免觸媒受損。為了控制系統溫度，脫硝設備的運轉要與鍋爐的運轉協調，在鍋爐的設計中合理設計省煤器的熱交換量，使其在大部份鍋爐運轉的負荷範圍內滿足脫硝裝置的運轉溫度。另外加裝省煤器旁路不但在鍋爐低負荷運轉時仍可保證進入 SCR 煙氣的溫度，且可在起機時利用它使進入 SCR 煙氣溫度較快達到 300℃以上，縮短起機時間。

　　理論上，SCR 內去除氮氧化物的反應雖為放熱反應，但由於煙氣中氮氧化物含量僅為 150 ppmv，其反應熱可忽略不計，對整個系統之運轉溫度可視為不變。

2. 氨(NH₃)的影響

氨在 SCR 脫硝反應中，除了當作還原劑與氮氧化物反應外，還會進行其它的氧化反應，特別是在高溫下會生成NO、N_2O等，這不但增加了氨耗量，且製造出多餘的污染物。

如圖 9.18 所示，觸媒對 NO 的轉化率隨著NH_3/NO比值而增加，當NH_3/NO = 1時，轉化率最高。更多的氨並不能使NO的轉化更好，反而多餘的會與煙氣中的SO_3反應生成硫酸氫銨，並和飛灰結合沈積在後面的空氣預熱器，造成堵塞和腐蝕。一般 SCR 出口煙氣中氨的含量合理為 3 ppm。

在運轉上將氨的注入量控制在NH_3/NO = 0.80～1.0 之間，以確保觸媒的轉化率(大於 80%)和最低的氨逸漏值。

氨的注入方式會影響氨和煙氣中氮氧化物混合的均勻程度，進而影響脫硝的性能及氨逸漏情況。在設計上，設置氨氣注入格柵(NH₃ Injection Grid)、氨氣／空氣混合器及稀釋氨／煙氣混合器以達到上述目的。

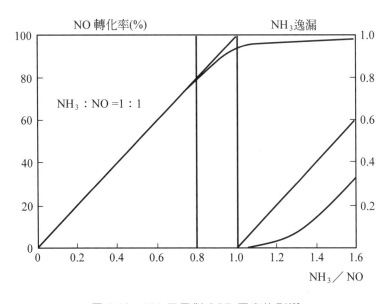

圖 9.18　NH₃用量對 SCR 反應的影響

3. 氧氣的影響

如圖 9.19 所示，氧氣有加速氮氧化物被氨還原之速率。對V_2O_5/TiO_2型觸媒，當氧氣濃度達 0.3%時，反應已達到最高的活性，且呈穩定狀態。因為煙氣中氧含量在 2%以上，故不需考慮氧含量的影響。

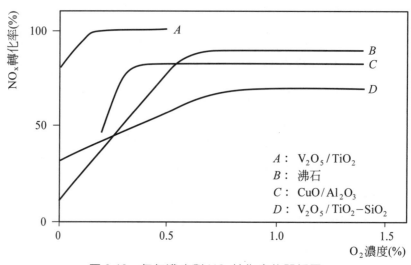

圖 9.19　氧氣濃度對 NO_x 轉化率的關係圖

4.　蜂巢觸媒孔隙度的影響

圖 9.20 顯示在相同的體積空間速度下,比較不同孔隙度對 NO 轉化率的影響。很明顯地,NO 的轉化率隨著孔隙度的增加而提高。例如 100CPSI(每平方英吋的孔洞數)的觸媒較之 50CPSI 的觸媒,在相同體積空間速度下,轉化率由 60% 上升至 90%。因此在不考慮壓降和其它因素的情況下,使用 100CPSI 觸媒可以節省觸媒的用量。從另一角度來說明,由於煙氣中粉塵堵塞觸媒中的孔洞,亦會引起轉化率的下降。

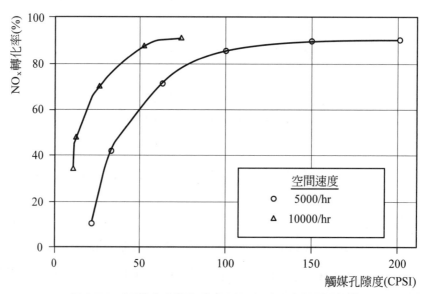

圖 9.20　蜂巢式觸媒孔隙度對 NO_x 轉化率的關係圖

圖 9.21 為觸媒間距與所需觸媒體積之關係圖。從圖中可以看出燃煤電廠，煙氣較髒，間距應選擇在 7 mm 附近。此值主要視煤之灰含量及鍋爐之運轉情況而定。

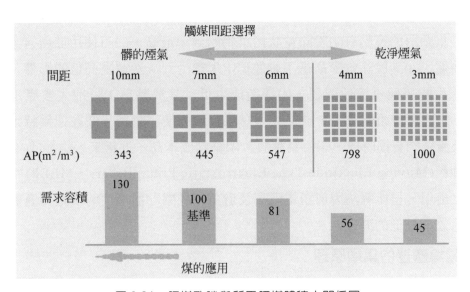

圖 9.21　觸媒孔隙與所需觸媒體積之關係圖

三、選擇不同還原劑的評估

從反應式可得知，脫硝反應乃氮氧化物與氨反應生成氮氣和水。理論上採用尿素 $(NH_2)_2CO$ 可達到同樣目的，目前在美國火力電廠中已有 25 座機組使用尿素為脫硝之還原劑，機組容量達 9537 MW。

採用尿素溶液取代氨使用於 SCR 脫硝系統上，其優點為貯存、運轉方便、安全及不需高壓設備。因氨為有毒、可燃的化學品，需依據 "空氣品質控制法" 和 "高壓氣體勞工安全規則" 有關規定進行設計、安裝與運轉。目前主要問題是由於氨含氮量為 82.35%，尿素為 46.67%；處理 1 噸 NO 之耗氨約 567 公斤，而尿素則為 1 噸。

■ 9.4.2　煙氣中粒狀污染物的移除

脫硝後的煙氣經空氣換熱後其溫度約為 120～150℃，粒狀污染物濃度約為 11770 mg/Nm^3，要達到電廠設計之排放值 25 mg/Nm^3，即使把其下游的脫硫系統約有 50% 以上的除塵效果考慮在內，仍需增設粒狀污染物移除裝置，以便把煙氣中

所含的懸浮物–灰塵等收集下來。

　　目前在工業上大多採用靜電集塵器或濾袋集塵器去除煙氣中的粉塵。此兩種方法均為環保署所公告"固定污染源最佳可行技術"認可採用的粒狀污染物排放控制設備。

　　濾袋集塵器的優點有(1)脫除粒狀污染物的效率最高，(2)可使用於所有大小粒徑的燃煤鍋爐，(3)其脫除效率高低不會像ESP那樣受到灰塵電阻高低的影響及因"敲擊"而產生的灰塵再逸散問題，(4)建造成本低；其缺點為(1)目前大多應用在 450 MW以下的燃煤機組裝置上，缺乏大型燃煤鍋爐的使用實績，(2)在運轉時須隨時注意壓差及濾袋的更換時機，(3)不易維修，(4)維修成本高。近年來，隨著低–低溫ESP及移動極板(Moving Electrode Type Electrostatic Precipitators，MEEP)如圖 9.23 所示等之出現，已能解決因灰塵電阻高及避免"敲擊"而產生的灰塵再逸散等影響ESP脫除效率較低的問題。

一、靜電集塵器的集塵原理

　　靜電集塵器是藉由變壓整流組(Transformer/Rectifier Sets)施以外加的高電壓，使放電極線(Discharge Electrodes)與集塵板(Collecting Plate)之間形成一強大電場，並使極線釋放電暈電流(Corona Current)，當煙氣流經過極線與極板間的通道時，其塵粒將因電暈電流而帶電，帶電的塵粒在電場作用下移向集塵板，最後附著於集塵板上而達到淨化煙氣的目的，如圖 9.22 所示。一般靜電集塵器以兩階段來進行煙氣除塵，首先是使煙氣中的塵粒聚積在集塵板上，第二階段則藉由敲擊系統將集塵板上的積灰敲落至集塵下方的灰斗，完成集塵機制。圖 9.23 為 ESP 設備的示意圖。

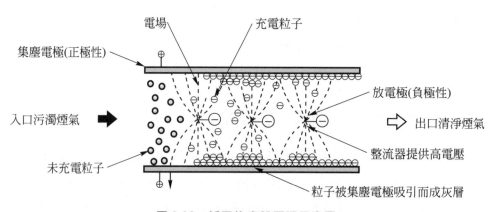

圖 9.22　靜電集塵器原理示意圖

乾式

放電極
集塵極
煙氣整流

碍管室　電源裝置

入口煙道

出口煙道

放電極槌打裝置
集塵極槌打裝置

灰斗
排出裝置

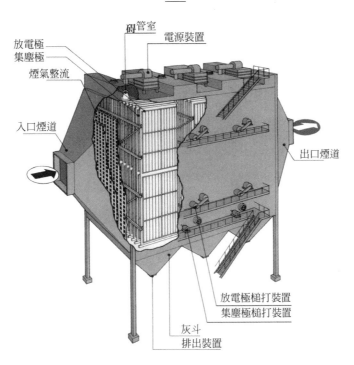

移動極板式

變壓/整流器　直流電源
驅動鏈輪
絕緣管
集塵極(固定)
入口煙道

出口煙道

灰斗

底部轉輪
轉動刷子
集塵極(移動)

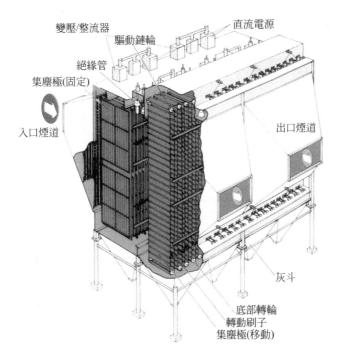

圖 9.23　靜電集塵器組成示意圖

二、影響 ESP 性能因素

ESP 除塵效率可用 Deutsch-Anderson 之修正公式計算：

$$\eta_{ESP} = 1 - \exp\left(\frac{-A}{Q}W\right)^K$$

式中　　　A ：集塵極板面積(m^2)

Q ：煙氣流量(m^3/s)

W ：充電粒子移向集塵極之速度(m/s)

K ：補助參數，對飛灰集塵器$K = 0.5$

由上式可知，要提高除塵效率，其先決條件是集塵總面積要大，煙氣速度要低，充電粒子移動速度W要高。

W 可用下式來求得

$$W = \frac{E_o E_p \alpha}{2\pi\upsilon}$$

E_o：電場充電大小

E_p：電場之收集率

α ：粒子之半徑

υ ：煙氣之粘度

由上式可知，W 與煙氣性質(粘度、組成、溫度、密度等)、煤質、灰份(粒子大小、灰電阻率、組成)等有關。由於在 ESP 中影響粉塵電荷及運動因素很多，目前仍在半經驗的方法來確定W值。對發電粉煤鍋爐飛灰，其值爲 0.1～0.14 m/s。

灰塵電阻率大小與W值之關係，如下表所示。

灰塵電阻率Ω-cm	10^9	10^{10}	10^{11}	10^{12}
W值　m/s	0.152	0.122	0.061	0.030

影響 ESP 性能因素很多，可歸納爲煙氣性質，設備情況和運轉條件。這些因素之間的相互關係如圖 9.24 所示。

由圖 9.24 可知各種因素的影響直接關係到電量電流，灰塵電阻率，集塵器內的粉塵收集和粉塵二次飛揚這三個項目，茲分述如下：

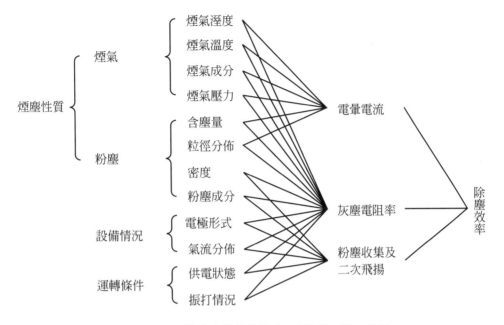

圖 9.24　影響集塵器性能的主要因素及相互關係

1. 煙塵性質對 ESP 性能的影響

   (1) 灰塵電阻率

   灰塵電阻率的高低和介電強度是影響 ESP 收集效率之重要因素。適用於 ESP 的灰塵電阻率為 $10^4 \sim 10^{11}$ Ω-cm。電阻率低於 10^4 Ω-cm 的灰塵，為異常再飛散領域；相反的，灰塵電阻率高於 10^{11} Ω-cm 的灰塵，在到達集塵極以後不易釋放其電荷，使粉塵層與極板之間可能形成電場，產生逆電暈放電，亦影響集塵效率。圖 9.25 顯示在不同灰塵電阻值時 ESP 的集塵效率、電壓、電流變化情況。

   灰塵電阻率高低與煙氣水份含量及溫度有關，其中煙氣水份含量越大，其灰塵電阻率越小；同樣的煙氣溫度也能改變灰塵電阻率，如圖 9.26 所示。應該注意的是，隨著的溫度的升高，煙氣粘度會增加，這將使集塵移動速度 W 值下降，集塵效率降低。總合而言，煙氣溫度高對 ESP 的性能影響是負面的，應該在較低溫度條件下進行集塵較好，但煙氣溫度必須保持在露點上，以避免硫酸蒸汽冷凝結露發生糊板、腐蝕和破壞絕緣。

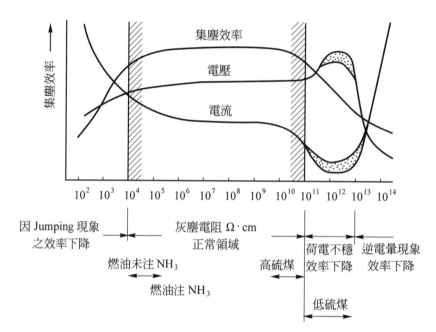

圖 9.25　灰塵電阻率大小與集塵效率關係

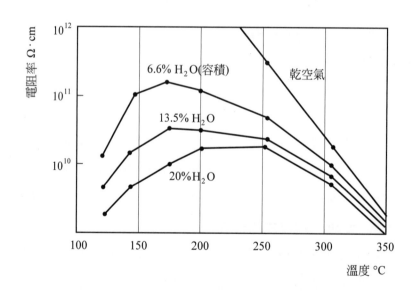

圖 9.26　灰塵電阻率與水含量及溫度關係

煙氣中SO_2與 CO 可增加過電壓的火花，其值與灰塵電阻率成反比；而NO，CO_2，O_2則可減少過電壓之火花，其值與灰塵電阻率成反比。

灰電阻率增高時，ESP 之電量火花電壓會迅速降低不利於 ESP 的性能，如圖 9.27 所示。

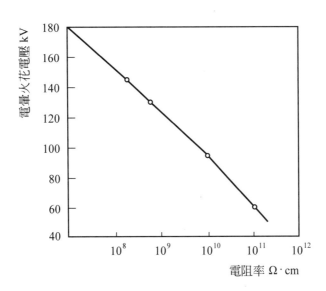

圖 9.27　灰塵電阻率與火花電壓關係

游離SO_3幫助煤灰吸收了更多水份使得電阻降低，並提高了煙氣的酸露點溫度，這樣灰塵電阻率會降低。因此有採用加入SO_3(含量為 10～20 ppm)來改善 ESP 的效率。但酸露點溫度過高，被H_2SO_4所沾濕之飛灰附著在集塵極上，導致電場分佈及敲擊效果不良。即使有極低的灰塵電阻率，ESP 性能仍會惡化。

飛灰中所含的鈉、鋰、鉀、磷等元素有助於降低灰電阻率，SiO_2與Al_2O_3則有相反效果，且使煤灰形成如棉花般鬆散，不易凝聚成塊。此時應加氨來增加煤灰之凝聚性，以改善 ESP 之性能。

(2)　未燃燒焦炭及灰粒大小

未燃燒焦炭顆粒無法為 ESP 集塵極所吸收，且對集塵板上之飛灰有拭磨作用而造成集塵板上之飛灰飛散，使 ESP 集塵效率大幅下降。試驗證明帶電粉塵像集塵極移動速度與顆粒直徑成正比。粒子在 0.15 到 10 μm時，粒徑越大，集塵移動速度高，其集塵效率愈高。圖 9.28 顯示粒徑大小對集塵移動速度之關係。

2.　設備情況對 ESP 集塵性能的影響

(1)　設備安裝品質

例如若放電極線粗細不均勻，則在細線上發生電暈時，粗線上還不能產生電暈；為了使粗線發生電暈而提高電壓，又可能導致細線發生擊穿。

如果極板和極線的安裝沒對好中心，則在極板間距較小處的擊穿，可能
比其它地方開始穩定的電暈會提前發生，這必然降低 ESP 的電壓。

又如 ESP 洩漏，會造成冷空氣進入煙氣中，影響煙氣流量與溫度。特別
是經由灰斗進入的空氣，影響 ESP 之效率很大。

(2)　氣流分佈

若分佈不均勻將影響煙氣之高低流量區。高流速煙氣會減少處理時間；
低流速煙氣會引起灰塵掉在非收集區或灰塵溫度低於酸露點，引起腐蝕。
應在煙氣入口處裝設導流板(Guide Vanes)，其中以多孔板使用最廣泛。
入口處控制煙氣速度為 10～18 m/s。

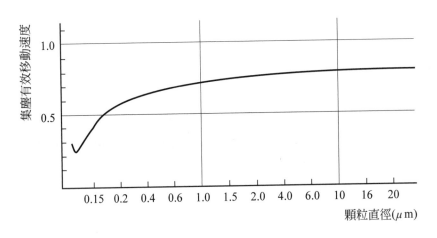

圖 9.28　顆粒直徑與灰塵移動速度關係

3.　運轉條件對 ESP 性能的影響

(1)　氣流速度

煙氣流速與所需 ESP 的尺寸有反比關係。流速過高，煙氣紊流度增大，
二次揚塵和粉塵外攜的機率增大。圖 9.29 顯示煙氣流速與粒子移向集塵
極速度之關係曲線，可以看出煙氣速度為 1～1.5 m/s 時，集塵移動速度
W 值最大，亦即 ESP 之除塵效率最好。

(2)　敲擊清灰

ESP 集塵極或放電極於附著大量灰塵後，需借用外力，用定時或不定時
之敲擊方式使之脫落。若集塵過厚，會失去集塵功效；反之敲擊週期之
間隔過短，則被煙氣帶走之飛灰量亦多，ESP 的集塵效率隨之降低。故

在設計時應根據煤質、飛灰量、負載等條件來決定每一區之敲擊週期。積塵到一定程度後敲擊時，所打落之粉塵容易形成團塊狀而脫落，二次揚塵較少。圖 9.30 顯示最佳容塵量 M (opt)與灰塵電阻率對數的關係曲線。由圖 9.30 可知，灰電阻率越高，則容許的最佳容塵量越小。當灰塵電阻率大於10^{10} Ω-cm 時，M (opt)值小於 0.4 kg/m^2；反之，當灰塵電阻率低於10^8 Ω-cm 時，M (opt)值則高於 1.0 kg/m^2。在 M (opt)積塵量時進行敲擊，是應獲得最好效果的，據此可計算出敲擊之最佳週期。

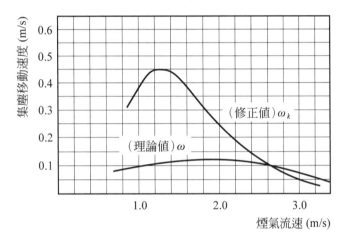

圖 9.29　煙氣流速與集塵速度關係

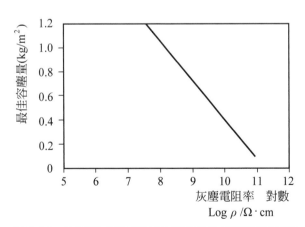

圖 9.30　粉塵比電阻與沈降極板最佳容塵量的關係

由於敲擊時會影響到 ESP 的集塵效率，故敲擊系統之控制如時間之長短、各敲擊器之時間間隔等均需藉助微電腦控制系統(MCS)來完成。

三、ESP 之電源及控制裝置

　　ESP的集塵效率在程序上取決於電氣條件，其中就有在電極上保持最大可能電壓的要求(電壓要保持於擊穿邊緣，但又不發生電弧擊穿)。圖9.31顯示二次側平均電壓與集塵效率之關係。

　　工業用 ESP 的放電電極是在負極性下運轉，它較正極性下運轉得到較高的擊穿電壓，且電量放電更穩定。

　　電壓波形對ESP的集塵效率也有實質性影響。ESP工作的基本條件之一是對在ESP中經常發生的擊穿電壓要迅速熄滅，因此最佳電壓應該是脈衝(Pulse)電壓。有關交流變為直流電時，宜採用單相全波整流，半波整流僅宜用灰塵電阻率在10^{11} Ω-cm 以上及煙氣含塵濃度高的部份(如煙氣入口第一、第二集塵室等)；在後續的電場中，煙氣中粉塵濃度較低，火花電壓與電量電流可提高，此時可供給全波整流的直流電。ESP 之集塵空間以煙氣流向分割為多段式(這樣構造大小可適當的標準化，在製作及安裝上方便不少)，可配合 ESP 之上、中、下游之集塵室各個放電電量電壓不同之情況，獲得最大的集塵效率及減少電力消耗。再者把巨型的 ESP 分為數個平衡工作室，以便於供電，而且容易切除某部份局部設備，簡化了大斷面的除塵器結構，也改善了斷面的氣流分佈。

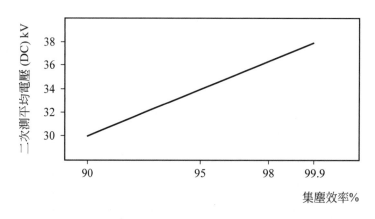

圖 9.31　靜電集塵器的二次側電壓與集塵效率之關係

　　脈衝供電式加壓系統(Pulse Energization System)為在基礎電壓上疊加了有一定重覆頻率、寬度很窄而電壓峰值又很高的脈衝電壓。此法可加強飛灰的充電量，同時避免逆電量的產生，而提高灰電阻率高的粉塵除塵效率，且可減少 ESP 耗電量20%以上。隨著其生產成本之降低，可靠性之增加，為電廠考慮採行的方式之一。

　　ESP運轉除了受到煤質、煙氣、極板、放電極線……等等左右外，控制系統乃是正常運轉與否的關鍵。對高電壓控制系統必需保證其在任何時間、任何運轉情況下操控變壓器／整流器組(T/R set)之輸出電壓。為此有必要設置一套全自動的電壓控制系統(AVC)要使ESP的集塵效率穩定及保持煙氣排放隨時都在標準要求值以下。

　　運轉人員必需根據煤、煙氣的質或量的改變而作出相對應調整，為此利用微電腦控制系統(Microcomputer Control System，MCS)來控制ESP高電壓系統，使其⑴達到能預測、避免產生火花及在逆電量範圍下運轉，或根據需要輸入脈衝電力，產生極短之高頻脈衝，增加不易帶電高電阻飛灰之電荷，以提高除塵效率。⑵ESP敲擊系統之自動控制，如敲擊時間之長短，各敲擊器間隔及使集塵器之運轉效率儘量少受到敲擊系統影響之配合，⑶具有報警功能。

四、ESP 微電腦控制方式

　　利用微電腦來做省電力之運轉控制概要如圖9.32所示。

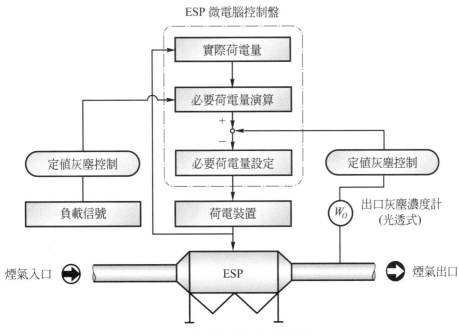

圖 9.32　利用微電腦控制運轉概要圖

　　其中處理之煙氣量由ESP之入口取出負載信號；ESP荷電量之控制則採取"負載回應控制"與ESP出口所裝設的灰塵濃度檢出信號，兩者之組合做為"定值灰塵

之濃度控制"。ESP所需之荷電量由微電腦控制，荷電裝置之出力平常係追隨負載之變動，自動保持出口灰塵濃度在設定值之範圍。

五、低-低溫 ESP 的應用

近年來為解決煙氣不透光率，提高高電阻灰塵的集塵效率及避免因敲擊使灰塵二次飛揚等問題，日本日立、三菱、住友重工等公司相繼開發了低-低溫ESP技術，並已應用在 1000 MW 機組的裝置上。

低-低溫 ESP 由於運轉溫度降至 90～100℃，不但 ESP 出口的粒狀污染物濃度降至 5～20 mg/Nm³，且由於集塵移動速度 W 增大，減少了集塵所需面積，設備成本不增反降。

在煤燃燒、煙氣脫硝等過程中，均會產生微量的SO_3。它的存在會使煙氣之酸露點溫度升高，其值與煙氣的SO_3含量及水蒸汽分壓有關。文獻中有一系列的煙氣酸露點溫度計算方法，但結果相差幾可達一倍。若煙氣中SO_3含量為 10 ppmv，水份含量為 8%(Vol.)，用不同公式計算，結果最高值為 134℃，但最低值卻為 74℃。

目前低-低溫 ESP 的運轉溫度約為 90℃。依日立公司經驗，只需系統保溫良好及煙氣流動性佳，且在非死角處採用中碳鋼製造設備，即不會產生酸腐蝕現象。但局部設備如集塵板上及下煙氣流動不暢處，仍需採用耐硫酸腐蝕材料。

日立住友重工等廠家認為煙氣中的SO_3會在空氣預熱器、GGH及煙道中幾乎全為含鹼性的飛灰所吸附。在GGH出口處，SO_3含量已由 10 ppm 以上降至 0.1 ppm。

與傳統的低溫ESP相較，若採用低-低溫 ESP，則煙氣-煙氣再熱器(GGH)應按裝在 ESP 之前，APH 之後，使進入 ESP 的煙氣溫度由原來的 130℃降至～90℃；同時需採用無洩漏型，如熱煤循環式或管型加熱式以解決洩漏問題。圖 9.33 為煙氣自 GGH 至煙囪的示意流程。

日立公司所開發的移動極板式 ESP，即在低-低溫固定式 ESP 後加裝移動式極板，把二者合為一體。由於移動式極板ESP，其移動極板是以旋轉刷取代傳統的敲擊法，去除附著於集塵板上的塵粒。這可以避免因敲擊而產生的灰塵再逸散，造成集塵器效率降低及煙氣不透光率升高的問題。(而無洩漏GGH，在國內電廠曾引進使用)，故可採用低-低溫 ESP 或移動式極板 ESP。

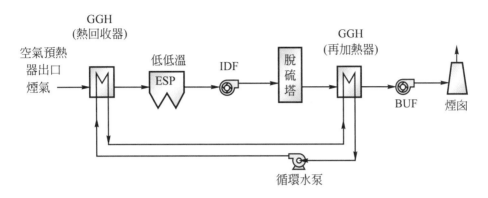

圖 9.33　煙氣自 GGH 至煙囪流程示意圖

▪ 9.4.3　煙氣中硫氧化物的脫除

經 ESP 脫除灰塵後的煙氣，溫度約 90℃，粒狀污染物濃度約 30 mg/Nm³，SO_x 含量約 515 ppm(1472 mg/Nm³)；要達到電廠設計之排放值 50 ppm，必須設置「脫硫」設備才能符合要求。

目前工業上大多採用濕式脫硫，其中石灰石／石膏法(以下簡稱石灰石法)脫硫效率在 95% 以上，應用最多，技術最為成熟、可靠，擁有最多運轉經驗及大型電廠實績。早期存在的堵塞、結垢、腐蝕問題已經有很大改善，加上石灰石資源豐富容易取得，若能解決副產品石膏的出路問題，石灰石法仍然是最好的選擇。

海水法不使用其他化學物質，無固態廢棄物產生；製程簡單，無堵塞問題，年運轉率高；建造費用約為石灰石／石膏法的 70%，運轉維護費用則為 50%。因此近十年來已有二十多套裝置，但最大能力為 700 MW 的機組電廠。

若採用海水脫硫法，考慮重金屬、粒狀污染物(易形成浮灰與泡沫)及大量的硫酸根離子進入海域後，長期對於海洋生態的影響，仍有待觀察；加上排放水中懸浮固體物濃度一但超過 25 mg/ℓ(目前進水水質即可能超過 25 mg/ℓ)，需徵收污水費的規定，將會影響其營運成本。

一、石灰石法脫硫原理

在工業上提供此項技術的專利廠家超過 10 家，雖然在細節上各有不同，但其基本原理均是一樣的。主要是利用石灰石在多相狀態下(氣、液、固)吸收煙氣中的 SO_2，所生成的 $CaSO_3$ 與空氣中的氧反應氧化成 $CaSO_4$(石膏)；其主要反應式如下：

SO_2的吸收：　$SO_2(氣) \rightarrow SO_2(液)$

$$SO_2(液) + H_2O \rightarrow H^+ + HSO_3^-$$

$$HSO_3^- \rightarrow H^+ + SO_3^=$$

固體$CaCO_3$的溶解：$CaCO_3(固) \rightarrow Ca^{++} + CO_3^=$

$$CO_3^= + H^+ \rightarrow HCO_3^-$$

$$HCO_3 + H^+ \rightarrow H_2O + CO_2(氣) \uparrow$$

在有氧存在下，HSO_3^-的氧化反應式如下：

$$HSO_3^- + \frac{1}{2}O_2 \rightarrow H^+ + SO_4^=$$

$$H^+ + SO_4^= \rightarrow HSO_4^-$$

$CaSO_3$和$CaSO_4$的結晶：

$$Ca^{++} + SO_3^= + \frac{1}{2}H_2O \rightarrow CaSO_3 \cdot \frac{1}{2}H_2O \text{ (固)} \downarrow$$

$$Ca^{++} + SO_4^= + 2H_2O \rightarrow CaSO_4 \cdot 2H_2O \text{ (固)} \downarrow$$

其他反應：煙氣中的SO_3、HCl、HF與$CaCO_3$反應生成石膏，$CaCl_2$或CaF_2。

　　由以上反應式可以看出，在$CaCO_3$吸收SO_2的過程中，H^+離子有著很重要的作用，因此過程中pH值的控制是一個重要的參數。典型的系統流程如圖9.34所示，它主要包括煙氣系統(煙道控制及調節風門、煙氣再熱器 GGH、引風機等)、吸收塔系統(吸收塔、循環泵、氧化風機、除霧器等)、石灰石漿液設備系統(石灰石儲倉、球磨機、石灰石漿液槽、漿液泵等)；石膏脫水及儲存系統(石膏漿泵、水力旋流器、真空帶式過濾機等)、廢水處理系統及公用系統(供應水、電、壓縮空氣等)。

二、脫硫系統的組成和主要設備

1.　石灰石漿液設備系統

　　石灰石製漿液來源有三種方式，即

　(1)　直接外購合格的石灰石粉，此法最方便，但受外界條件限制。

　(2)　電廠自設製粉站，在倉庫內儲存。然後製程液漿，用泵送至吸收塔。石灰石塊經過粗破碎後，經篩選機篩選，直徑小於 50 毫米的石灰石用製程水沖洗，除去其中大部分可溶性氯化物、氟化物及其他一些雜質，然後用熱風烘乾，送乾式球磨機製成一定粒度的石灰石粉(細度為300～400目過篩

率 95%以上)。然後送入製漿池配成一定濃度的漿液(一般固體物含量為 20～25%)被用。半成品倉及石灰石粉倉設計主要靠重力給料機供料，其倉的錐角通常為 50°～60°(石灰石粉的安息角平均為 35°)，以防堵塞現象的發生。儘管如此設計，石灰石粉流通不暢情況仍時有發生，故需設置鼓風機(或壓縮空氣)供給倉內一定壓力的氣體，以攪拌石灰石粉，使其呈流態化。

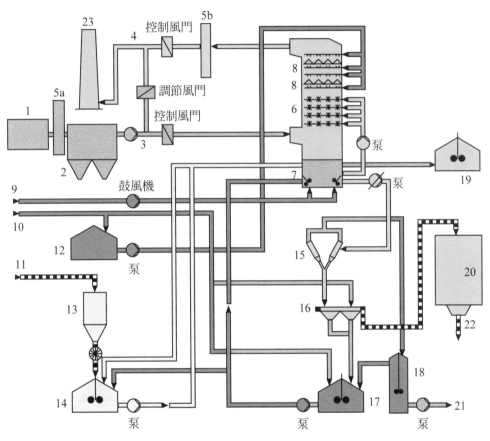

1.鍋爐空氣預熱器出口煙氣	8.吸收塔除霧器	16.袋式過濾機
2.ESP	9.氧化空氣	17.緩衝槽
3.脫硫前煙氣引風機	10.製程水	18.溢流槽
4.淨化煙機	11.石灰石粉	19.排放槽
5a.氣—氣熱交換—冷卻器	12.製程水	20.石膏倉
5b.氣—氣熱交換—再加熱器	13.石灰石粉料倉	21.排出廢水
6.吸收塔	14.石灰石懸浮液槽	22.石膏
7.吸收塔沉澱池	15.水力旋流器	23.煙囪

圖 9.34　石灰石法脫硫簡化流程圖

(3) 廠內濕磨方案，即外購石灰石塊，在廠內濕磨製漿。在石灰石塊研磨之前過程與(2)相同。但從研磨後到製成漿液，濕式所用輔助設備要比乾式少得多，估計投資省 1/3～1/5，佔地面積較小，發生故障的可能性也大為減少，運轉費用約低 1/8～1/10。

2. 吸收塔(Absorber)系統

(1) 石灰石法製程的幾種模式，根據製程設備佈置一般可以分成如圖 9.35 所示的四種模式。每一種模式可以是強制氧化方式，亦可改變自然氧化方式。只要把強制氧化空氣引入或去掉即可，表 9.11 為四種模式的比較。

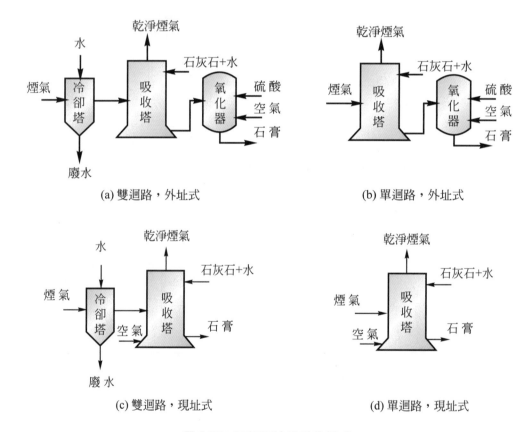

圖 9.35　石灰石法設計的模式

由表 9.11 可看出，由於單迴路、現址式流程之投資與耗能均最低，又已達到很高的運轉可靠性，副產石膏的品質亦相當不錯，已成為 FGD 系統的主流。

表 9.11　石灰石法脫硫四種模式比較

類型	雙迴路、外址式	單迴路、外址式	雙迴路、現址式	單迴路、現址式
脫硫率%	92～98	90～96	92～97	90～95
除塵效率%	70～90 除塵性能高	60～80 除塵性能稍低	70～90 除塵性能高	60～80 除塵性能稍低
有無氧化塔	有(另外設置)	有(另外設置)	無另外設置	無另外設置
石膏純度%	96～99 品質良好	92～98 飛灰等不純物混入，品質稍差，但仍合格	95～99 品質良好	90～97 飛灰等不純物混入，品質稍差，但仍合格
廢水，kg/MW	360～600	200～400 排水的 pH 值高	360～600	200～400 排水的 pH 值高
特徵	·HCl、HF、灰塵等在冷卻塔中被除去，故除塵效率高。 ·需要H_2SO_4。 ·吸收性能對氧化影響小，$CaCO_3$過剩率大。	·前有 ESP，灰塵量已極少。 ·需要H_2SO_4。 ·吸收性能對氧化影響小，$CaCO_3$過剩率大。	·HCl、HF、灰塵等在冷卻塔中被除去，故除塵效率高。 ·不需H_2SO_4。 ·吸收性能對氧化影響大，$CaCO_3$過剩率小。	·前有 ESP，灰塵量已極少。 ·不需H_2SO_4。 ·吸收性能對氧化影響大，$CaCO_3$過剩率小。
安裝面積	有冷卻塔、氧化塔，故最大	無冷卻塔，故較小	無氧化塔，故較小	無冷卻塔、氧化塔，故最小
耗能%	1.5～2.0 有冷卻循環泵、濃縮槽泵	1.2～1.7 無冷卻循環泵，但有濃縮槽泵	1.1～1.6 有冷卻循環泵，但無濃縮槽泵	1.0～1.4 無冷卻循環泵、濃縮槽泵
投資比	150～180	140～170	130～160	110～140

(2)　石灰石法的吸收塔

如上所述，目前石灰石法脫硫系統的主流是採用單迴路、現址式，即在單獨的吸收塔內完成SO_2的吸收、中間產物的氧化到形成石膏晶體的全部過程。吸收塔大部分為立式佈置，根據吸收漿液和煙氣的相互流動方向可分為逆流塔、順流塔或兩者兼有。圖 9.36 為逆流式吸收塔之示意圖。在吸收塔的上部空間區域內，煙氣中的SO_2被新鮮的石灰石漿及連續循環的吸收漿液洗滌，並與漿液中的$CaCO_3$發生反應。吸收塔下部為循環漿池，收集下來的漿液利用循環漿液泵輸送至噴灑裝置循環使用，以提高吸收劑的使用率。在吸收塔底部的循環漿池內，亞硫酸鈣被氧化風機鼓入的空氣強制氧化，最終生成石膏晶體。

石膏漿由排漿泵送入石膏脫水系統脫水。在吸收塔的出口設有除霧器，以除去脫硫後煙氣帶出的小液滴。除霧器需要定時用製程水沖洗，以防止固體物沈積堵塞。一般出口煙氣中含水量為 50～100 mg/Nm³。

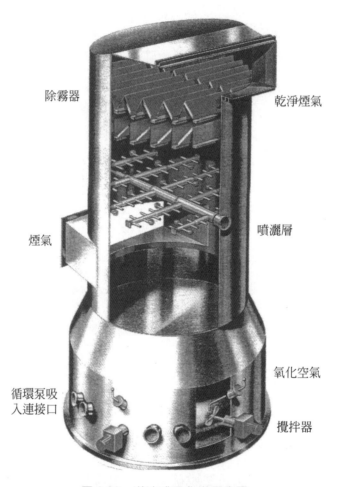

除霧器

乾淨煙氣

煙氣

噴灑層

循環泵吸
入連接口

氧化空氣

攪拌器

圖 9.36 逆流式吸收塔示意圖

(3) 吸收塔的主要設計和運轉參數

① 吸收塔內的煙氣流速：提高煙氣流速可提高氣液兩相的擾動，降低膜厚度，提高質傳效果。流速越高，塔徑愈小，降低了塔的造價；但煙氣流速增加，其與吸收漿液的接觸和反應時間相對減少，又煙氣夾帶液量也相對增大，故一般需在溢流點(Flooding Point)以下運轉，以防發生液溢。目前塔內煙氣流速已由低於 2 m/s 提高到 3.5～4.5 m/s，視不同塔型而不同。

② 液／氣比：乃指單位煙氣容積所需的吸收漿液量(ℓ/m^3)。液氣比(Liquid Gas Ratio)增大，表示鈣／硫比增加。但若液／氣比增加，循環液量增加，系統阻力將增高，泵的電力消耗也顯著增大；且煙氣出口的帶液量也增大，將增加除濕裝置的負荷，煙氣出口溫度會更低。根據美國電力研究所的 FGDPRISM 程序的最佳化計算，液氣比以 $16.57\ell/m^3$ 為宜。圖 9.37 為液／氣比對脫硫效率的影響曲線，由圖可知，當液／氣比為 15 時，脫硫效率已接近 99%。目前工業上常用的液／氣比為 5～20，相對應脫硫效率為 90～99%。液／氣比值視塔型而有不同，噴霧型吸收塔最高可達 25。

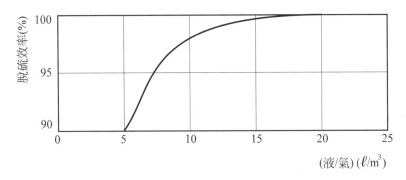

圖 9.37　逆流式吸收塔示意圖

③ 鈣硫比的影響：此值(Ca/S)是指注入吸收劑與吸收SO_2量的分子比，它反應單位時間內吸收劑原料的供給量，通常以漿液中吸收劑濃度作為平衡估算量。在液／氣比不變下，Ca/S增大，注入吸收塔內吸收劑的總量相對增大，引起漿液 pH 值上升，可增大中和反應的速率，增加反應的表面積，提高脫硫效率。一般控制漿液濃度在 20～25% 之間，Ca/S 比在 1.02～1.05 之間。

④ 漿液的pH值：漿液pH值是本法中需要重點控制的運轉參數。pH值高，質量傳遞係數增加，SO_2的吸收速度快，但會抑制脫硫產物的氧化作用，使設備結垢嚴重。pH值低，吸收速度下降，到pH值為 4 時幾乎不能吸收SO_2了。另一方面，pH 值還影響石灰石、$CaSO_4 \cdot 2H_2O$和$CaSO_3 \cdot \frac{1}{2}H_2O$的溶解度。當 pH 值由 3 升到 6，$CaSO_3 \cdot \frac{1}{2}H_2O$溶解度由 9375

mg/ℓ降到 51 mg/ℓ，而$CaSO_4 \cdot 2H_2O$溶解度由 918 mg/ℓ上升到 1340 mg/ℓ，變化不大。故降低 pH 值，使漿液中生成物大多為易溶性的 $Ca(HSO_3)_2$，而降低系統內結垢傾向，一般控制吸收塔的漿液 pH 值在 5.4～6.2 之間。圖 9.38 顯示脫硫效率及漿液成分隨 pH 值的變化曲線。

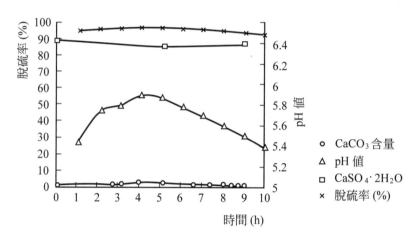

圖 9.38　脫硫效率及漿液成份與 pH 值的變化曲線

⑤　漿液停留時間：漿液在漿液池內停留的時間長，將有助於漿液中石灰時顆粒與SO_2的完全反應，並能使反應生成物$CaSO_3$有足夠時間完全氧化成$CaSO_4$，形成粒度均勻、純度高的脫硫石膏，但投資費用將增加。

⑥　吸收劑原料：石灰石的品質將影響副產石膏的品質，其 MgO 含量應在 1%以下。由於粒度越小，單位體積的表面積越大，利用率提高，有利於脫硫，一般要求石灰粉細度為 325 目，過篩率在 95%以上。

⑦　石膏過飽和度：石膏結晶速度決定於石膏的過飽和度，當超過某一相對飽和度後，石膏晶體就會在懸濁液內已經存在的石膏晶體上成長。當相對飽和度達到某一更高值時，就會形成晶核，同時石膏晶體會在其他物質表面生長，導致吸收塔漿液池表面結垢。此外，晶體還會覆蓋在那些未反應的石灰石顆粒表面，使吸收劑使用率下降。正常的過飽和度應控制在 110～130%。

(4)　吸收塔塔型

目前工業上應用的吸收塔的型式有填料式、噴霧式、鼓泡式、液柱式、文氏管式及多孔板式等，表 9.12 列出主要吸收塔型的特點供選擇參考。

由於石灰石法有結垢、腐蝕、堵塞等問題，故脫硫塔需儘可能簡化內部構件，以提高整體可用率，使運轉穩定可靠。作為化工單元設備，設計應符合(1)脫硫反應質量傳遞要求，(2)有利於抑制吸收CO_2的副反應，(3)降低阻力以降低泵及攪拌器的電力消耗，(4)且有利於系統的控制(包括 pH 值、液／氣比、鈣／硫比的調節)，(5)保證脫硫效率、鈣利用率、氧化率能達到設計值。

表 9.12　不同型式吸收塔的特點

項目	填料式	噴霧式	合金托盤	鼓泡式	液柱式(DFCS)
原理	吸收劑漿液在吸收塔內沿格柵填料表面下流，形成液膜與煙氣接觸去除SO_2	吸收劑漿液在吸收塔內經噴嘴噴灑霧化，在與煙氣接觸過程中，吸收並去除SO_2	吸收劑漿液經噴嘴霧化，在合金托盤上與煙氣中SO_2均勻反應	吸收劑漿液以液層形式存在，而煙氣以氣泡形式通過，吸收並去除SO_2	吸收劑漿液由佈置塔內的噴嘴垂直向上噴射，形成液柱並在上部散開落下，在高效氣液接觸中，吸收去除SO_2
脫硫率(%)	> 90	> 90 (逆流接觸)	> 90	> 90	> 90
運轉維護	格柵易結垢、堵塞，系統阻力較大，需經常清洗除垢。	噴嘴易磨損、堵塞和易損壞，需要定期檢修更換。	托盤易結垢、堵塞，系統阻力較大，需經常清洗除垢。	系統阻力較大，無噴嘴堵塞、結垢問題，運轉較穩定可靠。	能有效防止噴嘴堵塞、結垢問題，運轉較穩定可靠。
自控能力	高	高	高	高	高
生產廠商	日本三菱重工(1990) 日本富士化水株式會社	德國NOELL-KRC(原美國RC)、奧地利AEE公司、日本川崎重工、BHK、IHI、ABB、LEE(LLB及Lurgi合併)、韓國Doosan、德國Steinmuller及Bischoff公司	美國B&W	日本千代田(Chiyoda)	日本三菱重工(2000)

根據表 9.12 所述，噴霧式吸收塔為能強化吸收過程的型式之一，目前大多數專利廠商均採用此一塔型。由於是空塔，因此如何保證塔內氣液接觸良好，獲得理想的吸收效果是設計的關鍵。噴嘴通常設計成交叉噴灑系統，佈置成能使噴霧完全覆蓋塔的整個橫斷面，使得煙氣分佈和漿液

分佈十分均勻，使流體處於高擾流狀態，增強煙氣和漿液的均勻接觸，增大氣液質量傳遞面積。此外，在塔入口處增設合理的煙氣流動均佈裝置，如多孔板或柵板。為了適應機組負荷及SO_2濃度的變化，在塔內可設置備用噴灑層，以保持穩定的脫硫效率。

吸收塔下部為再循環漿液儲槽區，脫硫吸收漿液在漿池內收集下來，經循環泵多次循環使用，脫硫後的反應生成物也在漿池中生成。為了平衡整個系統的Cl^-離子濃度和物質，必須連續不斷地從漿池中排出多餘的石膏漿液，及補充新鮮石灰石漿。吸收塔內的脫硫負荷可以利用循環泵的運轉台數來彈性控制。

為強制塔內生成的亞硫酸鈣氧化成硫酸鈣，需在塔漿液池處不斷通入空氣。此外為分配氧化空氣及避免漿液池底部發生固體物質沈澱，通常需沿側壁裝置多台機械攪拌器。若漿液池較大，機械攪拌器需分多層配置。

(5)　除霧器(Demister)

安裝在吸收塔出口，用以除去煙氣中所帶出的漿液，其性能直接影響到煙氣再熱器(GGH)的運轉。常因入口煙氣中帶有漿液而沈積在熱交換器的管中，導致傳熱不良、阻力增加等。經過兩段除霧器後，能夠把大於17 μ的液滴從煙氣中除去99.9%。

除霧器可以垂直裝置於吸收塔頂部出口，由於收集的液體又自動流回吸收塔的內部，故不需要排水裝置。隨著出口煙氣流速的增加(一般為2～5.5 m/s)，液滴易被進一步破碎，而造成二次攜帶，使除霧效率下降，故垂直方向裝置不適宜在煙氣流速較高的場合使用。若改為水平方向裝置除霧器，可以在煙速高達7 m/s時仍有較高的除霧效率，但流動阻力較大，安裝和維修較困難，在底部應有排水設施以確保其效率。

煙氣通過除霧器時，其中的SO_2與除霧器表面因煙氣夾帶留下的漿液發生反映，會形成亞硫酸鈣。經過一定時間後，將會發生結垢現象，嚴重時會使通道發生堵塞。故需定時向其上、下兩面噴水沖洗，其水壓沿氣流方向而降低，正面沖洗水壓約為250 kPa，其背面沖洗水壓則大於100 kPa。其斷面瞬時沖洗水量為1～4 m³/m²hr，沖洗週期一般以不超過2小時為宜。

3.　石膏脫水及儲存系統

當循環漿池內漿液中的石膏過飽和度達到130%時(漿液密度在1075～1085 kg/m³)，需要排出部份漿液，用泵把其送到石膏漿旋流器。在旋流器中濃

縮分離，形成的粗大石膏顆粒，在離心力作用下進入皮帶式過濾機，此時，石膏漿液仍含有40～60%的水份，經過皮帶式過濾機把水份降至10%以下，存放待運。在脫水過程中，同時要洗去石膏中的Cl^-等可溶物。在旋流器中，未反應的石灰石及飛灰等細小顆粒隨水進入溢流側，然後進入緩衝槽，部份水回流到吸收塔，部份液體可送入濃縮器進一步濃縮或直接作為廢水排入沖灰系統。

在設計時需特別注意水力旋流器內件材料的選擇，以免因旋流器內壁磨損及結構變化而失去其功能。碳化矽材料製的漿液噴頭長期用在石灰石法中，具有很好的耐磨及耐腐蝕性，可考慮用作旋流器的內襯以替代聚胺脂材料。真空過濾機無論在投資及運轉費用上均遠較離心式脫水機為低，自1984年投入商業運轉後，均能滿足對石膏品質($H_2O \leq 10\%$及可溶物含量等)的要求，且沖洗石膏時耗水量低，廣泛的應用在石灰石法中。

4.　消除脫硫系統和設備結垢的氧化控制技術

石灰石法系統運轉中經常遇到也是最嚴重的問題是石膏引起的結垢和堵塞。其原因之一是在氧化程度低時，生成的反應物$Ca(SO_3)_{0.8}(SO_4)_{0.2} \cdot \frac{1}{2}H_2O$稱為CSS軟垢，使系統發生堵塞。另外脫硫塔中部份$SO_3$和$HSO_3^-$被煙氣中剩餘的氧氧化為$SO_4^=$，最終生成$CaSO_4 \cdot 2H_2O$沈澱。

$CaSO_4 \cdot 2H_2O$的溶解度較小，易從溶液中結晶出來，在塔壁和部件表面上形成很難處理的硬垢，稱為石膏垢，必須用機械方法清除。再者，在吸收塔入口，乾濕交界處，煙氣中的灰粉遇到噴灑液的阻力後，與噴灑的石膏漿液在一起堆積在入口處一米左右區域，結垢、積灰現象十分嚴重。應在設計與運轉兩方面來解決上述問題，例如在吸收塔入口煙道增設沖洗水噴嘴，定期沖洗結垢，對接觸漿液的管道在系統停止運轉時立即沖洗乾淨等。要避免產生石膏垢，需控制吸收塔漿液中石膏過飽和度不超過140%，以避免$CaSO_4 \cdot 2H_2O$結晶析出。

要避免軟垢的產生，除了選擇合理的pH值運轉，尤其要避免pH值的急劇變化外，關鍵是採用強制氧化(或抑制氧化)方法，將氧化率控制在95%以上(或小於 15%)。利用液漿中鼓入足夠空氣，使氧化率高於 95%，保證漿液中有足夠的石膏晶種，以利於晶體在溶液中成長，這樣既防止了結垢，也有利於石膏的產生。目前採用強制氧化技術已成為主流。

5. 煙氣再熱器(Gas-Gas Heaters，GGH)

經脫硫後的煙氣溫度在 50℃以下，若直接由煙囪排出，不但有白煙現象，且煙道、煙囪會產生腐蝕，故一般需加熱到 80～90℃後排放。為了要消除白煙，首先要計算出需對濕煙氣加熱的溫度，其值與煙氣本身溫度、環境溫度有關，如表 9.13 所示。

表 9.13　煙氣溫度與環境溫度關係值

煙氣溫度 (℃)	環境溫度，(℃)							
	0	5	10	15	20	25	30	35
45	41.4	23.8	12.9	6.7	5.0	2.0	0.0	0.0
50	59.0	36.2	21.4	12.4	10.0	4.0	1.5	0.0
55	83.8	53.2	32.9	20.5	17.0	17.0	3.0	1.5

台灣地區廠址的氣候資料，冬天最低溫度為 5℃(大多在 10℃或以上)，夏天以 30℃考慮，若脫硫後的煙氣溫度為 50℃，則煙氣經 GGH 再熱後，冬天溫度需大於 86.2℃(71.4℃)，而夏天(30℃)則控制在 51.5℃以上即可。由於脫硫後的煙氣溫度在 45～50℃範圍，且冬天室外溫度大多在 10℃以上，故煙氣再熱後溫度控制在 80℃以上即可。

由於採用低-低溫 ESP 除塵，故在需選用無洩漏型 GGH 與其配套，以降低煙氣溫度提高除塵效率。此型 GGH 可分為兩部份，即熱煙氣室和淨煙氣室。在熱煙氣室，熱煙氣將部份熱量傳給循環水；在淨煙氣室，淨煙氣再將循環水的熱量吸收。其流程如圖 9.39 所示。

此系統除換熱器外，還包括吹灰器、沖洗水系統及輔助蒸汽加熱器(若熱煙氣溫度足以把脫硫後的煙氣溫度提高至所需的 80℃，則可不需要)。

由於GGH淨煙氣室出口的煙氣溫度已接近或低於煙氣的酸露點溫度，飽和水蒸汽及殘餘的酸蒸汽(硫酸、亞硫酸、氯化氫、氟化氫、氧化氮等)在管表面凝結、結垢，同時，由於酸霧滴的黏性，會因灰垢導致傳熱效果降低，還會因腐蝕而引起洩漏，因此 GGH 材質的選用需要特別考量。

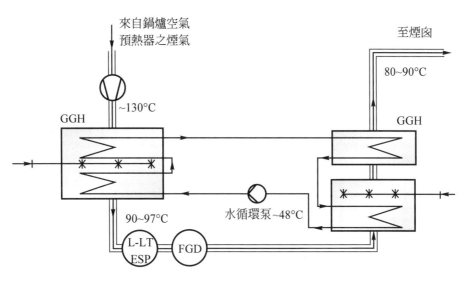

圖 9.39　無洩漏型煙氣再熱器流程示意圖

三、石灰石法脫硫的腐蝕特點與防蝕措施

1. 腐蝕特點：本法運轉中面臨的一個重要問題就是防蝕，它影響工程的造價、設備的壽命、運轉的經濟性及可靠性。

   脫硫系統固、液和氣相相互混合，化學反應交替進行，臨界溫度起伏波動，煤的含硫量、溫度、pH 值、氯化物、氟化物、露點溫度、煙氣流速、顆粒物沖刷和沈積等因素，可能導致系統組件不同程度的腐蝕。造成腐蝕的主要原因是煙氣中含有硫氧化物和氯化氫等。在正常運轉之下，鋼製設備的年腐蝕率達 1.25 毫米，導致增加設備維修費用。

   表 9.14 列出石灰石法系統內的主要腐蝕環境。

表 9.14　典型濕式 FGD 系統內的主要腐蝕環境

序號	位置	腐蝕物	溫度(℃)	備註
1	APH 出口至 GGH 熱煙氣室入口前	高溫煙氣，內有 SO_2、SO_3、HCl、HF、NO_x、煙壓、水汽等。	130～150	一般來說，煙氣溫度高於酸露點，但系統停機時，煙氣溫度可能降低，適當考慮腐蝕即可。
2	GGH 入口段、GGH 熱煙氣室側	部分濕煙氣、酸性洗滌物、腐蝕性的鹽類(SO_4^{-2}、SO_3^{-2}、Cl^-、F^-等)。	80～130	應考慮防蝕

表 9.14　典型濕式 FGD 系統內的主要腐蝕環境(續)

序號	位置	腐蝕物	溫度(℃)	備註
3	GGH 及 ESP 出口至吸收塔入口煙道	煙氣內有 SO_2、SO_3、HCl、HF、NO_x、煙壓、水汽等。	80～100	煙氣溫度低於酸露點,有凝露存在,應防蝕。
4	吸收塔入口乾濕界面區域	噴淋液(石膏晶體顆粒、石灰石顆粒、SO_4^{-2}、SO_3^{-2}、鹽、Cl^-、F^- 等),濕煙氣。	45～80	pH 值＝4.0～6.2,會嚴重結露,洗滌液易濃縮、結垢,腐蝕嚴重。
5	吸收塔漿液池內	大量的噴淋液(石膏晶體顆粒、石灰石顆粒、SO_4^{-2}、SO_3^{-2}、鹽、Cl^-、F^- 等)。	45～60	pH 值＝4.0～6.2,有顆粒物的摩擦、沖刷。溫度可能低於酸露點。
6	漿液池上部、噴淋層及支撐樑、除霧器區域	噴淋液(石膏晶體顆粒、石灰石顆粒、SO_4^{-2}、SO_3^{-2}、鹽、Cl^-、F^- 等),過飽和濕煙氣。	45～55	pH 值＝4.0～6.2,有顆粒物的摩擦、沖刷,溫度低於酸露點。
7	吸收塔出口至 GGH 淨煙氣室入口前	飽和水汽、殘餘的 SO_2、SO_3、HCl、HF、NO_x、攜帶的 SO_4^{-2}、SO_3^{-2} 鹽等。	45～55	溫度低於酸露點,會結露、結垢。
8	GGH 淨煙氣室	飽和水汽、殘餘的 SO_2、SO_3、HCl、HF、NO_x、攜帶的 SO_4^{-2}、SO_3^{-2} 鹽等,熱側進入的飛灰。	45～80	溫度低於酸露點,會結露、結垢。
9	煙囪	水汽、殘餘的酸性物。	≧60～150	FGD 系統運轉時會結露、結垢,停機時要承受高溫煙氣。
10	循環泵及附屬管道	噴淋液(石膏晶體顆粒、石灰石顆粒、SO_4^{-2}、SO_3^{-2}、鹽、Cl^-、F^- 等)。	45～55	有顆粒物的嚴重摩擦、沖刷。
11	石灰石漿供給系統	$CaCO_3$ 顆粒的懸浮液,製程水中的 Cl^-、鹽等,pH≒8。	10～30	有顆粒物的嚴重摩擦、沖刷。
12	石膏漿液處理系統	石膏漿液(石膏晶體顆粒、石灰石顆粒、SO_4^{-2}、SO_3^{-2}、鹽、Cl^-、F^- 等),pH＜7。	20～55	有顆粒物的嚴重摩擦、沖刷。
13	其他如排污坑、地溝等	各種漿液,一般 pH＜7。	＜55	需防蝕。
14	廢水處理系統	濃縮的廢水 Cl^- 含量極高,可達 1.2×10^{-2}(體積)。	常溫	需防蝕。

註:*測量顯示,再熱器出口溫度 60～90℃,分佈極不均勻。

從表9.14中可看出，在GGH前的煙道及熱煙氣室入口段，正常時可以不考慮採用防蝕材料。容易發生不同程度腐蝕的區段具體可以分為以下幾個部份。

(1) 由低-低溫ESP出口到吸收塔入口，溫度已降至約90℃，此段是否有腐蝕取決於煙氣中的SO_3含量，若在1 ppm以下，因其露點溫度低於90℃，故酸霧不致冷凝，反之需考慮防蝕措施。

(2) 吸收塔入口乾濕界面區，吸收塔內的濕飽和煙氣在噴灑作用下始終保持在約50℃，此時煙道表面會形成嚴重的結露，循環使用的石灰石漿液中氧化物的含量過高，吸收塔內洗滌漿液也會在煙道表面聚集，容易結垢，是腐蝕、結垢最嚴重區域。另外，噴灑液區域附近的塔壁會遇到霧狀洗滌液的沖刷而造成磨擦、腐蝕。

(3) 吸收塔出口到GGH淨煙氣室之間區域，雖然煙氣中SO_2濃度已大幅降低，但殘餘的SO_2會生成亞硫酸；同時，由於SO_3溶於水生成硫酸霧，加上少量鹽酸、氟化氫、氮氧化物等酸霧，在溫度較低且濕度較大的條件下，各種腐蝕幸物質極易形成液滴而沈積在溫度較低的壁面上，而造成腐蝕。

(4) GGH淨煙氣室出口直至煙囪，既使煙氣已再加熱到80℃以上，但由於含濕量大幅增加，其腐蝕不但沒有改善，反而有所增加。煙囪應按濕煙囪方案設計和安裝，且應加強煙囪的隔熱。

(5) 石灰石漿供給系統和石膏漿液的處理系統。由於此系統往往含有氯離子，硫酸根離子和亞硫酸根離子等，因此也需考慮防蝕措施。

(6) 燃煤中所有化合態的氯均在高溫下分解，最終生成HCl氣體，隨煙氣一同排出。在脫硫塔中為石灰石漿液吸收生成$CaCl_2$。由於$CaCl_2$極易溶於水，隨廢水排走的量十分有限，故Cl^-在吸收漿液中逐漸濃縮，濃度可達數萬ppm。Cl^-引起金屬孔蝕、縫隙、應力腐蝕和選擇性腐蝕的主要原因，大量Cl^-的存在大幅加速了脫硫設備的腐蝕破壞。

當氯化物含量高於20000 ppm時，不銹鋼材料已不能使用。若含量大於30000 ppm，pH值在1時需要採用Inconel 625合金；當Cl^-含量達10萬ppm時，需採用Hastelloy C-276合金。由上可知，在脫硫系統運轉時，吸收漿液中氯化物含量應控制在12000 ppm以下。

另外，吸收漿液中的氯化物的存在會降低SO_2的脫除效率，抑制吸收劑的溶解，增加吸收劑的消耗量，且導致成品石膏含水量增大。

由此可知，若燃煤中氯含量超過0.2%，可利用氯化物易溶於水的特性，採用洗煤製程，這不但可以除去煤中的部份硫，又可以將大部份的無機氯化物除去，這樣可簡化脫硫製程，降低造價。

2. 防蝕措施

針對石灰石法脫硫的嚴重腐蝕情況，從影響因素(腐蝕性氣體、酸性溶液、反應生成物)、影響因子(腐蝕、磨蝕)、影響結果(腐蝕與影響的狀況)等觀點，提出了將不同材料(陶瓷、金屬材料、塑料、橡膠內襯、樹脂內襯)用於不同設備的要領。當腐蝕與磨蝕性均大時，選用陶瓷材料，主要用於噴霧器、旋流器噴嘴、泥漿調節閥接觸液體部份和小型泵等。當腐蝕性大、磨損稍大時，選用金屬材料，如吸收塔內部元件、泵、配管、閥管、閥等。當腐蝕性大、磨損小時，可用樹脂內襯，如煙氣處理系統的外殼、酸露點及低pH值水霧煙氣的管道、儲罐等。表9.15列出日本石灰石法系統的主要設備、組件的使用材料。

防蝕工程絕不只是某種防蝕材料的選取，它還包括方案結構設計、試驗研究、施工製造、工程驗收、運轉和檢修維護等多個環節，而其中某個環節若控制不好，都將前功盡棄。故必須按照有關要求和標準嚴格把關，控制好每一環節，做到全面腐蝕控制。

近卅年來，金屬鈦的價格大幅下降，用於石灰石法脫硫煙道及煙囪的價格已較C-276低約25%(根據美TIMET公司資料，每m^2為475美元，而C-276為640美元)。由於鈦對還原性介質在有氧環境下，其耐腐蝕性能(孔蝕、隙間、疲勞等)遠較C-276佳的特性，在石灰石法中採用鈦替代C-276是值得考慮的一個方向，有待進一步探討。

四、除汞技術

電廠大量燃燒煤炭使得煙氣中的汞增加，並藉由煙氣或廢水的排放而釋出至周界環境中，以及其在土壤、河流與生物體中的化合物增多了；這些因為人類行為而增加的汞便稱為「人為汞排放」。

　　台灣既有空污設備 ESP 或 FF 對於顆粒汞(Hg p)都有良好去除效果，去除率大都可以達到99%。二價汞(Hg^{2+})去除方面，主要是仰賴Hg^{2+}水溶性佳，可藉由濕式方式去除，一般去除率大約 80% 左右。針對 Hg 去除率而言，採用 SCR+ESP+FGD 及 FF+FGD 都有不錯的效果去除率(85～91% 及 95～96%)且技術純熟。目前新設汞排放標準為 0.4 $\mu g/Nm^3$，去除率至少 97.1%，汞氧化率需達 95%，採用更換除汞觸媒以提高 SCR 除汞效果，換裝除汞觸媒後 SCR 出口之汞氧化率最高可達95%，再經由下游的 ESP 及 FGD 等設備即可有效移除氧化汞，確保整體抑低汞的排放量。

表 9.15　日本石灰石法 FGD 系統的主要設備、零件的使用材料

項目	設備或零件		使用材料
除塵系統	除塵塔	本體及液室	樹脂內襯、橡膠內襯、樹脂內襯＋耐酸耐熱磚
		噴霧管道	特殊合金、橡膠內襯、樹脂內襯、熱硬性樹脂
		噴霧管嘴	陶瓷、特殊不鏽鋼
		除霧器	塑料
		內部金屬部件	特殊合金
	除塵塔系統的泵	外殼	橡膠內襯
		葉輪	特殊不鏽鋼、成型橡膠、陶瓷、特殊合金
吸收塔系統	吸收塔	本體及液室	樹脂內襯、不鏽鋼、特殊不鏽鋼
		填料	塑料、不鏽鋼
		噴霧管道	熱硬化性樹脂不鏽鋼
		噴霧噴嘴	陶瓷、不鏽鋼、熱硬性樹脂
		氧化裝置	不鏽鋼、不鏽鋼、橡膠內襯、熱硬性樹脂
		除霧器	塑料、不鏽鋼
	吸收塔系統的泵	外殼	橡膠內襯
		葉輪	特殊不鏽鋼、成型橡膠、陶瓷
		吸收塔攪拌機	橡膠內襯、特殊不鏽鋼
風機		本體	碳鋼、樹脂內襯
		葉輪	碳鋼、特殊合金、耐蝕鋼、不鏽鋼、樹脂內襯、橡膠內襯

表 9.15　日本石灰石法 FGD 系統的主要設備、零件的使用材料(續)

項目	設備或零件		使用材料
煙道		煙道本體	碳鋼、樹脂內襯、熱硬性樹脂、不鏽鋼、耐蝕鋼
		風門	碳鋼、樹脂內襯、耐蝕鋼、不鏽鋼
配管及配件	脫塵系統	配管	橡膠內襯、聚乙烯內襯
		閥類	橡膠內襯、特殊合金
	吸收系統	配管	橡膠內襯、樹脂內襯、不鏽鋼
		閥類	橡膠內襯、不鏽鋼、特殊合金
		計量裝置用調節閥	陶瓷、橡膠內襯、不鏽鋼、特殊合金
原料系統及副產品處理系統	籃式離心分離機	外殼	不鏽鋼、橡膠內襯
		提籃	樹脂內襯、橡膠內襯
	潷式離心分離機	外殼	不鏽鋼
		轉子	不鏽鋼
	帶式分離機	濾布	聚乙烯
		槽類	橡膠內襯、不鏽鋼
		泵類外殼	特殊不鏽鋼、橡膠內襯
		泵類葉輪	特殊不鏽鋼、成型橡膠、陶瓷
		攪拌器類	橡膠內襯、不鏽鋼
		坑類	混凝土、混凝土＋耐腐蝕灰漿、樹脂內襯
		氧化塔本體	橡膠內襯、樹脂內襯
		氧化塔噴霧器	不鏽鋼、鈦
GGH	回轉再生式	部件	搪瓷塗料
		外殼	碳鋼、耐蝕鋼、不鏽鋼、樹脂內襯
	熱媒循環式	傳熱管	碳鋼、耐蝕鋼、不鏽鋼、樹脂內襯
		外殼	碳鋼

■ 9.4.4　廢水處理系統

一、污染源分類

電廠產生之廢水包括員工生活污水以及製程區所產生之廢水，依其廢水特性予以分類收集，其分類情形如下：

1. A 類：生活污水處理系統

　　生活污水包括來自行政大樓、員工宿舍與餐廳所排出之廢水。

2. B 類：製程廢水處理系統

　　係指處理運轉及維修期間設備所排放及清洗之廢水，主要包括：

⑴ 汽輪機房–設備排洩及清洗廢水。

⑵ 油槽及洩油區–清洗廢水。

⑶ 水處理區(含化學藥品處理區)–設備排洩廢水。

⑷ 鍋爐輔助設備排洩廢水。

⑸ 飛灰區清洗廢水。

⑹ 底灰區底灰冷卻水及清洗廢水。

⑺ 冷凝器反洗廢水。

⑻ 鍋爐區清洗廢水。

⑼ 煤場區清洗廢水。

二、廢水處理設計基礎資料

1. A 類：生活污水處理系統

　　生活污水包括自行政大樓、員工宿舍與餐廳所排出之廢水，主要含懸浮固體物(SS)與 BOD，參照國內污水下水道系統污水水質，SS 約為 $200\sim250$ mg/ℓ，BOD_5 約為 $180\sim220$ mg/ℓ，擬採中間值，即 SS = 220 mg/ℓ，BOD_5 = 200 mg/ℓ。生活廢水以營運時員工人數 150 人，住宿與非住宿以大約 2：1 估算，產生之廢水量以用水量之 80% 計算約為 30 CMD，生活廢水水量推估請詳參表 9.16 所示。生活污水擬收集至套裝式生活污水處理系統，處理後納入污水處理廠處理。

　　生活用水住宿人員每人每日小於 300 公升，非住宿人員每人每日小於 150 公升。

表 9.16　生活污水水量推估

項目		員工人數	每人每日用水量	污水量(CMD)
生活污水	住宿	100 人	300 公升	24
	非住宿	50 人	150 公升	6
合計		30 CMD		

2. B 類：製程廢水污水坑分類說明：

　(1) 煤場廢水接收槽(Coal Pile Run-Off Basin)

　　　主要是收集下列煤場設施支污水坑廢水：

　① 煤槽區排洩／清洗污水坑

　② 碎煤塔污水坑(Crush Tower Sump)

　③ 燃煤轉運塔污水坑(Transfer Tower Sump)

　　　經混合、中和級沈澱處理後，泵送至廢水處理接收槽，其廢水特性為：

　　　　　pH　　　　　　　　　4.5～10

　　　　　溶解固粒　　　　　　100～2000 mg/ℓ

　　　　　懸浮固體　　　　　　10～150 mg/ℓ

　　　　　硫化物　　　　　　　10～2000 mg/ℓ

　　　　　氯化物　　　　　　　10～1000 mg/ℓ

　(2) 油水分離器(Oil-Water Separator)

　　　主要是收集下列區域設施之污水坑廢水：

　① 燃油槽區污水坑(Fuel Oil Storage Area Sump)

　② 汽輪機房污水坑(Turbine Building Sump)

　　　其廢水特性為：

　　　　　pH　　　　　　　　　6～9

　　　　　溶解固粒　　　　　　10～2000 mg/ℓ

　　　　　懸浮固體　　　　　　10～1000 mg/ℓ

　　　　　硫化物　　　　　　　10～500 mg/ℓ

　　　　　氯化物　　　　　　　10～1000 mg/ℓ

　　　　　油脂　　　　　　　　0～100 mg/ℓ

　　　經油水分離器後 Oil & Grease 濃度處理至小於 15 mg/ℓ。

(3)　水處理區污水坑(Water Treatment Area Sump)

主要是收集經中和後之水處理再生廢水、水處理化學品區。

pH	6.9～8
溫度	15～30℃
溶解固粒	643～1380 mg/ℓ
懸浮固體	1～19 mg/ℓ
硫化物	150～426 mg/ℓ
氯化物	120～130 mg/ℓ

(4)　飛灰區污水坑(Fly Ash Area Sump)

主要是收集飛灰倉區域之清洗廢水和雨水，廢水經污水收集泵送至廢水處理接收槽。

(5)　底灰區污水坑(Bottom Ash Area Sump)

主要是收集底灰倉(Bunker)、底灰清運區之清洗廢水和雨水，廢水經污水坑收集泵送至廢水處理接收槽。

(6)　凝結水清洗區污水坑(Condensate Polisher Area Sump)

主要是收集冷凝器反洗廢水，廢水經污水坑收集泵送至廢水處理接收槽。

(7)　鍋爐區污水坑(Boiler Area Sump)

輔助鍋爐汽鼓(Drum)、輔助鍋爐排洩槽排洩廢水，鍋爐排洩廢水等經污水坑收集泵送至廢水處理接收槽。

(8)　排煙脫硫設施區污水坑(FGD Area Sump)

處理石灰石法排煙脫硫設施之排放廢水。

三、廢水處理原則

廢水處理流程如圖 9.40 所示，廢水計分為 A 類生活污水、B 類製程廢水，而製程廢水部分有因廢水特性各異，茲規劃其處理流程如下：

1.　A 類：生活廢水部分

生活廢水係套裝式及伐基式設置於建築物內，經處理後排入廠內放流監視池，經監測後再放流至污水處理廠。生活廢水處理流程如圖 9.40 所示。

2.　B 類：製程廢水部分

(1)　煤槽區排洩／清洗污水坑、碎煤塔污水坑、燃煤轉運塔污水坑等以泵抽送至煤場廢水接收槽後經重力沈澱處理後送至廢水處理接收槽。

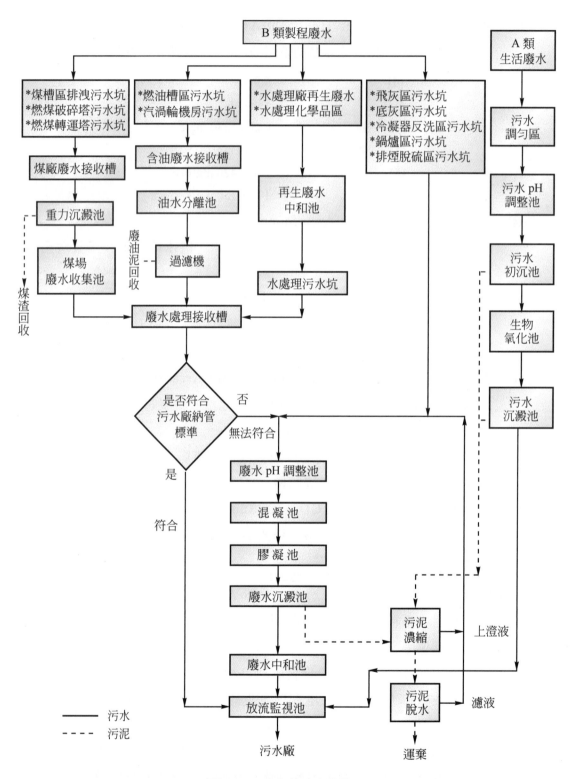

圖 9.40　廢水處理流程圖

(2) 燃油槽區污水坑、汽渦輪機房污水坑等以泵抽送至油水分離池、過濾機處理後送至廢水處理接收槽。

(3) 水處理廠再生廢水則排入中和處理系統後送至廢水處理接收槽。

(4) 上述(1)～(3)項初級處理後之廢水，合併排入廢水處理接收槽，經混合後判斷是否符合污水廠納管標準，若合乎標準則送至放流監視池；若不合乎納管標準，則直接排入廢水中和池或接至以下第(5)項之廢水處理流程部份。

(5) 飛灰區污水坑、底灰區污水坑、冷凝器反洗區污水坑、鍋爐區污水坑、排煙脫硫設施區污水坑的廢水進入廢水 pH 調整池，經混凝、膠凝、沈澱、過濾、pH 調整後，再行放流至污水廠。

▶ 9.5　省能環保與綠建築設計

考慮省能環保與綠建築設計是目前政府大力推展之目標，電廠也應符合其設計原則，如採用省電之電器設施、省水之衛生設備、採用抗輻射能之節能玻璃、外牆材料具有隔熱效果佳者、加強自然通風以降低設備散熱量及空調處理量……等。

圖 9.41　綠建築標章

民國 90 年 3 月 8 日行政院核定內政部所提 "綠建築推動方案" 執行措施，工程總造價在新台幣五仟萬元以上之公有建築物，應先取得候選綠建築證書(如圖 9.41)，始得申請建造執照。並依據內政部建築研究所所頒定之 "綠建築解說與評估手冊" 所制定之 "九大評估指標"，且至少符合其中之 "日常節能" 及 "水資源" 指標。電廠在廠房設計及規劃一般性建築物時，也應將其綠建築之設計理念列入考量。關於綠建築評估之九大指標及其評估要項，詳見圖 9.42 所示。

綠建築九大指標	1.生物多樣化 2.基地綠化 3.基地保水 4.水資源(至少須符合) 5.日常節能(至少須符合) 6.CO_2減量 7.廢棄物減量 8.污水垃圾改善 9.室內健康與環境	
一、生物多樣化	1.生態綠網系統運用在社區周圍綠地連接形成生態基礎。 2.表土保存計畫避免過量開挖整地,確保挖填方平衡。 3.多孔隙環境運用生態水池／水域／邊坡／圍籬提供生物棲息環境,形成小型自然生態。	
二、基地綠化	1.綠化目的在於利用植物吸收CO_2,減少溫室氣體,降低熱島效應,減少空調耗電量。 2.評估要項: 　a.植栽數量表與覆土、植栽密度檢驗。 　b.綠化總CO_2固定量TCO_2。	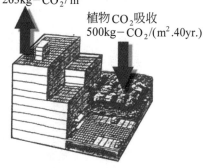
三、基地保水	1.適當的基地保水,可達軟性防洪目的。 2.評估要項: 　a.開發後裸露土地面積(無地下室開挖)。 　b.透水舖面部分面積。 　c.人工地盤綠地面積。 　d.貯留滲透空地蓄水體積。 　e.景觀貯留滲透水池。 　f.基地保水指標計算。	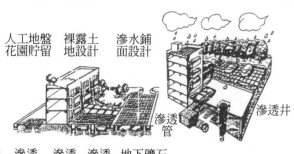

圖 9-42　綠建築評估九大指標及評估要項

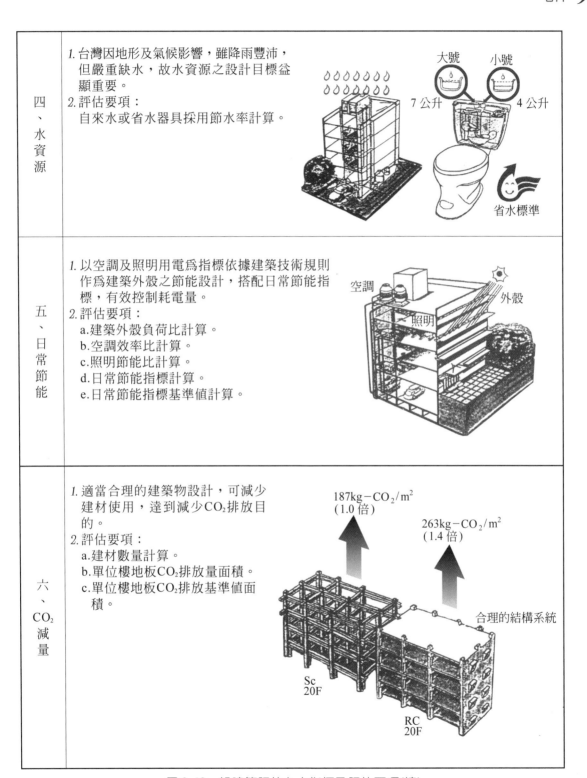

四、水資源	1. 台灣因地形及氣候影響，雖降雨豐沛，但嚴重缺水，故水資源之設計目標益顯重要。 2. 評估要項： 自來水或省水器具採用節水率計算。
五、日常節能	1. 以空調及照明用電為指標依據建築技術規則作為建築外殼之節能設計，搭配日常節能指標，有效控制耗電量。 2. 評估要項： a. 建築外殼負荷比計算。 b. 空調效率比計算。 c. 照明節能比計算。 d. 日常節能指標計算。 e. 日常節能指標基準值計算。
六、CO_2減量	1. 適當合理的建築物設計，可減少建材使用，達到減少CO_2排放目的。 2. 評估要項： a. 建材數量計算。 b. 單位樓地板CO_2排放量面積。 c. 單位樓地板CO_2排放基準值面積。

圖 9-42 綠建築評估九大指標及評估要項(續)

七、廢棄物減量	1. 良好的營建工法,對廢棄物的減量及建材的回收利用,減少空氣及環境污染。 2. 評估要項: 　a.營建自動化使用工法。 　b.非金屬再生建材使用率。 　c.空氣污染防制措施加權因子。 　d.公害防制加權係數。	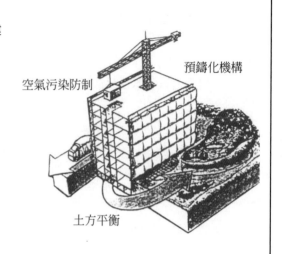
八、污水垃圾改善	1. 雨水及生活廢水分流設計及垃圾分類資源回收,有效降低垃圾量,達到環保目的。 2. 評估要項: 　a.生活雜排水配管檢查項目。 　b.垃圾處理獎勵得分: 　c.設有垃圾處理空間及垃圾集中場。 　d.設有垃圾分類回收系統。 　e.設置冷藏及壓縮垃圾前置處理設施。 　f.設置密閉式垃圾箱,定期消毒清洗。	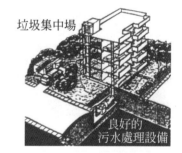
九、室內健康與環境	1. 室內污染控制,運用空氣淨化設備及生態塗料、生態建材維持居家健康生活之品質。 2. 防潮、調濕材料之運用,室內噪音防制處理及振動音防制處理。	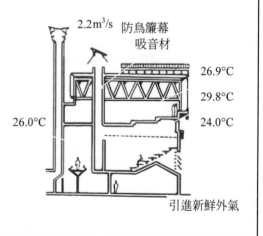

圖 9-42　綠建築評估九大指標及評估要項(續)

▶ 9.6　二氧化碳因應管制措施

　　火力發電(燃煤、燃油及燃氣)產生的二氧化碳排放難以後端處理方式減量，故發電廠的二氧化碳減量，必須從整體發電結構來考量。目前台電公司配合國家政策與社經環境所規劃之長期電源開發方案，在天然氣供給穩定度、價格、及發電比例等因素下選擇以燃煤為基載發電，如彰工計畫、林口及深澳更新、大林改建等個案均將採高效率的超臨界發電機組，除可有效抑低每度電之二氧化碳排放量外，亦是為避免影響 2010 年及以後的發電供應。現有舊電廠自商轉至今已將近 40 年，係屬舊型發電技術，淨熱效率約 34.2%，更換為新機組淨熱效率可提高到 39.8%左右，高效率可減少 CO_2 排放。依據目前國際上對於抑低二氧化碳排放量之作法中，二氧化碳之捕捉、儲存及淨煤(Clean Coal)技術尚未成熟，僅屬於研發實驗階段。以 IGCC 煤炭氣化複循環發電技術為例，估計可供商業運轉之時程約在 2020 年左右。再者，即為提昇機組效率(如：汰舊換新、機組改善等)，而此項策略係國際公認直到 2020 年止，最為經濟可行、無悔之減量對策。

　　台電機組熱效率，與日本、韓國等新設置機組比較，已臻國際最佳水準，爰可將二氧化碳之單位排放量降至最低。

　　未來在遵循國家能源政策興建新電廠，將採行下列策略，以因應溫室效應之議題：

1. 提昇能源使用效率
   ⑴　汰換老舊機組。
   ⑵　新設電廠採高效率發電技術(淨熱效率燃煤 39.8%、燃氣 51.7%)。
2. 強化輸配電系統，減少能源消耗。
3. 在國土環境涵容能力內增加無碳及低碳能源發電比例
   ⑴　持續推動風力、水力等再生能源發電計畫。
   ⑵　優惠價格購買藉由生質及再生能源發電所產生之電力。
4. 推廣節約電力措施，藉由需求面管理之方式以降低電能消耗。
5. 提高現有核能與水力發電機組之可用率與可靠度。
6. 加強對含六氟化硫設備之管控，減少逸散發生。
7. 於廠區內空地儘可能進行植栽與綠美化工作。
8. 進行再生能源技術應用之研究。

9. 辦理台灣區之溫室氣體盤查工作，以掌控溫室氣體排放量。

10. 持續追蹤國際議題之發展趨勢，必要時參與相關國際合作及海外投資計畫。

　　除上述措施之外，電力公司將遵守政府新訂之能源政策，未來台灣若因配合京都議定書或國際相關要求而採取管制措施，電力公司亦將一本環保企業之精神，確實依據相關政策與法令辦理。此外電力公司亦可朝向修改營業法規以適當之汽電共生方式，結合電廠附近有需要大量蒸汽之廠家事前做整體規劃，以抽汽供應廠區周邊客戶，減少排汽之熱損失，使熱耗率降低，提高整廠效率。

▶ 9.7　二氧化碳減量之具體措施

　　為配合二氧化碳減量政策，爰參酌日本及歐美等先進國家之火力發電廠抑抵二氧化碳排放之主要措施，採用超臨界壓力機組並規劃目前世界上之最佳效率電廠，即提昇機組效率，將舊機組汰舊換新，機組改善等，為最可行對策。

- 每瓩之單位投資成本將由美金 952 元增為美金 1,152 元。
- 每度電產生之二氧化碳由 0.93 公斤減為 0.839 公斤。
- 相較台中電廠之次臨界燃煤發電機組，80 萬瓩之機組可減少二氧化碳排放量約達 80 萬噸／年，以電廠 40 年之壽年估算，減量幅度更高達 3,200 萬噸。

表 9.17 為 2005 年 6 月全國能源會議二氧化碳減量目標及具體措施。

表 9.17　全國能源會議 CO_2 減量目標及具體措施

	2010 年	2015 年	2020 年
全國CO_2減量目標(萬公噸)	-3300	-7100	-12100
能源部門CO_2減量目標(萬公噸)		-3800	-5868
再生能源(萬瓩)	513		700～800
天然氣用量(萬公噸)	1300		1600～2000
節約能源(油當量公秉)	658	1243	2400
燃煤機組效率(目前35%)	≥40%		
燃氣複循環效率(目前45%)			≥53%
汽電共生(萬瓩)	800		1000
線路損失	<5%		

▶ 9.8　工業廢棄物之再循環利用

目前工業環保面臨的問題是如何有效地將工業廢棄物再循環利用或減容，以減少二次公害及衍生的環保問題，茲簡述下列幾種工業廢棄物再循環利用之可行性：

1. 混凝土支柱：壓碎作為道路舖面之給配材料。
2. 重油／原油之油灰：回收做為水泥廠爐窯燃燒之燃料。
3. 廢水處理後之殘渣及飛灰：做為水泥或鋼鐵製造之原料。
4. 魚鱗或蝦殼：做為肥料、水泥或土壤有機肥料使用。
5. 建物之混凝土碎塊：做為舖設道路之路基材料。
6. 保溫材碎片：做為瓷磚結合材料或舖路及路基材料。
7. 金屬碎片：做為金屬原料或電力電纜之製造原料。
8. 廢塑膠：做為塑膠再循環或熱回收燃料使用。
9. 煤灰：做為景觀或海洋人工魚礁用。
10. 石膏：經火力電廠排煙脫硫所產生的副產品可做為石膏板建材用。

以上為工業永續發展需面臨之廢棄物再循環利用的可行方案。

例 地球每年降雨量約 1 m，面積 5.1×10^{14} m²

$Q = 1 \text{ m/yr} \times 5.1 \times 10^{14} \text{ m}^2 \times 10^3 \text{ kg/m}^3 \times 2613 \text{ kJ/kg}(15℃ \text{ 水被蒸發之熱能})$

$= 1.33 \times 10^{21} \text{ kJ/yr}$ 太陽蒸發之熱能($\fallingdotseq 4000$ 倍的世界能源消耗)

∵ 每年世界能源消耗量@3.3×10^{17} kJ/yr

$$\frac{1.33 \times 10^{24} \text{ J/yr} \times 1 \text{ J/s}}{365 \text{ d/yr} \times 24 \text{ hr/d} \times 3600 \text{ s/hr} \times 5.1 \times 10^{14} \text{ m}^2} = 82.7 \text{ W/m}^2$$

此為太陽照射地球表面 167 W/m²的 50%

註：1 kg 水蒸發潛熱 539 kcal/kg = 2258 kJ/kg

2258 kJ/kg + 1 kcal/kg℃ × (100℃ − 15℃) × 4.1868 kJ/kcal = 2613 kJ/kg

1 kg 水融解潛熱 80 kcal/kg = 333 kJ/kg

例 1000 MW火力電廠，$\eta = 33.3\%$，其中有 66.7%釋放到大氣(15%煙囪、85%海水)

$$Q_{in} = \frac{1000 \text{ MW}}{33.3 \%} = 3000 \text{ MW}$$

3000 MW − 1000 MW = 2000 MW 釋放到煙囪及海水冷卻

煙囪 $= 0.15 \times 2000$ MW $= 300$ MW

海水冷卻 $= 0.85 \times 2000$ MW $= 1700$ MW

$\Delta T = 10°C$，$\dot{m}_{cw} = \dfrac{1700 \times 10^3 \text{ kJ/s}}{4.1868 \text{kJ/kg}°C \times 10°C} = 40.6 \times 10^3$ kg/s $= 40.6$ m³/s

$\Delta T_{\text{river}} = \dfrac{1700 \times 10^3 \text{ kJ/s}}{100 \text{ m}^3/s \times 10^3 \text{ kg/m}^3 \times 4.1868 \text{kJ/kg}°C} = 4.1°C$

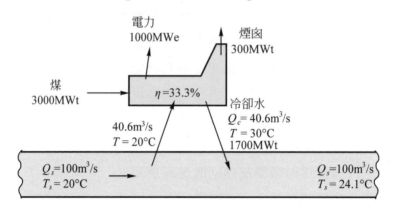

電廠質能平衡圖

例
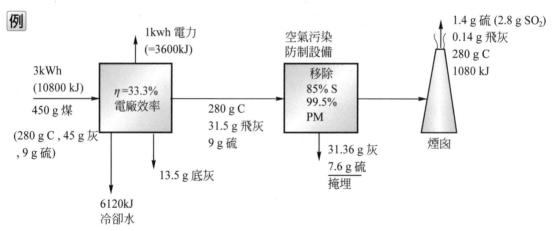

典型電廠質能平衡圖(@1kWh)

解 依上圖之電廠質能平衡圖

煤熱值 24 kJ/g，C = 62%，SO_2 = 260 g/10⁶ kJ

電廠熱耗率 $= \dfrac{3600 \text{ kJ/kWh}}{33.3 \%} = 10800$ kJ/kWh @ 1 kWh = 10800 kJ (輸入熱量)

硫(S)排放量 $= \dfrac{130 \text{ g}}{10^6 \text{ kJ}} \times 10800$ kJ/kWh $= 1.4$gS/kWh $\Rightarrow 2.8$g SO_2/kWh

懸浮固粒(PM) $= \dfrac{13 \text{ g}}{10^6 \text{ kJ}} \times 10800$ kJ/kWh $= 0.14$ g/kWh

$$耗煤量 = \frac{10800 \ kJ/kWh}{24 \ kJ/g} = 450 \ g \ 煤炭/kWh$$

煤 = 62%C

$$碳(C)排放量 = \frac{0.62 \ gC}{g \ 煤} \times \frac{450 \ g \ 煤}{kWh} = 280 \ gC/kWh$$

$$\doteqdot 1.026 \ kgCO_2/kWh \ (\frac{CO_2}{C} = 3.67)$$

若 2% 含硫量，$0.02 \times 450 \ g = 9.0 \ g \ 硫 \Rightarrow 硫排放量 = 1.4 \ g \ 硫/kWh$

$$硫移除效率 = 1 - \frac{1.4}{9.0} = 0.85 = 85\%$$

灰 = 10%，飛灰佔灰的 70%

飛灰量 $= 0.7 \times 0.1 \times 450 \ g \ 煤/kWh = 31.5 \ g \ 飛灰/kWh$

飛灰排放標準 $= 0.14 \ g/kWh$

$$ESP \ 移除效率 = 1 - \frac{0.14}{31.5} = 0.995 = 99.5\%$$

例 有一 80 萬瓩燃煤機組，依下表來估算煙氣量、煤灰量及用煤量，若煤耗用量以煤之高熱值 HHV = 5500 kcal/kg 為基準，鍋爐效率 90%@HHV，汽輪機本體效率 47%，亦即鍋爐與汽機組合廠總效率為 42.3%。

煙氣量估算之煤質規範

HHV(kcal/kg，G.A.R.)	5500
Total Moisture(A.R.)%	20
Sulfur(A.R.)%	0.55
Ash(A.R.)%	11
Carbon(A.R.)%	53.65
Hydrogen(A.R.)%	3.8
Oxygen(A.R.)%	9.8
Nitrogen(A.R.)%	1.2
Volatile Matter(A.R.)%	33
Inherent Moisture(A.R.)%	12
Ash Softening Temp.，℃	1200
HGI	45
Size (mm)	0～50

*A.R.表到達基。

$$廠熱耗率 = \frac{3600 \text{ kJ/kWh}}{0.423} = 8510.6 \text{ kJ/kWh}$$

煤之高熱值 HHV $= 5500$ kcal/kg $= 23027.4$ kJ/kg

$$每產生 1 \text{ kWh} 電力所燃用之煤 = \frac{8510.6 \text{ kJ/kWh}}{23027.4 \text{ kJ/kg}} = 0.3696 \text{ kg/kWh}$$

每產生 1 kWh 電力所排放之碳 $= 0.3696$ kg $\times 53.65\% = 0.1983$ kg $= 198.3$g

$$相當於 CO_2 = 198.3\text{g} \times \frac{44}{12} = 727 \text{ g/kWh}$$

機組效率 40% 左右，效率每提高 1%，相當於 CO_2 排放減少 20 g/kWh

10

塔槽、壓力容器 及熱交換器設計

$$\frac{\sigma_1}{r_1} + \frac{\sigma_2}{r_2} = \frac{P}{t}$$

σ_1：縱向應力$(\mathrm{kg_f/cm^2})$

$r_1 = \infty$，縱向半徑(cm)

σ_2：徑向應力$(\mathrm{kg_f/cm^2})$

$r_2 = r =$ 管子半徑(cm)

t：管厚(cm)

$$\sigma_1 = \frac{Pr}{2t}$$

$$\sigma_2 = \frac{Pr}{t}$$

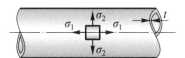

▶ 10.1 塔槽及壓力容器之強度計算

塔槽(Tank)及壓力容器(Pressure Vessel)係內部儲存蒸汽或熱媒等，其容器內部壓力高於大氣壓力者稱之。

1. 承受壓力之薄圓筒強度

    薄壁圓筒若內部壓力P_i (kg$_f$/cm^2)，圓筒之內徑d_i (cm)，筒壁厚度，t (cm)，則承受徑向之壓力σ_r (kg$_f$/cm^2)，縱向之壓力，σ_l (kg$_f$/cm^2)，分別為

$$\sigma_r = \frac{P_i d_i}{2t} = \frac{P_i r_i}{t} (徑向)$$

$$\sigma_l = \frac{P_i d_i}{4t} = \frac{P_i r_i}{2t} (縱向)$$

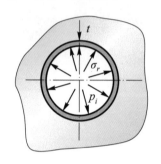

若承受外部壓力，P_o (kg$_f$/cm^2)

$$\sigma_c = \frac{P_o d_o}{2t} = \frac{P_o r_o}{t} (壓應力)$$

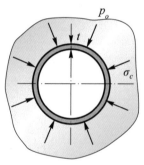

2. 承受內部壓力之圓筒或球體之最小壁厚或最大工作壓力

    ⑴ 圓筒

$$t = \frac{P d_i}{200\sigma \cdot x \cdot \eta - 1.2p} + \alpha$$

$$p = \frac{200\sigma \cdot x \cdot \eta(t-\alpha)}{D + 1.2(t-\alpha)}$$

    t ：圓筒或球體之最小壁厚，(mm)

    p ：最高工作壓力(kg$_f$/cm^2)

    d_i ：圓筒或球體內徑(mm)

    σ ：材料抗拉強度(kg$_f$/cm^2)，3600～4000 kg$_f$/cm^2

    η ：圓筒縱向接合效率(0.707)

x　：容許壓力對抗拉壓力之比例(0.25～0.4)

α　：腐蝕裕度(mm)＞1 mm

(2)　球體

$$t = \frac{Pd_i}{400\sigma \cdot x \cdot \eta - 0.4p} + \alpha$$

$$p = \frac{400\sigma \cdot x \cdot \eta(t - \alpha)}{d_i + 0.4(t - \alpha)}$$

3.　蒸汽管之管壁厚度

$$t = \frac{Pd_o}{200\sigma_x \cdot \eta + kP} + \alpha$$

d_o：蒸汽管外徑，(mm)

σ_x：容許拉應力$(\text{kg}_f/\text{cm}^2)$，無縫鋼管 STP42@400℃ = 9.0

η：無縫鋼管 1.0，焊接管 0.707

$k = 0.8$

$\alpha ＞ 1$ mm

表 10.1　高壓排放槽設計

槽身及端板開孔之補強計算	單位	高壓排放槽排氣孔	人孔
管嘴編號及尺寸		N5-16$''$	M1-16$''$
設計壓力P	$\text{kg}_f/\text{cm}^2\text{G}$	5.20	5.20
管嘴外徑D_o	mm	406.4	406.4
管頸焊接效率F		0.85	0.85
槽身或端板之容許應力σ	kg_f/cm^2	1230	1230
槽身或端板之計算厚度t_r	mm	2.44	2.88
槽身或端板之使用厚度(腐蝕後)t	mm	7.58	9.00
管嘴材質		A53-B-E	A53-B-E
管嘴容許應力σ_n	kg_f/cm^2	1055	1055
管嘴計算厚度$t_{rn} = PD_o/2\sigma nF + 0.8P$	mm	1.18	1.18
管嘴之使用厚度(腐蝕後)t_n	mm	8.11	8.11

(續前表)

槽身及端板開孔之補強計算	單位	高壓排放槽排氣孔	人孔
管嘴內徑(腐蝕後)d	mm	390.2	390.2
需要補強面積$A_r = d \times t_r$	mm^2	953.8	1125.0
$Y = d$或$2(t + t_n)$之大值	mm	390.2	390.2
$A_1 = (t - t_r)Y$	mm^2	2001.8	2386.6
$H = 5t$或$(5t_n + 2t_e)$之小值	mm	37.9	45.0
$F =$應力比值$= \sigma_n/\sigma = $(最大$= 1$)		0.86	0.86
$A_2 = H(t_n - t_{rn}) \times F$	mm^2	225.3	267.7
補強板厚度t_e	mm	12.0	12.0
補強板外徑D'_p	mm	600.0	600.0
有效補強板外徑D_p	mm	600.0	600.0
補強板之面積$A_3 = (D_p - d - 2t_n)t_e$	mm^2	2323.2	2323.2
$A_1 + A_2 + A_3$	mm^2	4550.2	4977.4
$A_1 + A_2 + A_3 > A_r$		O.K.	O.K.

設計條件：	Design Data：		
設計內壓	Internal Pressure	$P_i=$	5.1 kg$_f$/cm²G
設計外壓	External Pressure	$P_e=$	0 kgf/cm²G
設計溫度	Design Temperture	$T=$	160℃
槽身內徑	Inside Diameter	$D=$	1150 mm
槽身長度	Shell Length	$L=$	1900 mm
腐蝕裕度	Corrosion Allowance	$C=$	3 mm
槽身材料	Material		A516-70
容許應力–常溫	Allowable Stress(Amb.)	$\sigma_a=$	1230 kg$_f$/cm²
容許應力–設計溫度	Allowable Stress(D.T.)	$\sigma_d=$	1230 kg$_f$/cm²
焊接效率–槽身	Shell Joint Efficiency	$F_s=$	0.85
焊接效率–端板	Head Joint Efficiency	F_h	1
內容物比重	Specific Gravity	$R=$	1
內容物高度	Liquid Height	$H=$	1000 mm
鋼板厚度負容許誤差	Minus Tolerance	$t_1=$	0.25 mm
減薄率	Reduction Ratio	$e=$	0.1

壁厚計算：	Thickness Calculation：		

(一)槽身計算：

內壓計算：

計算壓力	$P=$	$P_i+0.0001\times H\times R=$	5.20 kg$_f$/cm²
計算厚度	$t_c=$	$P\times(D+2C)/(2\sigma_d F_s-1.2P)=$	2.88 mm
需要厚度	$t_r=$	$t_c+C+t_1=$	6.13 mm
使用厚度	$t_u=$		12.00 mm

(二)端板計算：

內壓計算：

2：1半橢圓形端板	$K=$		1
計算厚度	$t_c=$	$P(D+2C)K/(2\sigma_d F_h-0.2P)=$	2.44 mm
使用厚度	$t_u=$		12 mm
最小厚度(成形後)	$t_f=$	$(t_u-t_1)(1-e)=$	10.58 mm

▶ 10.2 熱交換器基本設計

熱交換器(Heat Exchangers)包括雙流體、單相熱交換器之熱傳分析的基本設計，直接熱傳方式的熱交換器包括⑴熱交換器的變數，⑵使用ε-NTD 與 LMTD (Logarithmic Mean Temperature Difference)的結果比較，⑶管壁縱向熱傳的影響。決定擴展面積式熱交換器鰭片溫度之有效性和殼管式熱交換器內旁流之影響。

熱交換器設計時主要在分析熱傳與壓降，熱傳分析使用在直接熱傳與蓄熱式熱交換器上；由於流體流經熱交換器需仰賴泵浦輸送，泵浦所需馬力大小與熱交換器壓降成正比，因此熱交換器之壓降需加以分析。

1. 直接熱傳式熱交換器

   直接熱傳式熱交換器之不同工作流體利用薄壁(薄板或管壁)分隔，熱量則經由薄壁而持續傳遞。通常直接熱傳式熱交換器有擴展面積(板鰭式和管鰭式)、管式、殼管式及板式熱交換器。

   ⑴ 熱傳分析：如圖 10.1 所示

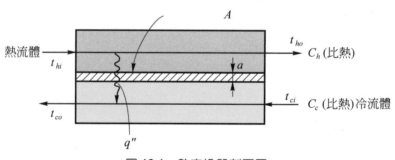

圖 10.1　熱交換器剖面圖

假設此為穩態流動絕熱系統，熱傳速率$q=\int q''dA=C_h(t_{hi}-t_{ho})=C_c(t_{co}-t_{ci})$，

$$q''=\frac{dq}{dA}=U(t_h-t_c)=U\Delta t$$

$\int \dfrac{dq}{\Delta t}=\int UdA$，總熱傳率為平均量的乘積

$$q=U_m A \Delta t_m \tag{10.1}$$

U_m　：平均總熱傳係數

U　：總熱傳係數

Δt_m　：平均溫差(Mean Temperature Difference，MTD)

通常熱交換器分析總傳導係數考慮為常數 $(U_m = \dfrac{1}{A}\int U dA)$，若 $U_m = U$

$$q = UA\Delta t_m$$

平均溫差 Δt_m 與熱交換器流向及工作流體混合程度有關。

圖 10.1 之管壁含內外二側之污垢取斷面如圖 10.2 所示。

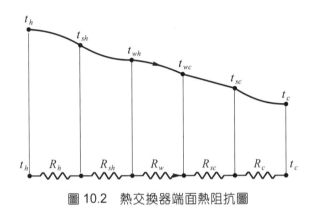

圖 10.2　熱交換器端面熱阻抗圖

考慮熱交換器管壁內外側的積垢層，在穩態下，熱傳遞由熱流體 (R_h)，經熱側污垢薄膜 (R_{sh})、管壁 (R_W)、冷側污垢薄膜 (R_{sc})，而到達冷流體 (R_c)，其熱對流及熱傳導式可改成

$$q = \frac{t_h - t_{sh}}{R_h} = \frac{t_{sh} - t_{wh}}{R_{sh}} = \frac{t_{wh} - t_{wc}}{R_W} = \frac{t_{wc} - t_{sc}}{R_{sc}} = \frac{t_{sc} - t_c}{R_c} \tag{10.2}$$

$R_h = \dfrac{1}{(hA)_h}$：熱側對流熱阻

$R_{sh} = \dfrac{1}{(h_s A)_h}$：熱側污垢熱阻

R_W：管壁熱阻，平板 $R_W = a / A_w k_w$，圓管 $R_W = \dfrac{\ln \dfrac{d_o}{d_i}}{2\pi k_w LN}$

$R_{sc} = \dfrac{1}{(h_s A)_c}$：冷側污垢熱阻

$R_c = \dfrac{1}{(hA)_c}$：冷側對流熱阻

h：熱傳係數，h_s：積垢熱傳係數，A：擴散表面積總和

a：平板厚度，A_w：薄壁總熱傳面積，k_w：管壁(平板)之熱傳係數

d_o：管子外徑，d_i：管子內徑，N：管數

式(10.2)分別乘以適當熱阻再相加可得

$$q = \frac{t_h - t_c}{R_o} = UA(t_h - t_c) \tag{10.3}$$

總熱阻 $R_o = \frac{1}{UA} = R_h + R_{sh} + R_w + R_{sc} + R_c$

$$\frac{1}{UA} = \frac{1}{(hA)_h} + \frac{1}{(h_sA)_h} + R_w + \frac{1}{(h_sA)_c} + \frac{1}{(hA)_c} \tag{10.4}$$

在式(10.4)中的總熱傳係數，U可選擇以熱側、冷側或管壁熱傳導面積為準，亦即

$$UA = U_h A_h = U_c A_c = U_w A_w \tag{10.5}$$

確知熱交換器管壁上溫度是必要的，式(10.2)可改寫為

$$q = \frac{t_h - t_{wh}}{R_h + R_{sh}} = \frac{t_{wc} - t_c}{R_c + R_{sc}} \tag{10.6}$$

若忽略管壁熱阻，則 $t_{wh} = t_{wc} = t_w$ 則式(10.6)可寫成

$$t_w = \frac{t_h + \left(\dfrac{R_h + R_{sh}}{R_c + R_{sc}}\right) t_c}{1 + \left(\dfrac{R_h + R_{sh}}{R_c + R_{sc}}\right)} \tag{10.7}$$

當 $R_{sh} = R_{sc} = 0$，則可簡化成

$$t_w = \frac{(t_h/R_h) + (t_c/R_c)}{(1/R_h) + (1/R_c)} = \frac{(hA)_h t_h + (hA)_c t_c}{(hA)_h + (hA)_c} \tag{10.8}$$

流體出口溫度(t_{ho}, t_{co})或熱傳率(q)與運轉條件之溫度與比熱(t_{hi}、t_{ci}、C_h、C_c)及設計參數(U、A、流向)有關，進行分析工作相當複雜，可以把運轉條件及設計參數及出口溫度與熱傳率化成無因次，以簡化分析工作，再利用有效熱傳單位數目(ε-NTU)及對數平均溫差法(LMTD)來做熱傳分析。在無因次化時，一些理想假設熱交換器為：

⑴ 穩態下操作。

⑵ 入口處溫度和速度分佈均勻。

⑶ 任一工作流體在每一迴路流量為均勻分佈，流場特性取平均速度。

⑷ 在平行流或逆向流熱交換器每一截面上，工作流體溫度為均勻的。在交叉

流熱交換器中，每一工作流體可以是混合的或未混合的。若是多迴路熱交換器，在迴路間工作流體可以是混合或未混合的。

(5) 在整個熱交換器中，每一流體比熱為常數即流體熱容量為定值。

(6) 熱交換器內，工作流體間總熱傳係數為常數。

(7) 熱交換器工作流體無相變化，相變化的流體其比熱為定值。

(8) 工作流體和板壁的縱向熱傳忽略不計。

(9) 不考慮熱逸散到外圍環境的熱量。

(10) 熱交換器內無其他熱源。

2. ε-NTU 方法

從熱流體釋放到冷流體的總熱傳率，表為

$$q = \varepsilon C_{\min}(t_{hi} - t_{ci}) \tag{10.9}$$

ε 是熱交換器的效率，它是熱交換器熱傳執行能力的量測指標。定義為：一任意流向安排之熱交換器，自熱流體到冷流體的真正熱傳率，與在熱力學極限上最大可能熱傳率的比值。有時也叫做熱效率。它是無因次，且對直接熱傳式之熱交換器，一般而言，ε 和 NTU，C^* 和流向安排有關。

$$\varepsilon = \int (\text{NTU}，C^*，流向安排) \tag{10.10}$$

$$\varepsilon = \frac{q}{q_{\max}} \tag{10.11}$$

ε 的值介於 0 和 1 之間。

若一具無限大熱傳面積之逆向流熱交換器，其二工作流體之能量平衡式為：

$$q_{\max} = C_h(t_{hi} - t_{ho}) = C_c(t_{co} - t_{ci}) \tag{10.12}$$

如果 $C_h < C_c$，則 $(t_{hi} - t_{ho}) > (t_{co} - t_{ci})$，熱流體的溫降比較高，熱流體在無窮遠處的溫度將趨近冷流體的入口溫度，亦即 $t_{ho} \doteq t_{ci}$。所以，在 $C_h < C_c$ 條件下

$$q_{\max} = C_h(t_{hi} - t_{ci}) = C_h \Delta_t \tag{10.13}$$

Δ_t 為熱及冷流體入口溫度差，有時簡稱為 ITD，式(10.13)以及在 $C_h = C_c = C$ 和 $C_h > C_c$ 情況下，$q_{\max}$ 的類似表示式，可以用下式表示

$$q_{\max} = C_{\min}(t_{hi} - t_{ci}) = C_{\min} \Delta_t \tag{10.14}$$

在 $C_h < C_c$ 時，$C_{\min} = C_h$，於 $C_c < C_h$ 時，$C_{\min} = C_c$。因此不管熱交換器的流向安排為何，$q_{\max}$ 皆由式(10.14)來決定。

使用真正熱傳率 q 和式(10.14)的 $q_{\max}$，則式(10.11)中的熱交換器效率 ε，可寫成

$$\varepsilon = \frac{C_h(t_{hi} - t_{ho})}{C_{\min} \Delta_t} = \frac{C_c(t_{co} - t_{ci})}{C_{\min} \Delta_t} \tag{10.15}$$

者分別帶入式(10.1)的 q 和式(10.14)的 $q_{\max}$，可得

$$\varepsilon = \frac{UA}{C_{\min}} = \frac{\Delta t_m}{\Delta_t} \tag{10.16}$$

在討論 C^* 和 NTU(Number Tube Units)這兩個獨立變數在物理上重要性之前，先介紹有效溫度(Temperature Effectiveness)，ε_h 和 ε_c，對冷熱流體的表示式，分別如下：

$$\varepsilon_h = \frac{t_{hi} - t_{ho}}{t_{hi} - t_{ci}} = \frac{\Delta t_h}{\Delta_t} \text{ , } \varepsilon_c = \frac{t_{co} - t_{ci}}{t_{hi} - t_{ci}} = \frac{\Delta t_c}{\Delta_t} \tag{10.17}$$

利用能量平衡及式(10.17)，可導出

$$C_h \varepsilon_h = C_c \varepsilon_c \tag{10.18}$$

現在來定義和討論 NTU 和 C^* 這兩個參數，熱傳單位數目(NTU)，其定義如下：

$$NTU = \frac{UA}{C_{\min}} = \frac{1}{C_{\min}} \int_A U dA \tag{10.19}$$

如果 U 值若非一定數，則採積分式的定義式。UA 值，若用式(10.14)替代，則可得

$$NTU = \frac{1}{C_{\min}} \left[\frac{1}{1/(hA)_h + R_{sh} + R_w + R_{sc} + 1/(hA)_c} \right] \tag{10.20}$$

NTU 代表熱交換器無因次化的熱傳尺寸。一般熱交換器的熱傳面積稱為物理尺寸。對一固定的 $U/C_{\min}$ 值，較高的 NTU，意謂熱交換器有較大的物理尺寸。一般而言，低 NTU 值之熱交換器的效率較差。隨著 NTU 的增加，熱交換器的效率亦逐漸上昇，最後趨近熱力上的最大值。以下一些 NTU 及 ε 的近似值。

汽車水箱	NTU～0.5	ε～40%
蒸汽廠冷凝器	NTU～1.0	ε～63%
工業用汽渦輪機發生器	NTU～10	ε～90%

另外關於 NTU 的解釋則是：

$$\text{NTU} = \frac{1}{(1/UA)C_{\min}} = \frac{\tau_d}{(1/UA)\overline{C}_{\min}} = \frac{\tau_d}{R_o\overline{C}_{\min}} = \tau_d^* \tag{10.21}$$

$R_o = 1/UA$ 係總熱阻，而 $\overline{C}_{\min} = WC_p = C_{\min}\tau_d$ 是熱交換器在任一瞬間，冷熱流體兩側間之最小熱容，m 為流體質量，τ_d 則是流體顆粒流經熱交換器所經之時間。所以 NTU 可以說成是無因次的停留時間或是停駐時間與在熱交換器內 $C_{\min}$ 側流體瞬時間常數之比值。NUT 在暫態問題上，被認為是一重要角色。如果以一 $C_{\min}$ 側流線上的質點。做為觀察之角度，則將為暫態溫度。

可歸納出 NTU 的幾個結論：

⑴熱交換器的熱效率，若 C^* 為定值，ε 會隨 NTU 增加而增加，且當 NTU→∞，不管 C^* 值為何，ε→1。
⑵若 NTU 值固定，那麼，熱交換器熱效率 ε，則隨 C^* 值減少而增加。
⑶當 ε < 40% 時，C^* 對熱效率 ε，不再有重大影響。

由於受制於 ε-NTU 漸近曲線特性，在高 ε 值時，想要稍微再提升 ε 值，那麼必須大量增加 NTU，亦即加大熱交換器尺寸。例如，對一逆向流熱交換器在 $C^* = 1$，$\varepsilon = 90\%$ 下，NTU = 9，當 $\varepsilon = 92\%$ 時，其 NTU = 11.5 這樣 ε 僅增加 2%，而 NTU 卻需增加 28%。在此情況下，儘管散失到外界的熱量不多，但卻格外顯得重要。

在固定相同的 C^* 和 NTU 下，與其他各種不同流向安排之熱交換器相較下，逆流向熱交換器有最高的效率，所以其熱傳面積也較其他熱交換器更能為設計者有效利用。

3. 對數平均溫差(LMTD)法：

對數平均溫差，LMTD (Δt_{lm}) 定義如下：

$$\text{LMTD} = \Delta t_{lm} = \frac{\Delta t_1 - \Delta t_2}{\ln(\Delta t_1/\Delta t_2)} \tag{10.22}$$

Δt_1與Δt_2是逆向流或平行流熱交換器兩端流體間的溫差。對逆向流來說

$$\Delta t_1 = t_{hi} - t_{co} \quad \Delta t_2 = t_{ho} - t_{ci} \tag{10.23}$$

就平行流而言：

$$\Delta t_1 = t_{hi} - t_{ci} \quad \Delta t_2 = t_{ho} - t_{co} \tag{10.24}$$

對其他流向安排之熱交換器，亦假設其為一有相同的R(或C^*)及端點溫度(有效性)運轉之逆向流熱交換器。因此對其他所有流向而言，其LMTD的計算是依式(10.22)，而Δt_1、Δt_2，則由式(10.23)得之。LMTD所代表的是，僅在一逆向流熱交換器熱傳上，可得到的最大溫度潛能。其他一些Δt_{lm}的設定值如下：

$$\Delta t_{lm} = \begin{cases} (\Delta t_1 + \Delta t_2)/2 & \text{當 } \Delta t_1 \to \Delta t_2 \\ \Delta t_1 = \Delta t_2 & \text{當 } \Delta t_1 = \Delta t_2 \\ 0 & \text{當 } \Delta t_1 \text{ 或 } \Delta t_2 = 0 (\text{即 NTU} \to \infty) \end{cases} \tag{10.25}$$

在$1 \leq \Delta t_1 / \Delta t_2 \leq 2.2$下，以算數平均溫差代替對數平均溫差，所造成之誤差在5%內。也就是$\Delta t_{am} / \Delta t_{lm} < 1.05$，$\Delta t_{am} = (\Delta t_1 + \Delta t_2)/2$。

對數平均溫差校正係數F：

如同在式(10.1)所見，一熱交換器的熱傳率可以表成

$$q = UA\Delta t_m$$

UA是熱交換器的總熱傳導率，由式(10.4)定義而來，Δt_m則是真實平均溫差(TMTD)，有時亦簡稱為平均溫差(MTD)。Δt_m可用ε，NTU與冷側或熱側的溫升(降)來表示。

$$\Delta t_m = \frac{\Delta_t \varepsilon}{NTU} = \frac{t_{hi} - t_{ho}}{UA/C_h} = \frac{t_{co} - t_{ci}}{UA/C_c} \tag{10.26}$$

Δt_{lm}是由式(10.22)所定義。但其他流向安排時，在算Δt_m時，都面臨處理一個相當複雜積分式的問題。因此對這些流向安排，習慣上，定義出一個校正因子F，F為真實平均溫差與對數平均溫差的比值。

$$F = \frac{\Delta t_m}{\Delta t_{lm}} \text{，所以 } q = UAF\Delta t_{lm} \tag{10.27}$$

F被視為LMTD的校正因子，它是無因次的，通常它與溫度有效性P，熱容率比值R，和流向安排有關，亦即

$$F = \int (P,R,\text{流向安排}) \tag{10.28}$$

對真正的逆向流或平行流，F 的值是 1，此刻並不受 P 和 R 影響。其他流向安排的 F 值，一般比 1 小。F 值較接近 1，並不意味就是高效率的熱交換器，其實表示的是對相同的流量與入口溫度之運轉條件下，其較近似逆向流熱交換器的性能。

LMTD 方法經常用在殼管式熱交換器的設計，因為使用此方法設計者在瞭解有效溫差 Δ_t 相對於逆向流熱交換器可能最佳之有效溫差 Δ_t 減少程度時，提供較佳的效果。在 Δt_m 除以 Δt_{lm} 上大幅降低，表示一個低值的 F 或者一個為數甚大的 NTU 值。在此情況下，熱交換器是在 ε-NTU 曲線，漸趨極大值範圍，也就是說，即使加大許多面積，在熱效能上增加卻有限。基於殼管式熱交換器包含巨額設備成本，通常它都被設計落於 ε-NTU 曲線陡峭區段($\varepsilon \leqq 60\%$)，且由經驗法則，F 值則選擇大於等於 0.8。在表 10.2 提供了更詳盡關於 ε-NTU 和 LMTD 兩種方法之比較。

做熱交換器熱傳分析時，可選擇使用 ε-NTU 或 LMTD 方法

表 10.2 ε-NTU 與 LMTD 比較

ε-NTU 方法	LMTD 方法
1. 由出入口溫度求得 ε，再則利用 C_c、C_h，算 $C^* = C_{min}/C_{max}$ 2. 由已知的 ε，C^* 和流向安排從類似 ε-NTU 曲線決定 NTU。對一些流向安排，則可能須由 ε-NTU 關係式迭代求得。 3. 由 $A = $ NTU $\cdot C_{min}/U$ 算出所要之面積 A。	1. 從固定的出入口溫度，計算 P，R。 2. 由已知之 P，R 與流向安排，從 $F-P$ 曲線，定出 F 值。 3. 從 $q = WC_p \mid t_i - t_o \mid$ 計算任一側之熱傳量，並由端點溫度，求出對數平均溫差。 4. 從 $A = q/UF\Delta t_{lm}$ 求得面積 A。

評估問題的解題步驟如下：

ε-NTU 方法	LMTD 方法
1. 利用已知條件，求得 NTU 和 C^*。 2. 由已知的 NTU，C^* 和流向安排從 ε-NTU 圖形或公式求得 ε 3. 從 $q = \varepsilon C_{min}(t_{hi}-t_{ci})$ $t_{ho} = t_{hi} - q/C_h$ $t_{co} = t_{ci} + q/C_c$ 算出熱傳率和出口溫度。	1. 由 $R = C_t/C_s$ 或 C_c/C_h 算出 R。 2. 假設出口溫度而決定 P，或者設定 P，反算出口溫度，再算出 Δt_{lm}。 3. 對指定之流向安排，從 $F-P$ 曲線決定 F 值。 4. 從 $q = $ UAFΔt_{lm} 得到 q。 5. 由 $q = C_c$，C_h 計算出口溫度，並且與步驟(2)的設定值比較。 6. 重覆 2.～5. 的步驟，一直到所要的收斂誤差內。

不管是設計或評估問題,在固定的收斂範圍,採用 ε-NTU 或 LMTD 方法,其結果是一致的。但是當你真實去進行時,將會發現使用LMTD方法處理評估問題,計算出口溫度時,必須執行許多令人生厭的迭代工作。

ε-NTU方法,如以上的討論,它所使用的無因次群,ε,NTU,C^*在熱力學上的較易理解,ε代表的熱效率因子。而 F 則非效率因子,它代表使用一非逆向流之流向安排時,在真實平均溫差之損失,所要付出的代價。F值接近 1,並不等同於它是一個高效率的熱交換器,所表明的僅是,在流量、入口溫度相同的條件下,它的性能類似逆向流熱交換器而已。另外,在 ε-NTU表示式的推導,能量平衡式及熱傳率方程式皆被明確使用,在熱交換器設計理論,強調出熱力及物理的重要性。然而在 LMTD 方法的熱傳率方程式,將誤導使人認為在設計理論上,僅熱傳率關係式即可,事實上,能量方程式是隱藏在 F 因子內。

任一種方法都應得到一致的結果。通常 ε-NTU方法是被汽車、航太、空調、冷凍及其他工業,用以設計/製造密集式熱交換器。LMTD方法則用在製程、電廠、石化工業,以設計/製造殼管式、板式等非密集式熱交換器。

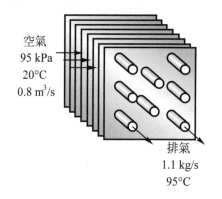

例 空氣($C_p = 1.005$ kJ/kg℃)進入爐子之前,在一交叉流熱交換器中被熱的排氣預熱。空氣在 95 kPa 與 20℃ 以 0.8 m³/s的流率進入,而燃燒氣體($C_p = 1.10$ kJ/kg·℃)在 180℃ 以 1.1 kg/s 的流率進入,在 95℃ 離開。試求傳至空氣的熱傳率及空氣的出口溫度。

空氣
95 kPa
20℃
0.8 m³/s

排氣
1.1 kg/s
95℃

解 假設為 1.穩流狀態,2.熱交換器保溫良好無熱損失,3.流體之動能及位能變化忽略不計,4.流體性質為固定

$C_{\text{pair}} = 1.005$ kJ/kg·℃,$C_{\text{pflue gas}} = 1.10$ kJ/kg·℃,$R_{\text{air}} = 0.287$ kJ/kg·K

$\dot{Q}_{\text{flue gas}} = \dot{m}C_p(T_{\text{in}} - T_{\text{out}}) = (1.1 \text{ kg/s})(1.1 \text{ kJ/kg·℃})(180℃ - 95℃)$

$\qquad = 102.85$ kW

空氣質量流率 $\dot{m}_{\text{air}} = \dfrac{PV}{RT} = \dfrac{(95 \text{ kPa})(0.8 \text{ m}^3/\text{s})}{(0.287 \text{ kPa · m}^3/\text{kg·K})(293 \text{ K})}$

$\qquad = 0.904$ kg/s

$\dot{Q}_{\text{air}} = \dot{m}C_p(T_{\text{out}} - T_{\text{in}})$

$$102.85 \text{ kW} = (0.904 \text{ kg/s})(1.005 \text{ kJ/kg} \cdot \text{℃})(T_{\text{out}} - 20\text{℃})$$

$$T_{\text{out}} = 133.2\text{℃}$$

$$\dot{S}_{gen} = \dot{m}_{\text{flue gas}}(S_2 - S_1) + \dot{m}_{\text{air}}(S_4 - S_3) \leftarrow 對於煙氣側及空氣側 \Delta P = 0$$

$$= \dot{m}_{\text{flue gas}} \cdot C_p \ln\frac{T_2}{T_1} + \dot{m}_{\text{air}} C_1 \ln\frac{T_4}{T_3}$$

$$= (1.1 \text{ kg/s})(1.1 \text{ kJ/kg} \cdot \text{K}) \ln\frac{95 + 273}{180 + 273}$$

$$+ (0.904 \text{ kg/s})(1.005 \text{ kJ/kgK}) \ln\frac{133.2 + 273}{20 + 273} = 0.0453 \text{ kW/K}$$

$$\varepsilon_{\text{destorged}} = T_o \dot{S}_{gen} = (293 \text{ K})(0.453 \text{ kW/K}) = 13.3 \text{ kW}$$

例 一良好絕熱的殼-管式熱交換器被用以對管內的水($C_p = 4.18$ kJ/kg℃)以 4.5 kg/s 的流率從 20℃ 加熱至 70℃。熱係由在 170℃ 以 10 kg/s 之流率進入殼側的熱油($C_p = 2.30$ kJ/kg · ℃)供給。不考慮從熱交換器的任何熱損失，試求(a)油的出口溫度；(b)熱交換器中的烟減損率。

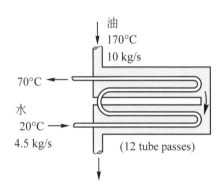

解 (a)水和油的比熱分別為 4.18 和 2.3 kJ/kg · ℃

$$Q - \cancel{W} = \Delta h + \cancel{\Delta KE} + \cancel{\Delta PE}$$

$$Q_{\text{in}} = H_2 - H_1 = \dot{m}_{\text{water}} C_p (T_2 - T_1) = (4.5 \text{ kg/s})(4.18 \text{ kJ/kg℃})(70\text{℃} - 20\text{℃})$$

$$= 940.5 \text{ kW}$$

水的吸熱等於油的放熱量，油的出口溫度為

$$\dot{Q} = \dot{m}_{\text{oil}} C_p (T_{\text{in}} - T_{\text{out}})$$

$$T_{\text{out}} = T_{\text{in}} - \frac{\dot{Q}}{\dot{m}_{\text{oil}} C_p} = 170\text{℃} - \frac{940.5 \text{ kW}}{(10 \text{ kg/s})(2.3 \text{ kJ/kg} \cdot \text{℃})} = 129.1\text{℃}$$

(b)熱交換器內熵不變

$$\dot{S}_{\text{in}} - \dot{S}_{\text{out}} + \dot{S}_{gen} = 0$$

$$\dot{m}_{\text{water}} S_1 + \dot{m}_{\text{oil}} S_3 - \dot{m}_{\text{water}} S_2 - \dot{m}_{\text{oil}} S_4 + \dot{S}_{gen} = 0$$

$$\dot{S}_{gen} = \dot{m}_{\text{water}}(S_2 - S_1) + \dot{m}_{\text{oil}}(S_4 - S_3)$$

$$= \dot{m}_{\text{water}} C_p \ln\frac{T_2}{T_1} + \dot{m}_{\text{oil}} C_p \ln\frac{T_4}{T_3} (水及油均為不可壓縮流體)$$

$$= (4.5 \text{ kg/s})(4.18 \text{ kJ/kgK}) \ln \frac{70 + 273}{20 + 273} + (10 \text{ kg/s})(2.3 \text{ kJ/kgK})\left(\ln \frac{129.1 + 273}{170 + 273} \right)$$

$$= 0.736 \text{ kW/K}$$

焗損失率$\varepsilon_{\text{destoryed}} = T_o S_{gen} = (298 \text{ K})(0.736 \text{ kW/K}) = 219 \text{ kW}$

11

綠色能源發電

　　台灣地區自產能源貧乏，絕大部份的能源消費均須仰賴進口，而且目前環境保護意識日益覺醒，使得加強開發自產能源、利用綠色能源的重要性日益彰顯。因此政府當局已擬訂台灣地區再生能源發展之政策，台電公司及相關企業並配合進行系列之開發與研究發展計畫。

　　台灣地區能源進口依賴度超過 99%，提高能源自主性，發展再生能源為當務之急。台灣在半導體產業發展之基礎，若能努力提升矽晶太陽電池效率，強化太陽光電模組可靠度，將可以立足台灣放眼天下，擴大國內市場。

　　降低石油依賴度，以更宏觀的態度來降低 CO_2 排放，及解決溫室效應之意志力來推動再生能源的發展，目前生質燃料(木質顆粒)發電亦是再生能源的主要選項之一。

　　綠色能源(Green Energy)的研究開發方法目前有太陽能、太陽光電、風力、地熱、水力、燃料電池、氫能、生質能與廢棄物能(沼氣、生質汽柴油、廢棄物轉化為固態、液態或氣態之衍生燃料)等。惟囿於成本、場地、技術等因素，大部分再生能源(Renewable Sources of Energy)尚未達商業運轉階段。初步規劃至2020年再生能源占能源總供給配比以3%(含水力為4.5%)以上為目標。未來若能建立制度化推動機制，有效排除各種推動障礙，以營造有利推廣應用環境，則此配比將可望提升至6%(含水力)，其中再生能源發電容量占總發電裝置容量配比之發展目標更可望達到15%甚至更高之比例，目前台灣再生能源預估的開發潛能詳表11.1所示。

表 11.1　台灣再生能源的開發潛能評估

再生能源	開發潛能評估	發展技術	發電成本 (NT\$/kWh)	現況
風力	台灣年平均風速>5 m/s的面積為2000平方公里，最少的開發潛能約1000 MW，若涵蓋離島則開發潛能約3000 MW。	風力機械	1.28～2.47	約有13 MW已商轉，施工中約145 MW。
小水力	台灣129條河川有11630 MW開發潛能，但具有經濟開發的水力發電約5110 MW。	水力機械	1.68～3.16	已商轉的有1908 MW(不含2600 MW之抽蓄電廠)
生質能 (焚化爐)	生質能包含：垃圾、油焦；丟棄能源、廢輪胎及塑膠廢紙、稻殼、甲烷等，此能源較難預估準確。	廢熱回收及發電	0.79～1.56 (台電購電價格)	預估約900 MW
地熱	超過100處地熱，僅26處具經濟開發價值，約1000 MW其中500 MW在台北地區。	地熱	6.90～9.86	宜蘭規劃中約900 MW
太陽能 (光電板)	具開發潛能約12000 MW(包括已裝置社區25%，商業大樓、公共設施和其他等)。	太陽能發電	14.78～24.64	台電電力綜合研究所裝設60 kW
太陽能 (熱水)	預估可收集太陽能面積約18000000 m^2	太陽能熱水器	―	―

　　風力發電是目前技術最成熟、最具經濟效益，且為最可行的再生能源，位於澎湖白沙灣中屯村的風力發電工程已於90年10月27日完工商轉，總裝置容量0.24萬瓩，每年可節省燃料油約2千公秉，除降低環境污染，提升環境品質外，並可帶動澎湖地區觀光及相關產業成長。

　　爲儘速達成綠色電力政策目標，參考澎湖中屯風力機組興建運轉之成功經驗，擴大推展風力發電計畫，於台灣本島風能優良地區次第裝置風力發電機組，以節省燃料及提供乾淨能源；目前已擬定「風力發電十年發展計畫」，規劃於未來 10 年內裝置 200 部或 30 萬瓩以上之風力發電機組，第一期計畫 64 部風力機組，總裝置容量 10.1 萬瓩，預計 94 年間陸續商轉，其中石門風力發電已於 93 年 12 月 30 日正式啟動，爲台灣本島第一座商業運轉的風力發電機組，總裝置容量 0.4 萬瓩，每年可節約替代燃油約 3.3 千公秉或燃煤 3819 噸，同時減少二氧化碳排放量 8624 噸；爲使風力機組成爲地標，石門風力發電之設計力求與當地環境景觀協調、融合，以配合地方發展觀光之需求，喜見風車展翼，迎風舞動的景觀已成爲國人旅遊休憩的新景點，不僅爲台灣本島風力發電寫下新頁，亦爲台灣推展觀光資源與再生能源開發建立新里程碑。

　　台灣將持續推展風力發電，第二期計畫已奉核定，計 69 部機組，總裝置容量 13.1 萬瓩，預計於 94～97 年間完成，另針對海堤區域開發風力研究已納入風力發電第三期計畫，並將陸續規劃第四-五期風力發電可行性研究。

1. 風力發電(Wind Power)

　　台灣爲一海島地形，每年約有半年以上的東北季風期，沿海、高山及離島許多地區之年平均風速皆超過 4 m/s，風能潛力相當優越，台灣全省年平均風速大於 4 m/s 的區域，總面積約佔 2000 平方公里，可開發的風能潛力估計約爲 300 萬瓩。例如台灣省中西部海濱以及離島地區，都很適合開發風力發電。裝置容量 1 kW 所遮蔽面積約 2～5 m^2，風機高度約 2～6 m。

　　台塑麥寮民營發電業裝置的 4 部 660 瓩風力發電機組，已於民國 89 年底開始商轉。由於台灣離島位處偏僻，燃料成本比較昂貴，在各離島發展風力發電，與柴油發電機組併聯供電，可以節省燃料、降低發電成本，較具經濟價值。因此，台電公司已於民國 90 年 9 月 13 日完成澎湖中屯風力發電機組四部，每部機組容量 600 瓩共計 2400 瓩。由於澎湖中屯四部風力發電機運轉情況極優，其二期擴建計畫(2400 瓩)，已於 93 年底完成商轉。

　　爲儘速達成政府綠色電力政策目標，及配合未來全球氣候變化綱要公約發展需求，台電公司已擬定「風力發電十年發展計畫」，積極推動風力發電應用：規劃於台灣西部沿海風能資源豐富地區優先辦理，未來十年內將至

少設置 200 台風力發電機或總裝置容量 30 萬瓩以上為目標。目前「風力發電第一期計畫可行性研究」已於 91 年 7 月 11 日奉行政院核准實施，將於 92～94 年間於台電公司現有電廠及台中港、新竹、桃園海濱等地共興建完成 60 部風力發電機，總裝置容量 10.08 萬瓩，已積極展開土地租用及施工準備中。此外，台電公司正積極尋覓優良風力廠址，將適時規劃風力發電第二期計畫。初步選擇雲林縣海濱、彰濱工業區及台中港區等地，台電公司將於廠址土地及風況初步評估完成後，再研提「風力發電第二期計畫可行性研究」，陳報政府審查通過後實施，初估應可於 95～97 年間興建約六十台之風力發電機組，總裝置容量在 10 萬瓩左右。

例 若風速 $\vec{V}=10$ m/s，風車葉輪直徑 $\phi=50$ m，試計算該風車可產生多少電力(kW)？

解 空氣在 25℃，1 大氣壓時之密度 $\rho_{air}=1.18$ kg/m³

$$kE=\frac{\vec{V_1}^2}{2}=\frac{(10 \text{ m/s})^2}{2}\times\frac{\text{J/kg}}{\text{m}^2/\text{s}^2}=0.05 \text{ kJ/kg}$$

$$\dot{m}=\rho A\vec{V}=1.18 \text{ kg/m}^3\times\frac{\pi(50 \text{ m})^2}{4}\times(10 \text{ m/s})$$

$$=23169 \text{ kg/s}$$

$$KE=\dot{m}(kE)=(23169 \text{ kg/s})\times(0.05 \text{ kJ/kg})=1159 \text{ kW}$$

$$\eta=33.3\% \quad \text{kW}_{actual}=386 \text{ kW}$$

一般 $\vec{V_2}=\frac{1}{3}\vec{V_1}$ ∴$\eta\fallingdotseq35\%$ (正常風車效率在 20%～40%)

2. 太陽能(Solar Energy)

地球上的能源如：風能、水力、海洋溫差、波浪、生質能、潮汐等均來自太陽能；化石燃料如：煤炭、石油、天然氣等系古代太陽能所儲存下來的能源。沒有太陽也就沒有人類的起源和發展。

太陽可利用的熱能：太陽的有效溫度約為 5777 K，太陽發出的能量有 3.845×10^{26} W，地球所接收的能量每年約有 5.5×10^{21} kJ(約 610 萬噸／秒煤炭燃燒熱量)，相當於全球需求的 13,000 倍。

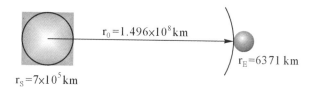

40 分鐘的太陽輻射能量等於全球一年所需求的能量。

地球大氣層外的日照平均強度，太陽能量常數 $E_0 = 1367$ W/m²。

$(E_0 = \Phi/A_{SE} = 3.845 \times 10^{26}$ W$/4\pi(1.496 \times 10^{11}$ m$)^2)$

其中 70% 到達地面 = 51% 直射光 + 19% 發散光

(包括大氣層吸收 6%、反射回太空 20%、地表吸收 4%)

1 kW/m² $\times 120$ m² $\times \dfrac{1}{2} \times 20\% \times 200$ d/yr $\times 3.84$ h/d $\times 0.75$

(污損、線損、inverter 效率) = 6,912 kWh/yr

以一般家庭約 120 m² 之建地面積，可裝置太陽光電板約 50%，能源轉換效率約 20%，一年可產生 6912 度電。

台灣地區雖地處亞熱帶，惟因氣候因素，日照強度雖不如同緯度其他地區理想，但仍屬於全球太陽能發電合適區域。加以台灣本島地狹人稠，寸土寸金，且夏秋期間颱風頻仍，再加上太陽能電池等設備投資費用昂貴，而限制台灣地區太陽能應用條件。經濟部已擬訂鼓勵太陽能發電之措施，台電公司將配合政府，選擇適當地點，設置太陽能發電之推廣設施。依使用模組型式、晶片材料的差異，1 kW 裝置容量所需面積約 10～15 m²。

目前國內已具備非晶矽太陽能電池的製造及安裝技術與能力，國內亦已設置數處小型太陽光發電示範系統，包括奇萊、南湖大山的高山避難指示燈，南湖大山高山避難示範小屋，太魯閣國家公園內白楊瀑布步道上的隧道照明設備等，以及玉山氣象站的高山 PV 系統。台電公司自 82 年及 88 年開始於恒春地區及澎湖地區進行太陽日照量及氣象資料調查蒐集，以備日後評估設廠之可行性；另外在臺北樹林「電力綜合研究所」內，設置一座 3 kW 太陽能發電系統，與市電供電系統併聯測試研究，以作為未來小型太陽能發電系統推廣技術的基礎。

市電併聯型

❶ 太陽光電模組

半導體的太陽光電模組，將光能
轉換成電能，它和太陽能熱水器
是完全不同的材質及不同的工作
原理。

❷ 變流器或稱電力調節器

變流器將太陽光電模組所產生
的直流電轉換成交流電，供輸
出負載使用，並自動調控整個
電力系統。

❸ 戶內配電盤

將太陽充電系統所產生的電
力，傳輸給適當的負載使用。

❹ 瓦時計

記錄太陽光電系統所產生的電
及回售給台電的電力度數。

此外，為積極研究與推動太陽光電系統，台電公司已在台北樹林電力綜合
研究所內及台北市區營業處各興建一座 20 瓩的太陽光電示範系統。並擬於
台灣中、南部再選擇台電公司所屬辦公處所，分別設置一套 10 瓩至 20 瓩不
等的太陽光電示範系統。此外，台電公司並擬進行大規模的太陽光電發電
廠之研究。

3. 生質能(Bio-mass Energy)

生質能的廣泛定義即指所有有機物，經各式自然或人為化學反應後，再焠
取其能量應用，例如由農村及都市地區產生的各種廢棄物，如牲畜糞便、
農作物殘渣、城市垃圾、及工業廢水等，皆可經由直接燃燒應用，或由微
生物的厭氧消化反應而產生沼氣後再行應用。

目前台灣地區的生質能發電應用有垃圾焚化發電及沼氣發電二大類，前者
以焚化廠成效最好，目前已將其產生的部份剩餘電力回售給台電公司。沼
氣利用在農委會及農林廳的輔助下，為豬糞尿厭氧消化處理研究首開其端，
開發各種沼氣利用的途逕，包括烹調、發電及運輸。

目前生質能發電大部分著重在國外進口木質顆粒燃料；為燃煤、燃氣外主要燃料。

小型生質能機組熱循環(Heat Cycle)包括一台循環流體化床(CFB)鍋爐、氣冷凝式汽輪發電機、一台 LP 飼水加熱器、一台 HP 飼水加熱器、一台除氧器和冷凝水儲槽、三級抽汽式循環、2×100%冷凝水泵和 2×100%鍋爐飼水泵。機組熱循環示意圖如圖所示。

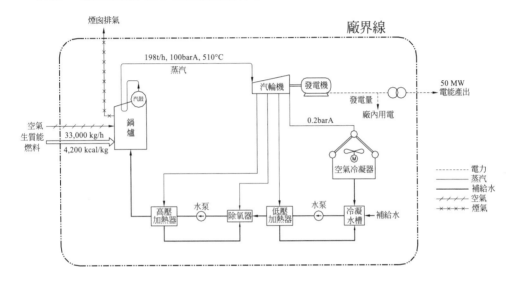

循環流體化床(CFB)鍋爐產出高壓蒸汽，經汽輪機作功後排放至氣冷式冷凝(ACC)加以冷凝至冷凝水予與回收至鍋爐飼水系統。部分蒸汽在汽輪機作功後，分別抽出蒸汽用以加熱高壓加熱器、除氧器和低壓加熱器，此部分蒸汽冷凝後也回收回到熱循環系統。

ACC冷凝水經泵出冷凝水箱，並流經LP給水加熱器，從汽輪機抽出的蒸汽加熱的加熱器。冷凝水還流過除氧器，從水中去除溶解的空氣/氧氣以降低冷凝水的腐蝕性。除氧器的給水由鍋爐飼水泵(BFP)送出，然後流經 HP 給水加熱器，用汽輪機抽出的蒸汽加熱。給水進入鍋爐節熱器由煙氣加熱，然後流入頂部的鍋爐汽鼓。在汽鼓中，蒸汽通過筒式汽與水分離器。然後蒸汽流過過熱器，然後被引導到高壓汽輪機。直接從汽輪機排出的蒸汽，流入 ACC 並冷凝成冷凝水。冷凝水從 ACC 冷凝水槽通過泵送回汽輪循環冷凝泵和重複循環使用。ACC 利用空氣吸收的排出蒸汽的潛熱，其中升高溫度的熱空氣，會將其熱量散發到大氣中。

生質能機組朗肯循環(Ranking Cycle)，可以採用氣冷式或水冷式。機組受
其所位置布置侷限，無法取得海水以貫流式(Once Through)方式做為機組
冷卻水源；若要使用水冷卻方式，只能採用冷卻水塔搭配水冷式冷凝器；
或者採用氣冷式冷凝器(ACC)。兩種冷卻方式綜合比較如下：

	氣冷式冷凝器(ACC)	冷卻水塔搭配水冷式冷凝器
介質	空氣	水
汽輪機背壓	較高	較低
輔助電力	較高	較低
介質熱傳係數	較低	較高
傳熱面積	較大	較小
環境溫升	較高	較低
設備費用	較高	較低
占地面積	較大	較小
運維費用	較高	較低
耗水率	無	較高
綜合比較	較佳	相當

台灣各地缺水嚴重，為節約水資源，可考慮採用氣冷式冷凝器(ACC)與凝
汽式汽輪機配套。如果選擇水冷式冷凝器搭配的冷卻水塔，此將增加漂流
損失(Drift loss)、蒸發損失(Evaporation loss)和排污損失(Blowdown loss)
等的耗用水量。

若採用冷卻水塔搭配水冷式冷凝器，以 50,000 kW 機組其冷卻水塔每天需
要補充水約 5000 噸。冷卻水塔用水量以 7,330 m³/h，回水溫度 42℃、出水
溫度 32℃、濕球溫度 29℃設計，冷卻水塔耗水量為 205 m³/h。

50,000 kW 生質能機組採氣冷式冷凝器和水冷式冷凝器其設計參數如下：

機組設計	出力 (kW)	熱耗率 (kJ/kWh)	效率 %	主蒸汽條件 (壓力&溫度)	汽輪機排汽壓力 (barA)
氣冷式冷凝器	50,000	10,205	35.27	100 barA, 510℃	0.2
水冷式冷凝器	50,000	9752	36.91	100 barA, 510℃	0.1

4.　地熱發電(Geothermal Power)

台灣位處環太平洋火山帶，多處山區顯示具有地熱蘊藏，根據台灣地熱資源初步評估結果，全台灣地區有近百處顯示具溫泉地熱徵兆，但較具開發地熱潛能者有 26 處，理論蘊藏量約有 100 萬瓩，其中大屯山區約具 50 萬瓩，惟因係屬火山性地熱泉，其酸性成分太高或蒸汽含量太少，較不具發電價值。因此，如能克服地熱酸性成分高與蒸汽含量少兩項科技發展上之瓶頸，則地熱發電在台灣地區將會有較好的發展前景。

本省前有清水及土場兩座地熱發電廠，裝置容量分別為 3.0 及 0.3 千瓩，其中清水電廠由於地熱井蒸汽及熱水產量顯著降低，出力由初期之 1.6 千瓩降至 0.3 千瓩左右，成效並不理想，故停止發電。為期有效利用我國地熱資訊，目前台電公司除無償提供清水地熱發電機組設備給宜蘭縣政府使用之外，並積極協助其辦理「清水地熱發電多目標利用計畫」，宜蘭縣政府將以 BOT 方式對外招商。

5.　海洋溫差發電(Ocean Thermal Energy)

本省東部海域水溫與地形條件有利於開發海水溫差發電。台電公司於民國 70 年開始進行「台灣東部海域海洋溫差發電潛能研究計畫」，完成候選廠址環境資料調查以及初步可行性研究與電廠概念設計。研究結果發現：溫差發電冷水管路之舖設技術風險甚高，而且發電成本遠高於傳統燃煤或燃油火力發電。

台電公司於 78 年 10 月完成「海洋溫差多目標利用初步可行性研究報告」結論，以目前的技術水準而言，投資興建海水溫差電廠之技術風險仍高，發電成本亦不具經濟效益。其後台電公司又奉命與相關單位合作，重新評估「海洋溫差多目標利用」，並於民國 80 年 12 月完成「和平海洋溫差發電預定廠址外海海床調查研究」，調查結果發現該廠址有地層滑動的潛在風險。海洋溫差發電係利用表層海水與深層海水間的溫差，將儲存於表層海水中之太陽熱能蒸發低沸點工作界質如氨，推動渦輪發電機，再利用深層冷海水冷卻蒸發之低沸點工作介質，工作介質不是水而是用沸點低的流體如氨，進行循環的一種發電技術。

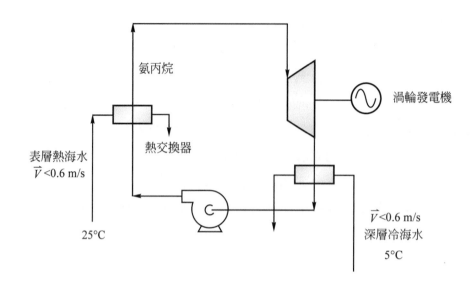

台灣東部海域黑潮暖流溫差約 $\Delta T = 20℃$，先導型海域發電規模 7.2 MWe (Gross)，5.5 MWe(Net)，發電成本NT\$23.65/kWh太高，不具開發效益。

目前面臨的技術瓶頸：

(1)　改善熱交換器之設計以提升導熱效率。

(2)　防止並控制海生物附著之技術。

(3)　冷水管接頭設計及施工方法。

6.　海浪發電(Ocean Wave Power)

歐美等國雖積極進行波浪發電之研究，惟世界上迄今尚無商業性波浪發電之運轉經驗。本省沿海及離島地區，因受季風之吹襲，波瀾浪濤終年不斷，台電公司於民國 76 年 2 月開始進行台灣地區波浪發電先驅計畫，進行波浪發電系統之研究，調查評估台灣沿岸波浪發電之潛能、波浪發電的初步可行性研究以及電廠概念設計。隨後並進行評選適於興建波浪發電示範電廠之廠址，以及相關環境資料之調查與蒐集。

台灣有1448公里海岸線，經年波濤洶湧，波浪能源蘊藏豐富。其中北部海域及離島較具潛力，13 kW/m，東部及西北沿海 7 kW/m，西南及南部 3 kW/m。

海浪係由太陽能間接造成冷熱溫差，海浪亦係由風所引起，風因為地殼不均勻的太陽能加熱及冷卻，再加上地球的自轉所造成，如圖11.1所示。

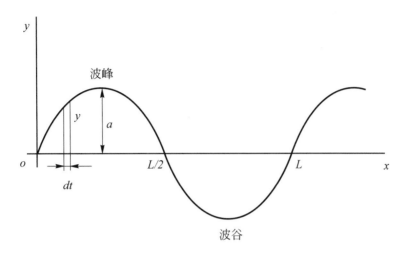

圖 11.1　海浪波形圖

波浪發電優點：免費再生能源、無污染、保護海岸不受海浪侵蝕。

　　　　缺點：缺少可靠與穩定性，發電設備之強度須足以承受風暴。

L ：波長＝$C \times T$，m

a ：波幅，m

$2a$：高度(波峰至波谷)，m

T ：週期，sec

f ：頻率＝$1/T$，$\sec^{-1}$

C ：波傳播速度L/T，m/s

n ：相率＝$2\pi/T$，$\sec^{-1}$

$T\&C$取決於波長及水深

　　$L = 1.56T^2$ (L：m，T：sec)

　　波浪總能量＝位能＋動能

(1)　位能(PE)

$$PE = \frac{1}{16}\rho g H^2 L \quad @y = 0$$

　　ρ：水密度，kg/m^3

　　g：9.8 m/s^2

　　L：波長，m

(2)　動能(KE)

$$KE = \frac{1}{16}\rho g H^2 L \text{(兩個垂直波浪傳播方向}x)$$

總能量$TE = PE + KE = \frac{1}{8}\rho g H^2 L$

TE(單位面積)$= \frac{1}{8}\rho g H^2$

功率$P = TE \cdot C_g$

$$= \frac{1}{8}\rho g H^2 \cdot C_g \cong H^2 \cdot T \text{ (kW/m)}$$

C_g：Group velocity 群波波速

深海$C_g \cong 0.78T$ (m/s)

$C_g \cong \sqrt{gh}$

台灣地區波浪能源蘊藏量約 1 萬瓩，可採量約 1% $\cong$ 100 瓩。

波浪發電廠需配合防波堤規劃設置，以降低成本增加使用率。

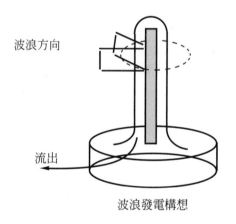

波浪方向

流出

波浪發電構想

7.　潮汐(Tidal Power)

潮差發電若以目前低水頭水輪機應用技術而言，只要有 1 m 的潮差及可供圍築潮池的地形即可開發。台灣沿海之潮汐，最大潮差發生在金門、馬祖外島，約可達 5 m 潮差，其次為新竹南寮以南、彰化王功以北一帶的西部海岸，平均潮差約 3.5 m，其他各地一般潮差均在 2 m 以下，與經濟性理想潮差 6～8 m 仍有相當差距。由於台灣西部海岸大都為平直沙岸，缺乏可供圍築潮池的優良地形，並不具發展潮差發電之優良條件，僅能考慮利用現

有的港灣地形開發。對於金門及馬祖兩個離島來說，因該兩離島之發電成本較昂貴，發展潮差發電應具較佳之經濟誘因。故台灣的潮差發電發展方向應以金門、馬祖兩離島為先導廠址。

8. 黑潮

台灣地區可供開發海流發電應用之海流，以黑潮最具開發潛力，黑潮的厚度約為 200～500 m，寬度約 100 km 至 800 km 左右，其流速介於 0.5 m/s 至 1 m/s，理論上利用黑潮發電是可行的，但對深海用的水輪發電機尚屬研究階段，技術可行性有待驗證。鑑於國內缺乏相關黑潮發電技術研究資料，因此現階段將進行東部海域及澎湖跨海大橋海流環境調查和發電技術資料蒐集，已於 88 年 11 月由台灣大學海洋研究所完成台灣東部黑潮發電應用調查規劃研究報告。

9. 小水力(Small Hydro)

水力是來自於地球表面與大氣之間的水循環。地球的表面水被陽光加熱蒸發後，再以雨、雪等型態降落下來，並經由地面河川和地下水流，往低處流動，回到地球表面各處。因此，水力也是來自太陽能。

現代的水力發電是把水庫或河川的水由高處經管線流下，讓水的位能轉換為動能，再流經渦輪機轉換成電能。水力發電的好處是不會產生廢氣、廢水和熱污染；並且水庫除供水發電外，可作為灌溉用水和飲用水供應、防洪等用途。

水力雖然是乾淨的再生能源，但是大型的水力發電，對環境的衝擊和對下游民眾的威脅很大，並不被認為是值得發展的發電方式。

大型的水庫會淹沒廣大的土地，下游居民需要遷移，原有的社區和生態環境會被破壞。同時，因為水道被截斷，導致迴游魚類無法迴游、河川水流量減少並變得不穩定等後果，而影響到下游的生態環境；甚至因為河川漂砂減少，而造成海岸退縮。而水庫因為淤泥的累積，貯水的功能將逐漸喪失，而無法永續使用。更嚴重的是，水壩會因地震或壩體缺陷而潰決，帶給下游居民重大災難。

因此，配合地方原來的環境條件，而不作巨幅環境改變的小型水力發電，才是適合推廣的水力利用方法。

10. 高效率熱能利用技術(High Efficiency Energy Utilization)

目前最常用的發電方式是將燃料燃燒或核子反應所產生的熱能以汽力機轉換為電能,但這種發電方式無法將熱能完全轉換成電能;以目前的汽力機來看,只有 35%左右的熱能被轉換成電能,其餘的都變成廢熱排放到環境中。若能把汽力機的蒸汽溫度提高,則可提高熱能轉換成電能的比率。此外,若把廢熱再利用,如用來產生熱水和水蒸汽以供其它用途使用,則可以提高熱能的整體利用效率。提高熱能利用效率可以減少能源的使用量並節省能源費用。

汽電共生就是一種高效率的熱能利用技術,其整體熱能利用效率可達 70 到 80%。汽電共生系統有兩種:一種是將鍋爐所產生的蒸汽先經過發電機組發電,再作為工廠製程使用,一種是回收製程的高溫蒸汽來發電。

汽電共生對工廠的好處還不僅限於節省能源費用,目前台灣的供電來源大多是集中式的大型電廠,如果一處跳機,全台灣均有停電之虞!一旦停電,生產就會受到影響,而造成損失,因此,小型分散式電廠是最常被提及的解決方案。其中又以汽電共生系統最符合需求。

工廠中也常有高溫運轉的製程而會產生大量廢熱,若能妥善設計製程也可提升整體熱能利用效率,而節約能源消費。

另外,熱能利用效率較高的複循環電廠。此種方式是,氣體燃料在氣渦輪機中燃燒發電後,所排放的高溫廢氣回收產生蒸汽來發電。如此,整體熱能利用效率可提升到 55%以上。

煤炭與水蒸汽或二氧化碳反應會產生可燃的氣體,將此氣體淨化後,可以送到複循環機組發電,這是一種新的低污染、高效率的燃煤發電技術。

11. 燃料電池(Fuel Cell)

提到燃料電池,可能比較陌生;但說到「電動車」將取代汽油車,燃料電池可就是大功臣。燃料電池於 1965 年正式應用在美國太空船雙子星五號,完成航行任務。從此燃料電池成為人類在太空中的重要電源。

燃料電池是利用氫氣和氧氣發生反應,產生電流、水和熱量,幾乎沒有污染。燃料電池的功效就像電池一樣,但是又不同於電池,只要有燃料,它就能夠產生電能。如果燃料電池有一個轉化器可以將天然氣或其他燃料轉

化爲氫氣，那麼這些燃料也都可以用於燃料電池。燃料電池是產生電力有效的方法之一，它的能量轉換效率高達 60 到 80%，因此燃料電池的使用可以大幅削減溫室氣體的排放。

燃料電池可以爲汽車、建築物和大規模的發電廠提供電力。燃料電池使發電更爲分散，可以提供個別建築或地方的用電，而不需要長距離的輸電線路。

將來燃料電池汽車將會更廣泛使用。燃料電池汽車具有以電池爲動力的(電動)汽車的優勢，但是添加燃料更快，而且每次添加燃料的間隔也更長。

目前不論交通工具或可攜式電子產品用燃料電池均被先進國家列爲優先發展項目之一，此類電池，也可應用於照明、電視、冰箱、馬達等。

將來手機市場將帶動燃料電池的市場。不必再擔心忘了手機充電，而造成打電話時斷話的困擾，可以將一部微小化的發電機裝在手機等電子產品內，只要補充燃料就有源源不絕的電源。

12. 氫能(Hydrogen Energy)

爲了減緩地球溫室效應，必須抑制二氧化碳的排放，而二氧化碳的來源主要是燃料的燃燒，所以低碳或無碳的燃料愈來愈受到重視，其中以氫氣最受矚目。

氫氣燃燒只產生熱量和水，是一種最乾淨的燃料。氫氣可以取代煤炭、石油和天然氣等燃料，使用在發電、工業、交通、家庭等需要能源的地方。氫氣就如同天然氣或瓦斯一樣，可以用高壓容器或輸送管線，送到用戶使用。

但氫氣的生產需要其他能源的投入，例如把水電解可以產生氫氣和氧氣，但這個過程需要用電。最經濟的電力來源是再生能源，特別是太陽能。太陽能發電的電力可用來電解水產生氫氣。

以太陽能等再生能源生產氫氣不但是一種儲存再生能源的方法，也是把再生能源轉換爲更方便使用的能源型態的方法；同時，這個生產方法也是乾淨且永續的。

在太陽能最豐富的赤道地區興建以太陽能生產氫氣的工廠，所生產的氫氣可以用目前輸送天然氣的方法，送到全球各地使用。

煤炭、石油和天然氣等化石燃料以及鈾礦的蘊藏量是有限的，終有用完的一天。因此，以再生能源生產氫氣供應人類所需的能源，是未來必然的趨勢。

13. 不同發電方式之建造、施工期與發電成本之分析比較，燃煤、燃天然氣、核能、太陽光電、風力及水力發電之機組循環方式、效率、煙氣排放值、容量因數、能源及發電成本、裝置成本及施工期間比較如下：

能源燃料	發電方式	效率(η)	煙氣排放值	容量因數	能源及發電成本(NT\$/kWh)	裝置成本(US\$/kW)	施工期間(月)
Coal	Rankine Cycle	40% (Super-critical)	NO_2：25 ppm SO_2：20 ppm PM：20 mg/Nm^3 CO_2：0.9 kg/kWh	80%	1.3/kWh & 1.64/kWh	1500〜1800	50
LNG	Combined Cycle(Brayton+Rankine)	60%	NO_2：10 ppm@15%O_2 CO_2：0.45 kg/kWh	40%	3.6/kWh & 4.7/kWh	600〜900	24〜30
U_{235}	Rankine Cycle	32%	Nil + Radiation + Nuclear waste	90%	0.72/kWh & 2/kWh	5000〜6000	80
Solar	D.C.→A.C.	20%		12%	6.86/kWh	5000	12
Wind	K.E.→E.E.	30%		35%	2.6〜5.6/kWh	3300	18
Hydro	P.E.→E.E.	70%			1.18/kWh		12

習 題 演 練

1. 應用布雷敦循環(Brayton Cycle)、郎肯循環(Rankine Cycle)及複循環(Combined Cycle)之溫度-熵圖(T-S)，就複循環機組之主要設備(如氣渦輪機、廢熱鍋爐、汽輪機、冷凝器及飼水泵)，說明複循環電廠熱效率高於傳統火力機組之理由，並引證熱力學第二定律功比能有用之理論。

2. 說明複循環電廠主發電設備之進氣、壓縮、燃燒、氣渦輪機發電、廢熱回收、汽輪機發電及冷凝之程序。

3. 評估海水冷卻與空氣冷卻對電廠機組效率之影響。

4. 有一1000MW火力電廠，鍋爐燃煤成份如下：水份9%、灰14%、揮發物32%、固定碳 44%、硫含量 1.0%、煤高熱值 25000 kJ/kg，煙囪排氣量為 100000 ACMM@140℃，假設該廠的淨效率為42%(高熱值)，試計算燃燒後SO_2之排放濃度(以 ppm 計)。

   註：$SO_2 = 64$ kg/kmol，$S = 32$ kg/kmol

   　　$Ca = 40$ kg/kmol

   　　煙氣 = 29 kg/kmol，容積：11 SCM/kmol

   　　利用$P_1V_1/T_1 = P_2V_2/T_2$

   　　$P_1 = P_2 = 1$atm，SCM 為@15℃之標準排放量。

5. 熱交換器如廢熱鍋爐(單壓、雙壓及三壓)在實際運轉過程煙氣與蒸汽／水之溫度變化情況，另節點(Pinch Point)的定義其大小對廢熱回收效率的影響請繪圖說明之。

6. 請繪圖說明空氣過濾器(Air Filters)效率之計算方法及裝置於不同位置之效率影響，請以公式表示之。

7. 說明燃料高熱值與低熱值高熱值之差異，並評估對火力電廠機組實際效率之影響。

8. 請繪製空氣濕度線圖並說明相關計算方法。

9. 100 USRT 之冷凍主機,其冰水側與冷卻水側之溫差均設定在 5℃,假設冷凍機之性能係數為 4,1 USRT ＝ 3000 kcal/hr,水 1 liter ＝ 1 kg,試計算該冷凍機之冰水與冷卻水循環量各為多少 liter per second?若冰水及冷卻水流速均考慮 2 m/s,試計算管徑大小(以 ϕ ＝ 150 mm、100 mm、80 mm、50 mm 等級來考量)。

10. 考慮外界新鮮空氣為 20%,空氣焓值以 h ＝ 1.0 t ＋ ω(2500 ＋ 1.86t) kJ/kg da 計算,其中 t ＝溫度(℃),h ＝焓(kJ/kg),若外界空氣溫度為 35℃,ω ＝ 0.03kg/kg da;室內溫度設定為 25℃,ω ＝ 0.01kg/kg da,室內總熱為 150000 kcal/hr,試計算合理之外界新鮮空氣量(m³/min)及室內總空氣量(m³/min)。

   【註:ρ_{air} ＝ 1.2 kg/m³】

11. 有一流體之密度(ρ ＝ 800kg/m³),系統流量需求為 5m³/s,出口揚程需求為 100 m,若泵之效率(η_p ＝ 80%),馬達效率(η_M ＝ 95%)。試計算所需馬力(kW)。

   【註:kW ＝ $\dfrac{\gamma HQ}{C\eta_p\eta_M}$,$C$:1 kW ＝ 102 kg-m/s,Pa ＝ N/m²,1J ＝ 1 N · m】

12. 請依下列敘述規劃汽電共生系統之質能平衡圖
   (1) 天然氣輸入熱量 Q_f ＝ 100 MW
   (2) 氣渦輪機系統效率 35% ＝ 35 MW
   (3) 廢熱鍋爐效率 90% ＝ 65 MW×0.9 ＝ 58.5 MW
   (4) 汽輪機系統效率 38% ＝ 58.5 MW×0.38 ＝ 22.23 MW
   (5) 整廠效率 57.23% ＝總發電量 57.23 MW
   (6) 冷凝水回水溫度 60℃,冷卻水入口溫度 20℃,冷凝器溫升 7℃(即出口溫度 27℃)考慮煙囪損失 8%,廢熱鍋爐保溫損失 2%,其餘之熱損失均由冷凝器帶走。

13. 有一水冷式冷卻水塔容量為 450kW,空氣入口條件為 24℃、50%RH、h_{ai} ＝ 48.2kJ/kg、ω ＝ 0.0094kg/kg dry air。空氣出口條件為 30℃、100%RH、h_{ao} ＝ 100kJ/kg、ω ＝ 0.0272kg/kg dry air。冷卻水量($\dot{m}_w$)為 20kg/s,試計算冷卻水溫升為幾(℃)及空氣流量($\dot{m}_a$)。

   【註:水之熱量計算為 H_w ＝ $\dot{m}_w$×4.1868$\dfrac{kJ}{kg\cdot℃}$×ΔT(℃)】

14. 建築物之標準空調負荷約 1000 kJ/hm²,若建物之室內面積為 50m(L)×50m (W)×4m(H),有一 ϕ ＝ 100 mm 蒸汽管,運轉條件為 800 kPa,300℃沿建物室

內之長及寬單方向配置，蒸汽管保溫後之外表溫度為 55℃。若室內空調風速為 0.2 m/s，設計溫度為 25℃，空氣密度$\rho = 1.2$ kg/m³，比熱$C_P = 1.0$ kJ/kg K。若 ACH＝ 20，以$h = 1.0t + \omega(2500 + 1.86t)$ kJ/kg da，其中$t =$溫度(℃)，$h =$焓(kJ/kg)，外界空氣溫度為 35℃，$\omega = 0.03$kg/kg da；室內溫度設定為 25℃，$\omega = 0.01$kg/kg da，試計算所需空調負荷(RT)及冷卻水及冰水流量(liter/second)。若冰水及冷卻水流速均考慮 2 m/s，試計算管徑大小(以$\phi = 200$ mm、150 mm、100 mm、80 mm、50 mm 等級來考量)(冰水及冷卻水之出入口溫度差為 5℃，空調主機性能係數 COP ＝4)註：1 kcal ＝ 4.1868 kJ ＝ 1 公升水溫升 1℃ 之熱量。℃，1USRT ＝ 3000 kcal/hr，水 1 liter ＝ 1 kg。

15. 有一 1000 kW 之熱源設備，室外設計溫度為 35℃，擬維持室內設計溫度在 40℃，試計算所需通風量(CMM)。

16. 請依下述條件計算氣渦輪機、廢熱鍋爐、汽輪機及冷凝器組成複循環機組之質能平衡圖。整廠淨效率 50%@LHV，整廠淨發電量 150MW(考慮 GTG ＝ 100 MW，STG ＝ 50 MW)，天然氣低熱量$h_{LHV} = 50000$ kJ/kg，空氣進入壓縮機之條件為 15℃，60% RH，$\rho_{air} = 1.2$ kg/m³，壓縮機之壓縮比(γ_C)為 14，利用$(PV^k = C, k = 1.4)$計算壓縮機之耗功(kW)，若氣渦輪發電機淨發電量等於壓縮機之耗功(kW)請檢討其差異量。若氣渦輪機排氣溫度＝530℃，煙囪排氣溫度＝100℃，廢熱鍋爐熱回收效率＝90%，冷卻水入口溫度10℃，冷凝器溫升7℃(即出口溫度 17℃)，考慮汽輪發電機系統效率 38%，其餘之蒸汽熱量均由冷凝器帶走，計算汽輪發電機淨發電量(請檢討與 STG ＝ 50 MW 之差異量)及冷卻循環水量(kg/s)。

17. 有一燃煤電廠其燃煤成份如下：灰 11%、揮發物 33%、固定碳 52%、硫含量 0.6%、煤高熱值 23000 kJ/kg，若電廠的淨效率分別為 40% (高熱值)及 35% (高熱值)，試計算每產生 1 度電(1 kWh)其排放 CO_2量之差異值 (g/kWh)。

18. 說明超臨界火力電廠之主發電系統及各系統之設備及其在運轉時的功能。

19. 請以水冷式冷卻水塔如下圖利用質能平衡，推導出空氣需要量(m_a)及補充水量($\Delta m_w = m_3 - m_4$)，並說明補水的適當位置，同時評估在濕熱的夏天($\phi = 100\%$時) 對冷卻水塔性能之影響，[註以$h = 1.0t + \omega(2500 + 1.86t)$ kJ/kg da，其中

$t =$ 溫度($^\circ$C)，$h =$ 焓(kJ/kg)，$\omega =$ 水份含量(kg/kg da)，來分析空氣可帶走的熱量]。

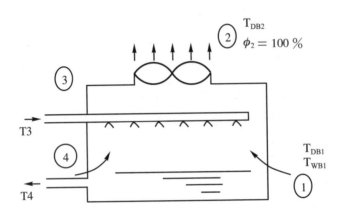

20. 依據風扇定律，$kW = \dfrac{H \cdot Q}{C \cdot \eta}$，試分析 H 和 Q 與 D&N 之相互關係，並說明採用出口閥、入口閥、導流板及變轉速風量控制，對馬力、風量與風壓之影響，請以 H-Q 圖說明。

   註：kW －馬力耗用量　　　　　　η －風機效率

   　　H －風機出口全壓，mmAq　　D －風機葉輪直徑，mm

   　　Q －風機流量，Nm^3/min　　N －風機轉速，rpm

   　　C －換算常數。

21. 100 USRT 之冷凍主機，其冰水側與冷卻水側之溫差均設定在 5°C，假設冷凍機之性能係數為 4.5，1 USRT = 3,000 kcal/hr，水 1 liter = 1 kg，試計算該冷凍機之冰水與冷卻水循環量各為多少 liter per second？若冰水及冷卻水流速均考慮 2.5 m/s，試計算管徑大小(以ϕ = 200 mm、150 mm、100 mm、80 mm 等級來考量)。

22. 請詳述說明未來在遵循國家能源政策開發電力計畫的原則下，應採取何種有效策略，以降低溫室氣體(CO_2)之排放善盡地球村的責任。

23. 在環保工程的考量，針對火力電廠可能產生空氣、廢水、廢棄物等污染源，如何解決以符合國家環保標準並降低運轉成本。

24. 請繪圖說明消防水泵其補水、灌水及微小流量控制等昇位及相關位置圖，並說明設備名稱、設計原則及功能。

25. 請規劃設計一棟辦公與住宅(含醫護室、健身房、餐廳、會議室、幼兒遊戲間等)之混合大樓，依下述之設計條件將：(1)夏季冷氣負荷需求之冷凍噸，(區分不同大樓之房間用途)；(2)多季暖氣負荷需求之 kJ/s，(區分不同大樓之房間用途)；(3)不同季節之電力需求(kW)，並畫出能源平衡表及說明能源之供應來源與方式，相關之能源設備(如離心式&吸收式冰水機、儲冰槽、蒸汽鍋爐、柴油發電機、風力發電機、太陽能集熱器)、管路(冰水與冷卻水)、風管、冷風機、暖風機、配電盤等，請繪圖說明於平面圖或立面圖上。

設計條件如下：

(1) 夏天空調：室外 34℃(DB)/29℃(WB)，ω = 0.024 kg/kg

　　　　　　　室內 25℃(DB)/50% RH，ω = 0.01 kg/kg

(2) 冬天空調：室外 10℃(DB)/90% RH，ω = 0.007 kg/kg

　　　　　　　室內 22℃(DB)/45% RH，ω = 0.007 kg/kg

(3) 人員新鮮空氣需求：5～10 ℓ/人/s

(4) 空調負荷：160～200 kcal/hr/m² (依不同房間之用途加以調整)

(5) 照明負荷：10 W/m²

(6) 電器負荷：10～100 W/m² (依不同房間之用途加以調整)

(7) 空氣焓 h = 1.0 t + ω(2500 + 1.86t) kJ/kg da，其中 t = 溫度(℃)，h = 焓(kJ/kg)。考慮冰水及冷卻水之出入口溫度差為 5℃，空調主機性能係數 COP = 4，1 kcal = 4.1868 kJ = 1 公升水溫升 1℃ 之熱量，1USRT = 3000 kcal/hr。吸收式冷凍機供應 8 kg/cm² 蒸汽焓值 = 2760 kJ/kg，蒸汽需求量 = 4.4 kg/hr/USRT。$\rho_{輕柴油}$ = 0.82 kg/ℓ，h_{HHV} = 38000 kJ/ℓ。ρ_{LNG} = 0.78 kg/m³，h_{HHV} = 42000 kJ/m³。周境風速為 10 m/s。

(8) 其他相關參數請依你的參考資料(請註明出處)加以計算。

附錄

附錄 A　相關單位換算

1. 壓力與能量

$$kPa = \frac{kN}{m^2}(壓力) \rightarrow \frac{kJ}{m^3}(能量)$$

2. 壓力與水頭

$$P = \gamma h = \rho g h$$

$$= 850\frac{kg}{m^3} \times 9.8\frac{m}{s^2} \times 0.6 \text{ m } (密度 = 850\frac{kg}{m^3}，揚程 0.6 \text{ m})$$

$$= 5000\frac{kg}{ms^2}\left[\frac{N}{kg\frac{m}{s^2}}\right]\left[\frac{kPa}{1000\frac{N}{m^2}}\right] = 5 \text{ kPa}$$

$$1 \text{ kPa} = 1.2\frac{kg}{m^3} \times 9.8\frac{m}{s^2} \times 85 \text{ m}(空氣@標準狀況)$$

$$= 1000\frac{kg}{m^3} \times 9.8\frac{m}{s^2} \times 0.102 \text{ m}(水@4℃)$$

3. 力量與質量

$$F = m \cdot a$$

$$N = kg \cdot \frac{m}{s^2} \rightarrow kg \cdot m = N \cdot s^2$$

$$1 \ kg_f = 1 \ kg_m (@1 \ atm，海平面) = 9.8 \ N$$

4. 功與力量

$$W = F \cdot S = P \cdot V$$

$$J = N \cdot m \Rightarrow kJ = kPa \cdot m^3$$

5. 馬力計算

泵浦之馬力需求

$$kW = \frac{\gamma \cdot Q \cdot H}{102 \times \eta} \quad Q = l/s \quad H = m \ 水柱(1 \ kW = 102 \ kg_f \cdot m/s)$$

$$kW = \frac{\gamma \cdot Q \cdot H}{\eta \cdot C} = \frac{\frac{m^3}{s} \cdot k\frac{N}{m^2}}{\eta} = (kW)$$

$$= \frac{1000 \ \frac{kg}{m^3} \times \frac{m^3}{s} \times m}{102 \ kg\text{-}m/s \cdot \eta} @水柱壓力$$

送風機之馬力需求

$$kW = \frac{Q(m^3/min) \times H(m) \times s \cdot g}{6.12 \times \eta} = \frac{0.163 \times Q(m^3/min) \times H(m) \times s \cdot g}{\eta}$$

$$= \frac{Q(m^3/min) \times mmAq \times s \cdot g}{6120 \times \eta}$$

6. 穩流過程之熱力學第一定律

$$\dot{Q} - \dot{W} = \dot{m}(\Delta h + \Delta kE + \Delta PE)$$

$$單位\left[\frac{kJ}{s}\right] - \left[\frac{kJ}{s}\right] = \frac{kg}{s}\left\{\left(\frac{kJ}{kg}\right) + \frac{m^2}{s^2} = \left[\left(kg \cdot \frac{m}{s^2}\right) \cdot \frac{m}{kg} = N \cdot \frac{m}{kg} = \frac{J}{kg}\right] + \frac{m^2}{s^2}\right\}$$

7. 電力(kW)

$$W = I^2 Rt = VIt$$

$$W = (A)^2 \cdot \Omega \cdot s = V \cdot A \cdot s = J/s$$

8.　廠熱耗率與效率

廠熱耗率(Heat Rate)HR $= \dfrac{3600\,\text{kJ}}{kWh} \to \eta = 100\%$

效率$(\eta) = \dfrac{1}{\text{HR}}$

9.　振動(振速)與振幅之關係

$\dot{X} = \omega \cdot X$ 　　　　$\dot{X} =$ 振速(mm/s)

$\dot{X} = 2\pi f \cdot X$ 　　　$f =$ 頻率(60 c/s)

$\dot{X} = 377 \cdot X$ 　　　$X =$ 振幅(mm)

$X = \dfrac{\dot{X}}{377}$

10.　ppm 與 $\dfrac{\mu g}{m^3}$ 之換算

在 25℃，1 大氣壓下，1 gmol　氣體體積 $= 24.5\,\ell$

　　$\dfrac{\mu g}{m^3} = \text{ppm} \times \dfrac{M}{24.5} \times 10^3$　(M 為分子量)

在 0℃，1 大氣壓下，1 gmol 氣體體積 $= 22.4\,\ell$（利用 $\dfrac{P_1 V_1}{T_1} = \dfrac{P_2 V_2}{T_2}$ 計算）

註：1. 臨界點(Critical Point)

　　　空氣：$P = 3.77$ MPa　　$T = -140.8$℃　$K = 1.4$　$M = 28.97$

　　　蒸汽：$P = 22.12$ MPa　$T = 374.2$℃　　$K = 1.33$　$M = 18.016$

　　2. 傳統的參考條件為"標準壓力及溫度"即 1.01325 bar 在 0℃。

　　3. 氣體的標準參考條件為 1.01325 bar 在 15℃乾基。

　　4. 送風機之空氣"標準狀態"為 20℃，1 大氣壓，65%RH，

　　　$\rho = 1.2$ kg/m³。

　　5. 送風機之空氣"基準狀態"為 0℃，1 大氣壓，0%RH，

　　　$\rho = 1.293$ kg/m³。

　　6. 高度每增加 1000 m，沸騰溫度降 3℃。

　　7. 1 噸汽車 CO_2 排放量 $\doteqdot 2 \sim 4$ 噸／年。

符號說明表

符號	單位	英文說明	中文說明
ρ	kg/m³	moist air density	密度
ϕ	%	relative humidity, dimensionless	相對濕度
C	W/(m²·K)	thermal conductance	熱傳導率
c_p	kJ/(kg·K)	specific heat of air	比熱(空氣)
$(c_p)_w$	kJ/(kg·K)	specific heat of water	比熱(水)
h	kJ/kg(dry air)	enthalpy of moist air	焓值
h_f	kJ/kg(dry air)	specific enthalpy of saturated liquid water	飽和水焓值
h_{fg}	kJ/kg(dry air)	$=h_g-h_f=$ enthalpy of vaporization	蒸發焓值
h_g	kJ/kg(dry air)	specific enthalpy of saturated water vapor	飽和水蒸汽焓值
k	W/(m·K)	thermal conductivities	材料熱傳導係數
M		Molecular Weight	分子量
$\dot{m}_a$	kg/s	mass flow of dry air	質量流率(乾空氣)
$\dot{m}_w$	kg/s	mass flow of water	質量流率(水)
q_s	kW	sensible heat	顯熱
q_l	kW	latent heat	潛熱
q_t	kW	total heat	總熱
$\dot{Q}$	m³/s	airflow rate	風量
$\dot{Q}_w$	ℓ/s	water flow rate	水量
R	m²·K/W	thermal resistance	熱阻
t	℃	dry-bulb temperature of moist air	乾球溫度
t_d	℃	dew-point temperature of moist air	露點溫度
t_w	℃	wet-bulb temperature of moist air	濕球溫度
U	W/(m²·K)	coefficient of heat transfer	總熱傳係數
W	kg/kg(dry air)	humidity ratio of moist air	比濕

附錄 B 空氣線圖

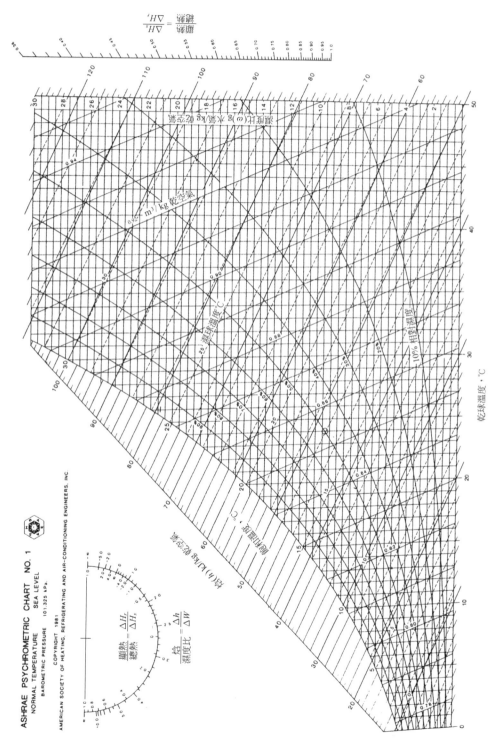

1 atm 之空氣線圖(經美國冷凍空調工程學會許可複製並使用)

附錄 C　蒸汽莫里耳圖

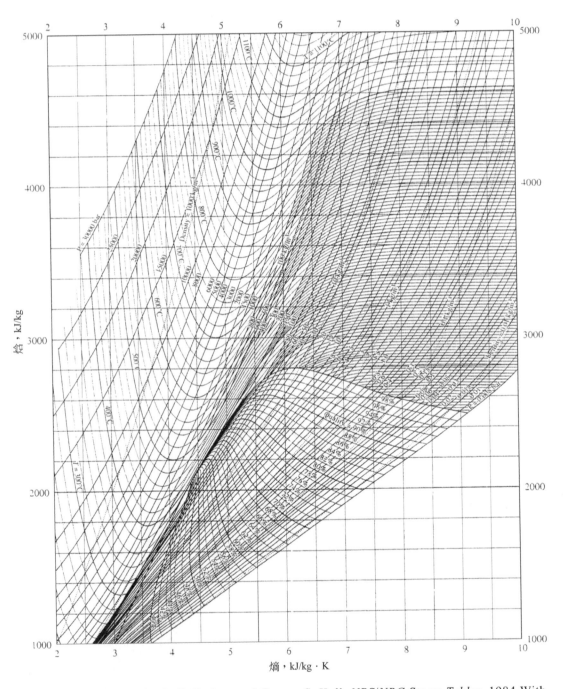

(出處：Lester Haar, John S. Gallagher, and George S. Kell, *NBS/NRC Steam Tables*, 1984 With permission from Hemisphere Publishing Corporation, New York.)

索引